Hermann Vogel

Die chemischen Wirkungen des Lichts und die Fotografie

In ihrer Anwendung in Kunst, Wissenschaft und Industrie

DOGMA

Hermann Vogel

Die chemischen Wirkungen des Lichts und die Fotografie

In ihrer Anwendung in Kunst, Wissenschaft und Industrie

ISBN/EAN: 9783955074876

Auflage: 1

Erscheinungsjahr: 2012

Erscheinungsort: Bremen, Deutschland

DIE CHEMISCHEN
WIRKUNGEN DES LICHTS

UND DIE

PHOTOGRAPHIE

IN IHRER

ANWENDUNG IN KUNST, WISSENSCHAFT UND INDUSTRIE.

VON

Dr. HERMANN VOGEL,

PROFESSOR AN DER KÖNIGL. GEWERBEAKADEMIE IN BERLIN.

MIT 94 ABBILDUNGEN IN HOLZSCHNITT UND 6 TAFELN,
AUSGEFÜHRT DURCH LICHTPAUSPROCESS, RELIEFDRUCK,
LICHTDRUCK, HELIOGRAPHIE UND PHOTOLITHOGRAPHIE.

LEIPZIG:

F. A. BROCKHAUS.

—

1874.

VORWORT.

———

In der grossen Reihe glänzender wissenschaftlicher Entdeckungen dieses Jahrhunderts ragen vornehmlich zwei über alle andern hervor: die Photographie und die Spectralanalyse. Beide gehören dem Gebiete der Optik und der Chemie zu gleicher Zeit an. Verblieb die Spectralanalyse bisjetzt als wichtiges Forschungshülfsmittel fast nur in der Hand der Gelehrten, so trat dagegen die Photographie sofort in das praktische Leben ein; sie dehnte sich nach und nach auf fast alle Zweige des menschlichen Könnens und Wissens aus, und jetzt existirt kaum ein Feld in der grossen Welt des Sichtbaren, wo sie sich nicht fruchtbringend erweist.

Sie bringt uns die treuen Bilder ferner Erdregionen, fremdartiger Fels-, Thier- und Pflanzenformen nahe, sie fixirt die flüchtigen Erscheinungen der Sonnenfinsternisse, sie schreibt den Gang des Barometers und Thermometers auf, sie tritt als Helferin des messenden Astronomen und Geographen ein, sie hat sich verbündet mit Porzellanmalerei, Stein-, Metall- und Buchdruck, sie macht für einen billigen Preis die grossartigsten Kunstschöpfungen, früher nur ein Gegenstand des Genusses der Begüterten, auch den Unbemittelten zugänglich, und wie die Buchdruckerpresse Segen bringt durch Vervielfältigung des Gedankens, so bringt die Photographie Segen durch Fixirung und Vervielfältigung der Erscheinung. Aber

noch mehr. Eine neue Wissenschaft ist durch sie hervorgerufen: die Photochemie; neue Aufschlüsse sind uns
zutheil geworden über die Wirkungen des zitternden Licht-
äthers. Diese Verdienste der Photographie um Kunst und
Wissenschaft werden freilich nur von wenigen gewürdigt.
Die Männer der Wissenschaft haben sich grösstentheils
diesem Felde abgewandt, nachdem die erste Begeisterung
über Daguerre's Entdeckung verflogen war; nur bei-
läufig berührt man in physikalischen und chemischen
Compendien die Photographie.

Dem gegenüber hielt es der Verfasser für zeitgemäss,
dem Publikum eine populäre Darstellung der Photochemie und Photographie und ihrer Bedeutung für Kunst,
Wissenschaft und Industrie zu liefern. Die Verlags-
handlung ist den Intentionen des Verfassers in bereit-
willigster Weise entgegengekommen, indem sie nicht nur
durch zahlreiche Holzschnitte für das Verständniss des
Textes gesorgt hat, sondern auch mit Aufwendung be-
trächtlicher Kosten aus den renommirtesten Anstalten
Proben der neuesten Erfindungen im Gebiete der Photographie beschafft hat, sodass die dem Buch beigefügten
Tafeln zugleich eine Anschauung von der Leistungs-
fähigkeit der modernen Photographie in Verbindung mit
Pressendruck gewähren. Möge das Werkchen eine
freundliche Aufnahme finden.

Berlin, im Januar 1874.

Der Verfasser.

INHALT.

ERSTES KAPITEL.

Entwickelung unserer photochemischen Kenntnisse.

Das Sonnenlicht, welches von dem grossen glühenden Centralkörper unsers Planetensystems ausstrahlt, übt auf die irdische lebendige und todte Welt mannichfaltige Wirkungen aus, von denen einzelne sich sofort dem menschlichen Sinn offenbaren und daher seit Jahrtausenden bekannt sind, andere jedoch nicht so augenfällig hervortreten und erst durch die Beobachtungen der Neuzeit erkannt, geprüft und für das Leben nutzbar gemacht worden sind.

Die erste Wirkung, welche jeder Mensch, selbst der ungebildetste, wahrnimmt, wenn nach dunkler Nacht die Sonne aufgeht, ist das Sichtbarwerden der Körper. Die Strahlen der Lichtquelle werden von den verschiedenen Körpern zurückgeworfen (reflectirt), sie gelangen in unser Auge, sie erzeugen einen Eindruck auf der Netzhaut, und das Resultat ist die Wahrnehmung der Körper durch das Auge. Bald aber offenbart sich noch eine andere Wirkung, die nicht durch das Auge, sondern durch das Gefühl wahrgenommen wird, die Sonnenstrahlen erleuchten nicht nur, sondern erwärmen die Körper, welche sie treffen. Solches fühlt schon die in die Sonne gehaltene Hand. Beide Wirkungen, die leuchtende oder erleuchtende und erwärmende Wirkung der Strahlen, unterscheiden sich sehr wesentlich voneinander. Die erleuchtende Wirkung nehmen wir augenblicklich wahr, die erwärmende offenbart sich erst nach einiger Zeit, die kürzer oder länger sein kann, je nachdem die erwärmende Kraft der Sonne stärker oder geringer ist.

Nun gibt es ausser diesen beiden Wirkungen des Sonnenlichts noch eine dritte, welche in den meisten Fällen noch längerer Zeit bedarf, um offenbar zu werden, und welche nicht direct durch das Auge oder das Gefühl, sondern nur durch eigenthümliche Veränderungen wahrgenommen werden kann, welche das Licht in der Stoffwelt veranlasst. Dieses sind die chemischen Wirkungen des Lichts.

Nehmen wir ein Stückchen Holz und biegen es oder zersägen es, so ändern wir seine Form, reiben wir es, so wird es warm, wir verändern dabei seine Temperatur, aber immerhin bleibt es Holz. Diese Veränderungen, welche den Stoff des Körpers nicht afficiren, nennen wir physikalische.

Entzünden wir aber ein Stück Holz, so steigen riechende Gase auf, Asche fällt ab und es bleibt eine schwarze Masse zurück, die total von dem Holze verschieden ist. Hierbei ist aus dem Holze ein ganz anderer Stoff, die Kohle, hervorgegangen. Stoffliche Veränderung der Art nennen wir chemische Veränderungen. Solche chemischen Veränderungen übt vorzugsweise die Wärme aus. Erhitzen wir z. B. einen blanken Eisendraht zum Glühen, so erleidet er anscheinend nur eine physikalische (nicht stoffliche Veränderung). Lassen wir ihn aber erkalten, so finden wir, dass der vorhin glänzende Stab matt und schwarz geworden ist, dass er eine bröckliche schwarze Oberfläche erhalten hat, die beim Biegen leicht abbricht und von dem blanken, sehnigen, biegsamen Eisen sehr verschieden ist, es ist also hier eine chemische, d. h. stoffliche Veränderung vor sich gegangen, das Eisen hat sich in einen andern Körper, in Hammerschlag, verwandelt, indem es sich vereinigt hat mit einem Bestandtheil der umgebenden Luft, dem Sauerstoff.

· Chemische Veränderungen der Art werden aber nicht nur durch die Wärme veranlasst, sondern auch durch das Licht.

Schon seit langer Zeit weiss man, dass sogenannte unechte, gefärbte Zeuge im Lichte verschiessen, d. h. bleicher werden. Hier verwandelt· sich der Farbestoff in einen farblosen oder anders gefärbten Körper, es geht eine stoffliche Veränderung vor sich, und dass diese durch das Licht veranlasst wird, offenbart sich durch den Umstand, dass die vor dem Lichte geschützten Theile der betreffenden Stoffe, z. B. nach innen schlagende Falten, unverändert bleiben. Diese farbenverändernde Wirkung des Lichts ist sogar schon seit langer Zeit für das praktische Leben angewendet worden in der sogenannten Leinwandbleiche. Hier wird die graue Leinwand im Sonnenlicht ausgebreitet, wiederholt mit Wasser benetzt, und so wird der graue Farbestoff durch Wirkung des Lichts und der Feuchtigkeit allmählich verändert, er wird auflöslich und kann durch Kochen mit Lauge entfernt werden.

Früher glaubte man, dass diese Veränderungen, welche wir beschrieben haben, durch die Wärme veranlasst würden, welche die Sonnenstrahlen in den Körpern hervorbringt. Dass diese Ansicht aber eine irrige ist, zeigt sich schon am besten daran, dass man unecht gefärbte Zeuge monatelang der Temperatur eines heissen Ofens aussetzen kann, ohne dass sie bleichen, dass ferner das Wachs, welches ebenfalls durch Sonnenlicht gebleicht, durch die Hitze eher dunkler als heller wird.

· Wie schon bemerkt wurde, gehört zu dieser bleichenden Wirkung des Sonnenlichts eine ziemlich lange Zeit, und dieser Umstand machte die Erscheinung selbst weniger auffallend. Was rasch und plötzlich vor sich

geht, überrascht die Menschen und regt sie zum For-
schen und Nachdenken an.

In den freiberger Bergwerken findet sich als Selten-
heit ein glasartiges, fettglänzendes Silbererz, welches
seines Ansehens wegen Hornsilber genannt wird. Dieses
Hornsilber besteht aus Silber und Chlor in chemischer
Verbindung und lässt sich auch künstlich erzeugen,
wenn man Chlorgas über metallisches Silber leitet.
Dieses Hornerz ist völlig farblos an seiner Lagerstätte,
wird es aber an das Tageslicht gebracht, so färbt
es sich schon in wenigen Minuten violett. Hier offenbart sich eine Lichtwirkung, die schon lange die Verwunderung der Gelehrten erregte.

Noch deutlicher trat aber eine solche bei einem andern silberhaltigen Material hervor. Uebergiesst man
Silber mit Salpetersäure, so löst es sich unter Brausen
auf. Dampft man alsdann die Auflösung ein, so bekommt man eine feste Krystallmasse, die nicht mehr
Silber, sondern eine Verbindung desselben mit Salpetersäure ist. Dieses salpetersaure Silber ist total verschieden von dem gewöhnlichen Silber. Es löst sich
leicht im Wasser wie Zucker, es besitzt einen bittern
widerlichen Geschmack, es schmilzt sehr leicht und zerstört organische Stoffe. Daher dient es als Aetzmittel
unter dem Namen Höllenstein.

Es ist nun schon seit langer Zeit bekannt, dass
Finger, die Höllenstein angefasst, Haut, die damit ge-
beizt, oder Stoffe, die mit einer Lösung desselben be-
spritzt worden, sich sehr rasch dunkel färben. Man
braucht nur ein Stückchen Papier mit Silberlösung zu
benetzen, trocken werden zu lassen und in das Licht
zu legen, um dieses sofort zu beobachten.

Man benutzte diese Eigenschaft sehr bald zur Herstellung einer sogenannten unauslöschlichen Tinte, die
nichts weiter ist, als eine Auflösung von einem Theil
Höllenstein in vier Theilen Wasser, die mit etwas
dicker Gummiauflösung versetzt wird. Damit auf Leinwand entworfene Schriftzüge sind blass, werden aber

nach dem Trocknen im Sonnenlicht rasch dunkelbraun
und leiden nicht in der Wäsche. Solche Silbertinte
wird in Lazarethen vielfach zum Zeichnen der Wäsche
angewendet. Man darf aber dazu nur Gänsefedern,
nicht Stahlfedern benutzen, da diese den Höllenstein
zersetzen. Gewöhnlich pflegt man die Zeichen mittels
hölzerner Formen aufzudrucken.

Von der Entdeckung der Schwärzung von mit Höllenstein getränktem Papier bis zur Erfindung der Photographie war nur ein Schritt, und doch dauerte es
lange, ehe jemand daran dachte, mit Hülfe des Lichts
allein Bilder zu erzeugen, und noch länger, ehe diese
Versuche vom Erfolg gekrönt wurden.

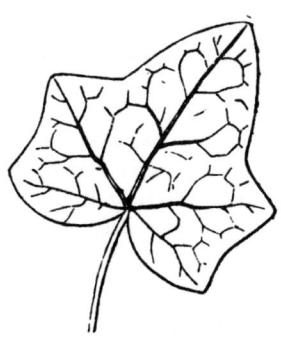 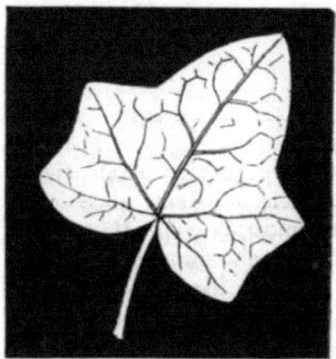

Fig. 1. **Epheublatt.**   *Fig. 2.* **Copie des Epheublatts, durch das
Licht auf Höllensteinpapier erzeugt.**

Wedgewood, der Sohn des berühmten Porzellan-
fabrikanten, der das noch jetzt beliebte Wedgewood-
geschirr fertigte, und **Davy**, der berühmte englische
Chemiker, machten die ersten Versuche im Jahre 1802.
Sie legten flache Körper, z. B. Pflanzenblätter, auf
Höllensteinpapier. Das Licht wurde alsdann von den
aufliegenden Körpern zurückgehalten, die darunterliegenden Stellen des Papiers blieben weiss, während die

unbedeckten Stellen des Papiers vom Lichte· geschwärzt
wurden, so entstand eine weisse Umrisszeichnung der auf-
gelegten Gegenstände, eine sogenannte weisse „Silhouette"
auf schwarzem Grunde. (Vergl. Fig. 1 und 2.)

Wedgewood erzeugte in dieser Weise sogar Copien
von auf Glas entworfenen Zeichnungen in weissen Linien auf schwarzem Grunde, und dieser Process wurde
die Basis eines in neuerer Zeit zur höchsten Wichtigkeit gelangten Verfahrens, des Lichtpausprocesses.

Leider waren diese Bilder nicht von langer Dauer.
Sie mussten im Dunkeln aufbewahrt werden und konnten nur bei gedämpftem Lichte gezeigt werden. Blieben sie längere Zeit dem Lichte ausgesetzt, so wurden
auch die weiss gebliebenen Stellen geschwärzt, und dadurch verschwand das Bild. Man kannte noch kein
Mittel, die Bilder haltbar, d. h. lichtbeständig zu
machen oder, wie man jetzt zu sagen pflegt, zu fixiren, aber der erste Schritt zur Erfindung der Photographie war gethan, und der Gedanke, die Bilder der
Körperwelt ohne Hülfe des Zeichners herstellen zu
können, erhielt nach diesen ersten Versuchen einen so
immensen Reiz, dass von jetzt ab in England und
Frankreich viele Männer in der Stille sich eifrigst mit
der Sache beschäftigten.

Es ist klar, dass nach dem Verfahren von Wedgewood und Davy nur flache Körper copirt werden konnten. Bei aller Ausbildung, der dieses Verfahren noch
fähig war, liess es also nur eine beschränkte Anwendung zu.

Aber schon in Wedgewood stieg der Gedanke auf, ob es
nicht möglich sei, von jedem beliebigen Körper Bilder
auf lichtempfindlichem Papier mit Hülfe des Lichts zu
erzeugen, und dieses versuchte er mit Hülfe eines interessanten optischen Instruments, das die Eigenschaft
hat, von körperlichen Gegenständen ebene Schatten-
bilder zu entwerfen. Dieses Instrument ist die Camera-
obscura.

Macht man in den Fensterladen eines völlig ver-

dunkelten Zimmers ein kleines Loch, so wird man
auf der gegenüberliegenden Wand bei sonnigem Wetter
ein deutliches Bild der Landschaft von dem Zimmer
erblicken.

Ist A (Fig. 3) eine Pappel, o das Loch, W die Hinter-
wand des Zimmers, so gehen von jedem Punkte der
Pappel Lichtstrahlen nach dem Loche und pflanzen sich
in gerader Linie weiter fort bis nach der Wand. Es
ist nun klar, dass nach dem Punkte a' im Zimmer nur
Licht von dem Punkte a der Pappel gelangen kann,
der auf der Verlängerung der Linie a' o liegt. Daher kann auch der betreffende Punkt der Wand nur
Licht reflectiren, welches in seiner Farbe und Lage

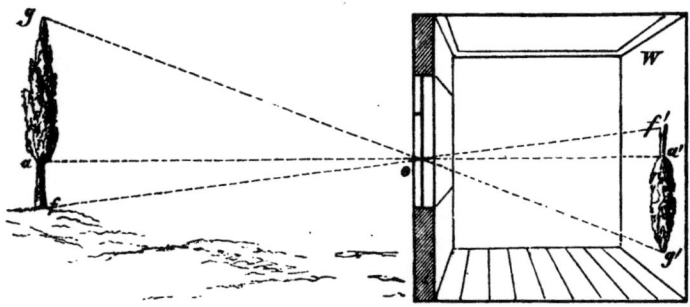

Fig. 3.

dem Punkt a entspricht. Dasselbe gilt für die Punkte
f und g, und das Resultat ist demnach, dass auf der
Wand ein verkehrtes Bild des Baumes sichtbar wird.
Dieses beobachtete zuerst Porta, der berühmte ita-
lienische Physiker, dessen Haus, wie Zeitgenossen erzählen, von Neugierigen selten leer wurde, im **16.**
Jahrhundert.

Bald wurde dieses Instrument dadurch verbessert, dass
man an Stelle des Zimmers einen kleinen Kasten (Fig. 4)
setzte, der statt einer festen Wand eine bewegliche
matte Scheibe S hatte. Auf dieser matten Scheibe
sieht man deutlich das Bild eines vor dem Kasten befindlichen Gegenstandes, wenn in der Vorderwand W

des Kastens, der am besten aus Blech besteht, ein
feines Loch gemacht wird.*

Noch schöner erscheinen diese Bilder, wenn man
statt des Loches eine Glaslinse, ein sogenanntes Brennglas, einsetzt. Dieses Brennglas entwirft in einer gewissen Entfernung, die gleich ist der Entfernung seines
„Brennpunktes", ein deutliches Bild der Gegenstände,
das viel schärfer und heller ist, als das Bild, welches
durch ein Loch erzeugt wird.

In dieser verbesserten Form benutzten nun Wedgewood und Davy das Instrument. Ihre Idee war, das

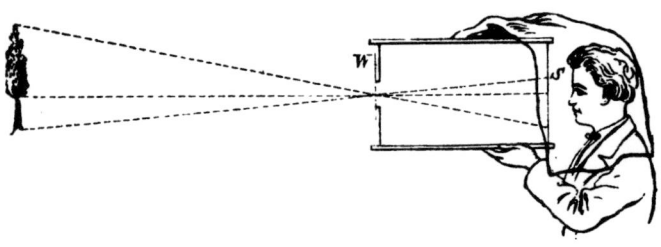

Fig. 4.

Bildchen auf der matten Scheibe durch lichtempfindliches Papier zu fesseln; sie befestigten ein Stück Silberpapier an der Stelle des Bildchens und liessen es
daselbst stundenlang, leider ohne Erfolg. Die Bilder
waren nicht hell genug, um einen sichtbaren Eindruck
auf das lichtempfindliche Papier zu machen, oder das
Papier war zu unempfindlich. Es mussten erst empfindlichere Präparate gefunden werden, um das schwache
Bildchen zu fesseln, und diese fand zuerst ein Franzose,
Nicophore Nièpce. Er griff zu einem ganz eigenthümlichen Körper, dessen Lichtempfindlichkeit früher
niemand bekannt war, dem Asphalt oder Judenpech.
Dieses schwarze, am Todten Meere, am Kaspischen

---

* Nothwendig ist hierbei Schutz des Kopfes vor fremdem
Lichte durch eine Hülle, d. i. ein übergeworfenes Tuch.

Meere und an vielen andern Orten sich findende Erd-
harz ist auflöslich in ätherischen Oelen, z. B. Terpentinöl, Lavendelöl, ferner in Petroleum, Aether u. s. w.
Bringt man die Lösung dieses Körpers auf eine Metallplatte und lässt sie ringsherum laufen, so bleibt
eine dünne Flüssigkeitsschicht daran hängen, die bald
eintrocknet und eine zarte, braune Asphaltschicht zu-
rücklässt. Diese Asphaltschicht wird keineswegs im
Lichte dunkler, aber sie verliert durch das Licht
ihre Löslichkeit in ätherischen Oelen.
Setzt man daher solche Platte an die Stelle des Bildchens der Camera-obscura, so wird die Asphaltschicht an
allen dunkeln Stellen (den Schatten) des Bildchens löslich
bleiben, an allen hellen Stellen dagegen unlöslich
werden. Das Auge freilich merkt von dieser Veränderung nichts, die Platte sieht nach der Belichtung noch
so aus, als vor der Belichtung. Uebergiesst man aber
die Asphaltschicht mit Lavendelöl, so löst diese alle
unveränderten Stellen auf und lässt alle durch das
Licht veränderten, d. h. unlöslich gewordenen Stellen,
zurück. So erhielt Nièpce nach stundenlanger
Belichtung in der Camera-obscura und nachheriger Behandlung mit ätherischem Oel in der That ein Bild.
Freilich waren diese Bilder sehr unvollkommen, aber
sie waren immerhin interessant als erste Versuche,
die Bildchen der Camera-obscura zu fesseln, und noch
interessanter durch den Nachweis, dass es Körper gibt,
die im Sonnenlicht ihre Löslichkeit verlieren. Diese
Thatsache wurde lange nach Nièpce's Tode wieder gewürdigt, und sie führte zu einer der schönsten Anwendungen der Photographie, der sogenannten Heliographie oder der Combination von Photographie mit
Kupferdruck, eine Combination, die Nièpce selbst
allem Vermuthen nach schon gekannt hat.
Ein Kupferdruck wird hergestellt, indem eine ebene
Kupferplatte mit dem Grabstichel gravirt wird, d. h.
die Striche, welche im Bilde schwarz erscheinen sollen,
vertieft in die Platte eingegraben werden. Beim Ab-

drucken wird zuerst Schwärze in diese Vertiefungen
gerieben und alsdann ein Papierbogen mit der Platte
durch eine Walzenpresse zusammengepresst, dann geht
die Schwärze an das Papier über und bildet den
Kupferdruck.

Nièpce versuchte die mühsame, vom Kupferstecher
herzustellende vertiefte Zeichnung auf der Kupferplatte
mit Hülfe des Lichts herzustellen. Er überzog zu dem
Zwecke eine Kupferplatte mit Asphalt, wie oben angegeben, und belichtete diese unter einer Zeichnung
auf Papier. Hier hielten die schwarzen Striche der
Zeichnung das Licht zurück. In diesen Stellen blieb
demnach die Asphaltschicht löslich. Unter dem hellen
Papier wurde sie dagegen unauflöslich. Beim nach-
herigen Uebergiessen der Platte mit Lavendelöl blieben
daher die unlöslich gewordenen Asphalttheile auf der
Platte haften, die löslichen wurden aufgelöst und fort-
geführt und dadurch die Platte an den betreffenden
Stellen blossgelegt. So erhält man einen Asphalt-
überzug auf der Platte, in welchem die ursprüngliche Zeichnung wie eingravirt erschien.

Giesst man nun auf solche Platte eine ätzende Säure,
so kann diese nur dort auf das Metall wirken, wo solches nicht durch Asphalt geschützt war, und hier
wurde die Metallplatte in der That angefressen, und
so entstand eine vertiefte Zeichnung auf Metall durch
die ätzende Wirkung der Säure und demnach eine
Platte, die, gereinigt, wie eine Kupferdruckplatte abgedruckt werden konnte.

Man hat in Nièpce's Nachlass solche Kupferdrucke,
die er Heliographien nannte und die er seinen Freun-
den schon 1826 zeigte, gefunden.

Diese Methode wird heute noch in vervollkommneter
Form angewendet, namentlich beim Druck von Papier-
geld, wo es darauf ankommt, eine Anzahl von Druck-
platten herzustellen, welche alle absolut ähnlich sind,
damit ein Geldschein vollkommen dem andern gleiche

und dadurch von Nachahmungen unterschieden werden kann. So ist das Wappen und die Schrift auf der Vorderseite der preussischen Zehnthalerscheine von solcher heliographischen Platte gedruckt. Tausende tragen photographische Drucke in ihrem Portefeuille, ohne es zu ahnen. Man hat übrigens nicht zu befürchten, dass solche Scheine mit Hülfe von Photographie oder Heliographie mit leichter Mühe nachgemacht werden können. Der farbige Grund, das Papier und die Farbe der Schrift bereiten hier wohlberechnete Hindernisse, die solche Nachahmung, wie wir später sehen werden, sehr erschweren, wenn nicht, unmöglich machen.

Nièpce's Drucke waren freilich sehr unvollkommene und blieben daher unbeachtet. Er selbst kam davon zurück und betrieb wieder Experimente zur Fixirung der reizenden Bilder der Camera-obscura. Ihm schloss sich im Jahre 1829 Daguerre an, und beide experimentirten gemeinschaftlich bis zum Jahre 1833, wo Nièpce starb, ohne den Lohn für seine langjährigen Bemühungen gefunden zu haben. Daguerre experimentirte weiter, und hätte es vielleicht nicht viel weiter gebracht als Nièpce, wenn ihm nicht ein glücklicher Zufall in die Hände gearbeitet hätte.

Er machte Versuche mit Iodsilberplatten. Diese stellte er her, indem er Silberplatten den Dämpfen des schwarzen Iod, eines eigenthümlichen, leicht flüchtigen chemischen Elements, aussetzte. Die Silberplatte nahm dabei eine zartgelbe Färbung an, die der Verbindung des Iod mit Silber eigenthümlich ist. Solche Iodsilberplatten sind lichtempfindlich, sie färben sich am Lichte bräunlich, und setzt man sie demnach der Wirkung des Lichts in der Camera-obscura aus, so entseht auf denselben bald ein Bild. Allerdings gehört dazu eine sehr lange Belichtungszeit, und schwer konnte man daran denken, in dieser Weise einen Menschen aufzunehmen, 'denn solcher hätte stundenlang stillhalten müssen.

Eines Tages hatte Daguerre einige Platten, die
zu kurze Zeit belichtet worden und daher noch kein
Bild zeigten, als unbrauchbar in einen Schrank gelegt,
worin sich verschiedene Chemikalien befanden. Nach
einiger Zeit sah er zufällig nach den Platten und war
nicht wenig erstaunt, darauf ein Bild zu finden. Er
vermuthete sofort, dass dieses durch Wirkung irgendeiner in dem Schranke befindlichen Substanz auf die
Platte entstanden sein müsse. Er nahm nun einen
Körper nach dem andern aus dem Schranke heraus und
legte frischbelichtete Platten hinein; es entstanden
darauf nach mehrstündigem Liegen wiederum Bilder.
Endlich hatte er alle Stoffe der Reihe nach aus dem
Schranke entfernt, und dennoch entstanden darin Bilder auf den belichteten Platten. Jetzt war er nahe
daran, den Schrank für bezaubert zu halten, da entdeckte er eine früher' ganz übersehene Schale mit
Quecksilber am Boden desselben. Er vermuthete, dass
die Dämpfe dieses Körpers (denn Quecksilber verdampft
schon bei gewöhnlicher Temperatur) das Bild hervor-
gezaubert haben dürften. Um die Richtigkeit dieser
Vermuthung zu prüfen, nahm er wiederum eine kurze
Zeit in der Camera-obscura belichtete Platte, auf
welcher noch kein Bild sichtbar war. Er setzte diese
Platte Quecksilberdämpfen aus, und siehe da, es erschien zu seinem Entzücken ein Bild, und — ·die Welt
war nun um eine der schönsten Erfindungen reicher!

ZWEITES KAPITEL.

Die Daguerreotypie.

Publication und Verbreitung derselben. — Arbeitsgang derselben. — Verbesserungen. — Erfindung der Porträtlinse. —
Aesthetische Wirkung der Daguerreotypie.

Mancher, der heute die grossartigen Leistungen der
Papierphotographie vor Augen hat, z. B. Porträts von
Lebensgrösse, blickt wol mit Mitleid oder gar Ver-
achtung auf jene kleinen Bildchen, die nach ihrem Erfinder Daguerreotypien genannt werden, Bildchen, deren
Betrachtung freilich sehr durch die hässliche Spiegelung gestört wird, und die insofern keinen ruhigen Anblick erlauben. Anders war es im Jahre 1839, als
Daguerre's Entdeckung gerüchtweise weiter erzählt
wurde. Bilder erzeugt ohne Zeichner, durch die
Wirkung der Sonnenstrahlen allein! Das war schon
wunderbar, noch wunderbarer aber, dass durch ge-
heimnissvolle Wirkung des Lichts jeder Körper sein
eigenes Bild auf die Platte schrieb. Welche kühnen
Hoffnungen, welche schlimmen Befürchtungen knüpften
sich nicht an das Gerücht von jener geheimnissvollen
Entdeckung.

Man prophezeite das Ende der Malerei, den Hunger-
tod aller Zeichner. Jedermann hoffte mit leichter
Mühe selbst die Bilder von Gegenständen darstellen zu
können, nach welchen sein Herz begehrte.

Ein Freund scheidet von hinnen: im Nu ist noch
im Moment des Abschiedes sein Bild fixirt; eine fröh-

liche Gesellschaft ist versammelt — man nimmt sofort ihr Bild als Andenken auf. Die magisch im Abendsonnenschein schimmernde Landschaft, das Lieblingsplätzchen im Garten, das buntbewegte Alltagsleben der Strassen, Menschen und Thiere, kurz alles sah man schon im Bilde festgehalten mit Hülfe des chemisch wirkenden Strahles.

Wiederum kamen Zweifler, die das Ganze für unmöglich erklärten; sie wurden zum Schweigen gebracht durch das Zeugniss von Humboldt, Biot und Arago, der drei berühmten Naturforscher, die Daguerre 1838 in sein Geheimniss zog. Die Aufregung wuchs. Es wurde durch Einfluss Arago's der Antrag gestellt, Daguerre eine jährliche Pension von 6000 Francs zuzusichern, falls er seine Entdeckung veröffentliche. Die französische Deputirtenkammer ging darauf ein, und endlich wurde nach langem ungeduldigen Harren der wissbegierigen Welt das Geheimniss offenbart.

Es war eine denkwürdige öffentliche Sitzung der Akademie der Wissenschaften im Palais Mazarin in Paris am 19. August 1839, in welcher Daguerre in Gegenwart aller Koryphäen der Kunst und Wissenschaft und der Diplomatie, welche damals in Paris gegenwärtig waren, sein Verfahren experimentell erläuterte.

„Frankreich hat diese Erfindung adoptirt und ist stolz darauf, sie als ein Geschenk der ganzen Welt zu übergeben", sagte Arago, und ungehemmt durch Geheimnisskrämerei, uneingeschränkt durch Patente* machte jetzt Daguerre's Erfindung die Runde durch die civilisirte Welt.

Daguerre sammelte bald eine Anzahl von Schülern aus allen Theilen der Erde um sich, welche das Verfahren nach ihrer Heimat verpflanzten und Mittelpunkte der Lehrthätigkeit wurden, welche die Zahl der Kunstjünger täglich vermehrte.

---

* Nur in England wurde das Verfahren (schon vor seiner Publication am 15. Juli 1839) patentirt.

Der noch lebende Kunsthändler S a c h s e in Berlin wurde bereits am 22. April 1839 in Daguerre's Erfindung eingeweiht und mit Daguerre's Vertretung in Deutschland betraut. Am 22. September (also vier Wochen nach der Publication der Erfindung) machte Sachse bereits das erste Bild in Berlin. Diese Bilder wurden als Wunderdinge angestaunt und das Stück mit 1 bis 2 Friedrichdor, Originalbilder von Daguerre sogar mit 120 Francs das Stück bezahlt. Am 30. September experimentirte Sachse im charlottenburger Park vor dem Könige Friedrich Wilhelm IV., im October kamen die ersten Daguerre'schen Apparate in den Handel. Das erste Exemplar erhielt Beuth für die königliche Gewerbeakademie in Berlin. Es befindet sich heute noch daselbst. Mit der Einführung der Apparate war die Möglichkeit der Ausführung für jedermann gegeben, und nunmehr tauchten bald eine Menge Daguerreotypisten auf. Auch Männer der Wissenschaft cultivirten (mehr als jetzt) die neue Kunst, so unter andern die Physiker Professor Karsten, Moser, Nörrenberg, von Ettinghausen, ja sogar Damen, z. B. Frau Professor Mitscherlich. Die ersten Objecte, welche Sachse photographirte, waren Architekturbilder, plastische und malerische Gegenstände, welche zwei Jahre lang als Curiositäten einen lebhaften Absatz fanden. 1840 stellte er zuerst Gruppen lebender Personen dar, und damit wurde die Photographie vorwiegend Porträtirkunst, sie zog aus der Porträtarbeit ihre Hauptnahrung, und nach zwei Jahren gab es „Daguerreotypisten" in allen Hauptstädten Europas.

In Amerika ist ein Maler, Professor Morse, der nachmalige berühmte Erfinder des Morse'schen Telegraphen, der erste gewesen, welcher Daguerreotypien fertigte, neben ihm wirkte Professor Draper für die neue Kunst.

Betrachten wir nun einmal den Arbeitsgang zur Herstellung der Daguerreotypplatten genauer. Als Bildfläche dient, wie schon oben bemerkt, eine Silberplatte, oder an Stelle derselben eine silberplattirte Kupfer-

platte. Diese wird mit Hülfe von Tripel und Olivenöl
glatt geschliffen, dann mit englisch Roth und Wasser
und Baumwolle auf das feinste polirt. Nur solche durchaus sauber polirte Platte ist für den Process brauchbar. Diese geputzte Platte wird mit der gereinigten
Seite auf einen offenen viereckigen Kasten gelegt, auf
dessen Boden sich fein zertheiltes Iod befindet. Dieses verdunstet, seine Dämpfe berühren das Silber und
verbinden sich augenblicklich damit. Die Platte färbt
sich dabei erst strohgelb, dann roth, dann violett, endlich blau. Die Platte wird alsdann vor dem Lichte
geschützt, in die Camera-obscura an die Stelle gebracht,
wo das Bildchen auf der matten Scheibe sichtbar ist,
und hier eine gewisse Zeit „exponirt“, wie der Photograph sagt, nachher in das Dunkle zurück- und
hier auf einen zweiten Kasten gebracht, auf dessen
metallenem Boden sich etwas Quecksilber befindet.
Dieses Quecksilber wird mit Hülfe einer Spirituslampe
schwach erwärmt. Auf der Platte ist anfangs nicht
die Spur eines Bildes sichtbar. Dieses tritt erst dadurch hervor, dass die Quecksilberdämpfe sich an den
vom Licht getroffenen Stellen niederschlagen, und dieses
geschieht zwar um so stärker, je kräftiger das Licht
gewirkt hat. Das Quecksilber verdichtet sich hierbei
in ganz feinen weissen Kügelchen, die man unter dem
Mikroskop sehr gut erkennen kann. Man nennt diese
Operation die Entwickelung des Bildes.

Nach der Entwickelung muss das lichtempfindliche
Iodsilber entfernt werden, um das Bild haltbar zu
machen oder zu fixiren. Dieses geschieht durch eine
Auflösung von unterschwefligsaurem Natron, welche
das Iodsilber auflöst. Nachher ist nur noch Waschen
mit Wasser und Trocknen nöthig, und das Daguerreotyp
ist fertig. Zuweilen pflegte man auch das Bildchen
des Schutzes halber zu vergolden. Man goss Chlor-
goldauflösung darauf und erwärmte es, es schlug sich
dabei eine zarte Goldschicht nieder, welche wesentlich
zur Haltbarkeit des Bildes beitrug. Immerhin bleibt

solches Bildchen leicht verletzbar und verlangt Schutz
durch Glas und Rahmen.

Daguerre's erste Bilder brauchten noch eine Belichtungszeit von 20 Minuten, zu lange für Aufnahmen von
Porträts. Bald aber fand man, dass Brom, ein seltener, dem Iod in vielen Beziehungen ähnlicher Körper,
im Verein mit letzterm angewendet, bedeutend empfindlichere Platten liefert, die eine wesentlich kürzere Belichtungszeit von vielleicht 1—2 Minuten erlauben.

Wol mancher erinnert sich noch jener ersten Zeit
der Photographie, in welcher die Personen genöthigt
wurden, im vollen Sonnenschein Platz zu nehmen und
sich die blendenden Strahlen ins Gesicht scheinen zu
lassen, eine Tortur, die sich noch deutlich in den erhaltenen Bildern der photographischen Schlachtopfer
in den schwarzen Schlagschatten, den verzogenen Wangenmuskeln und den zusammengekniffenen Augen ausprägt.

Solche Conterfeis hielten freilich nicht den Vergleich
mit einer guten Zeichnung nach dem Leben aus, und
schwerlich hätte die Porträtphotographie jemals Erfolg
gehabt, wenn es nicht gelungen wäre, die Belichtung
in einem ruhigern, weniger blendenden Lichte vorzunehmen. Dies wurde erreicht durch Erfindung einer
neuen Linse, dem Porträt-Doppelobjectiv von Professor
Petzval in Wien.

Diese neue Linse zeichnete sich dadurch aus, dass
sie ein bedeutend helleres Bild lieferte als die alte
Daguerre'sche, und dadurch auch weniger grell beleuchtete Gegenstände aufzunehmen gestattete. Petzval erfand diese Linse 1841. Nach seinen Angaben schliff
sie Voigtländer, und bald war eine Voigtländer-Linse
das nothwendige Erforderniss jedes Daguerreotypisten.
Durch Anwendung von Bromiod und der Petzval'schen
Linse wurde die Belichtung bis auf Secunden reducirt.

Damit erreichte die Daguerreotypie ihren Höhepunkt.
So fein die erhaltenen Bilder auch erschienen, so kam
man doch, nachdem die erste Begeisterung ver

flogen war und der Enthusiasmus einer nüchternen
Kritik Platz gemacht hatte, dahinter, dass dieselben
viel zu wünschen übrigliessen.

Zunächst erschwert der störende Glanz der Bilder sehr
erheblich ihre Betrachtung. Dann traten auch auffallende Abweichungen von der Natur ein. Gelbe Gegenstände wirkten oft wenig oder gar nicht, und bildeten sich schwarz ab, blaue dagegen, die dem Auge
doch dunkel erscheinen, wurden öfter (nicht immer)
weiss.

Es ist dieses heute noch in der Photographie der
Fall, nur sucht man jetzt durch Nacharbeitung an der
Platte den Fehler zu mildern (Negativretouche).

Aber noch ein begründetes ästhetisches Bedenken
wurde gegen diese Bilder geltend gemacht.

Es war keine Frage, dass die Daguerreotypie durch
die wunderbare Schärfe ihrer Details, durch die fabelhafte Treue, mit welcher sie die Contouren der Gegenstände wiedergab, die Malerei weit übertraf. Die
Daguerreotypplatte gibt mehr, aber — sie gibt eben
deshalb zu viel. Sie bildet das vollkommen Nebensächliche mit derselben Treue ab, als die Hauptsache.
Nehmen wir den einfachsten Fall, ein Porträt.

Ein Maler, der ein Porträt malt, malt durchaus
nicht alles, was er in natura sieht. Das Original hat
vielleicht einen schon etwas getragenen Rock an, derselbe zeigt hier und da manche Quetschfalte, auch einen
Fleck, eine aufgeplatzte Naht, alles dies stört den
Maler nicht im geringsten, er lässt solche Zufälligkeiten einfach weg. Ebenso wird er, wenn das Original vor einer zerfallenen Kalkwand sitzt, durchaus
nicht jene Kalkwand mit ihren Klecksen mit in sein
Bild aufnehmen. Er kann weglassen was er will, und
zusetzen was er will. Anders ist es in der Photographie. Diese würde bei der Porträtaufnahme alle jene
Kleinigkeiten, die im Bilde stören, mit eben solcher
Genauigkeit abbilden, als die Hauptsache, den Menschen selbst. Hierzu kommt noch ein Punkt. Das,

was der Maler in sein Bild aufnimmt, wird keineswegs
alles gleichstark hervorgehoben. In jedem Porträt
ist der Kopf die Hauptsache. Diesen führt der Maler
denn auch am sorgfältigsten aus. Er macht ihn wenigstens am hellsten, er lässt die andern Theile mehr
in das Halbdunkel zurücktreten. In der Photographie
ist es aber keineswegs der Kopf, welcher am hellsten
wird, häufig ist es irgendein Stuhl, ein Stück des Hin-
tergrundes, und solches stört im Bilde sehr erheblich.
Endlich aber wirkt der Ausdruck des Gesichts mit.
Dieser ist nach der Stimmung des Menschen sehr verschieden. Die Photographie gibt natürlich den Ausdruck, den das Original im Moment der Aufnahme
hatte. Dieser Ausdruck wird nun aber durch ganz
unbedeutende Einflüsse wesentlich afficirt. Eine leise
Verstimmung, Langeweile, eine unbedeutende Unbequemlichkeit oder die beim Photographiren zu beobachtende
Unbeweglichkeit reichen oft hin, dem Gesicht einen
fremdartigen Ausdruck zu verleihen.

Ganz anders ist es in einem gemalten Bilde, der
Maler verkehrt länger mit der Person als der Photograph, er lernt sehr bald die zufälligen Stimmungen
von dem charakteristischen Gesichtsausdruck unterscheiden, und dadurch ist er im Stande, ein dem Charakter des Dargestellten weit mehr entsprechendes
Porträt zu liefern als der Photograph.

Natürlich gilt dies nur für Gemälde von Meistern
ersten Ranges. In dem Porträt des Stümpers findet
sich von diesen Vorzügen nichts, und diese zahllosen
Stümper verschwanden allerdings, als plötzlich die
Kunst der Sonne auftauchte, wie Fledermäuse vor dem
Licht. Viele von ihnen ergriffen in richtiger Erkenntniss die neue Kunst selbst, und brachten es darin zu
grösserm Erfolge als sie als Maler erzielt haben
würden.

Der tüchtige Künstler hat jedoch die Photographie
nicht zu fürchten. Im Gegentheil, sie gereicht ihm
durch ihre fabelhafte Treue der Zeichnung zu seinem

Vortheil, er lernt daraus die Umrisse der Körper richtig wiedergeben; und seit Erfindung der Photographie ist unbedingt ein grösseres Naturstudium, eine grössere Naturwahrheit in den Bildern unserer Meister sichtbar. Wir werden später sehen, wie auch die Photographen sich die ästhetischen Grundsätze, nach denen die Maler bei Fertigung ihrer Porträts verfahren, zu eigen machten und dadurch ihnen einen gewissen künstlerischen Stempel aufdrückten, der sie weit über die Producte der ersten Zeit erhebt. Dieser wurde aber erst möglich, als die Technik der Photographie selbst sich vervollkommnete und statt des widerstrebenden Materials der Silberplatten ein künstlerischen Arbeiten mehr entsprechendes zu verwenden gestattete.

DRITTES KAPITEL.

Die Papierphotographie und der Lichtpausprocess.

Talbot's Papierphotographien. — Lichtpauspapier. — Leaf
prints. — Lichtpausprocess und seine Anwendung.

In demselben Jahre, als Daguerre seinen Process
der Herstellung von Bildern auf Silberplatten veröffentlichte, publicirte Fox Talbot, ein reicher eng-
lischer Privatmann, der, wie viele begüterte Engländer,
sich mit wissenschaftlichen Untersuchungen beschäftigte,
ein Verfahren, Zeichnungen mit Hülfe des Lichts auf
Papier zu fertigen. Er badete Papier in Kochsalz-
lösung, trocknete es und legte es dann in Silberlösung.
Auf diese Weise erhielt er ein Papier, welches viel
lichtempfindlicher war als das von Wedgewood ange-
wendete. Dieses benutzte er zum Copiren von Pflan-
zenblättern. Talbot sagt selbst: „Nichts gibt schönere
Copien von Blättern, Blumen u. s. w., als dieses Papier, besonders unter der Sommersonne; das Licht
wirkt durch die Blätter hindurch und copirt selbst die
zartesten Adern."

Talbot übertreibt nicht. In den Händen des Verfassers befinden sich Lichtabdrücke der Art von Talbot's
eigener Hand, die die Aderung der Blätter jetzt noch
trefflich erkennen lassen.

Die in dieser Weise in der Sonne copirten Bilder
sind freilich noch nicht haltbar, da das Papier ja
durch seinen Gehalt an Silbersalzen noch lichtempfindlich ist, Talbot gab aber ein Mittel an, die Bilder zu

fixiren. Er tauchte dieselben in heisse Kochsalz-
lösung. Dadurch wurde der grösste Theil der Silbersalze entfernt, und die Bilder dunkelten jetzt wenig
mehr im Lichte.

Noch sicherer gelang dieser Fixirprocess dem
rühmlichst bekannten Sir John Herschel durch Eintauchen der Bilder in eine Lösung von unterschwefligsaurem Natron. Dieses Salz, welches alle Silbersalze

Fig. 5.

auflöst, wurde um jene Zeit sehr theuer bezahlt. Das
Pfund kostete wol 2 Thaler. Mit der steigenden Bedeutung der Photographie steigerte sich die Produc-
tion dieses Salzes, und jetzt wird es bereits in vielen
tausend Centnern dargestellt, und zu einem Preise nicht
höher als 5 Groschen per Pfund.

So wurde die Herstellung eines haltbaren Licht-
bildes auf Papier, welche Wedgewood vergeblich an-

strebte, ermöglicht. Freilich erlangte man nach dieser Methode nur Bilder von flachen Gegenständen, die sich leicht mit Papier zusammenpressen liessen, z. B. Pflanzenblätter, Zeugmuster. Das Verfahren ist neuerdings, nachdem es fast vergessen worden war, wieder in Aufnahme gekommen. Man stellte damit reizende Ornamente aus Blättern, verschiedenen Pflanzen und Blumen dar, und diese Copien werden um so schöner, als uns jetzt viel feinere und gleichmässigere Papiere zur Disposition stehen als Herrn Talbot, ja neuerdings sogar lichtempfindliches Papier der Art unter dem Namen Lichtpauspapier in den Handel gekommen ist.* Solche Blättercopien (leaf prints) sind namentlich in Amerika sehr beliebt. Wir geben hier die getreue Nachbildung einer solchen Blättercopie in Fig. 5.

Da durch die Käuflichkeit des lichtempfindlichen Papiers die Herstellung solcher Blättercopien sehr leicht gemacht wird, so geben wir hiermit die Art und Weise der Herstellung für unsere schönen Leserinnen, die in dieser Weise gleich ihren Schwestern in Amerika auch Bildchen zur Verzierung von Lampenschirmen, Briefmappen und ähnlichen Dingen herstellen können.

Die Blätter (namentlich Farrn u. dgl.) werden passend ausgewählt und zwischen Löschpapier gepresst und getrocknet, dann auf einer Seite gummirt und in einem passenden Arrangement, wobei der Geschmack der Arbeiterin massgebend ist, auf eine Glastafel geklebt, die in einem kleinen Holzrahmen liegt** (Fig. 6); sobald das Ganze trocken ist, kann man sofort mit dem Copiren beginnen.

Man legt ein Stückchen lichtempfindliches Papier

---

* Dasselbe wird dargestellt von Herrn Romain Talbot, Karlstrasse 11, in Berlin.

** Diese Holzrahmen, Copirrahmen genannt, Schälchen und Fixirsalz, werden ebenfalls von Herrn Talbot in Berlin fabricirt. Es existirt sogar jetzt ein kleines Spielzeug der Art im Handel unter dem Titel „Sonnencopirmaschine".

auf das Blätterarrangement, legt die beiden Holzdeckel
h h auf und klemmt sie mittelst der Hölzchen *x x* fest,
und dann setzt man das Ganze, die Glasscheibe nach
oben, dem Lichte aus.

Sehr bald bräunt sich der Bogen da, wo er nicht
von den Blättern bedeckt ist, und schliesslich wird er
ganz bronzefarben. Das Licht dringt auch theilweise
durch die Blätter und färbt das darunterliegende Pa-

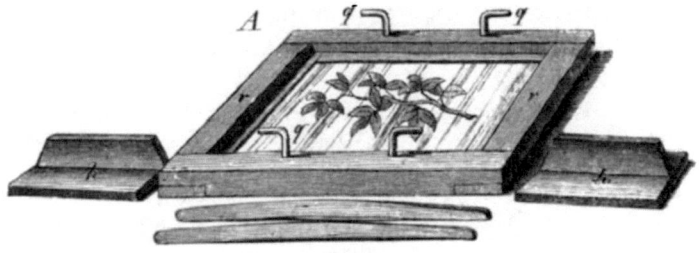

Fig. 6.

pier bräunlich. Man kann leicht beobachten, wie weit
die Färbung unter den Blättern gediehen ist, wenn
man eins der Hölzchen *h* und den halben Deckel *d*
wegnimmt und das Papier aufhebt.

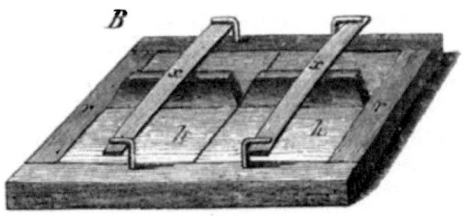

Fig. 7.

Sobald die Zeichnung dunkel genug erscheint (es
ist reine Geschmacksache, sie dunkel oder heller zu
halten), nimmt man das Papier heraus und bringt es
einstweilen in eine dunkle Schublade. Man kann in
dieser Weise mehrere Bilder nacheinander machen,

die man nachher gemeinschaftlich fixirt, d. h. lichtbeständig macht.

Zu dem Zwecke legt man das Bild in ein flaches
Schälchen (Fig. 8) mit Wasser, etwa 5 Minuten, und
dann in ein zweites Schälchen, in welches man eine
Auflösung von 20 Gramm Fixirnatron in 100 Gramm
Wasser gegossen hat. In dem Moment, wo man die
Copie darin untertaucht, wird sie gelbbraun. Nachdem
die Copie 10 Minuten in der Fixirlösung gelegen hat
(man kann auch mehrere Blätter, eins nach dem andern, eintauchen), wird sie herausgenommen und in
frisches Wasser gelegt (am bequemsten in eine Unter-
tasse). Dieses Einlegen in frisches Wasser wiederholt
man vier- bis sechsmal, indem man das Bildchen jedes-
mal 3 Minuten in dem Wasser liegen lässt.

Fig. 8.

Nachher legt man die Bilder auf Löschpapier und
lässt sie trocknen, sie lassen sich alsdann mittels
reinen Kleisters auf Pappe oder dickes Papier, Leinwand, Glas oder Holz aufkleben.

Manchem wird dieses Verfahren nur als eine nied-
liche Spielerei erscheinen, es hat aber neuerdings
immer mehr Bedeutung gewonnen als Hülfsmittel
zum Copiren von Zeichnungen, Karten, Plä-
nen, Kupferstichen u. s. w.

Diese Arbeit, welche sonst dem Techniker und
Künstler viele Stunden Zeit und Arbeit kostete und
bei aller Aufmerksamkeit doch ungenau wurde, lässt
sich mit leichtester Mühe bewerkstelligen mit Hülfe
des eben geschilderten Verfahrens.

Man denke sich auf ein Stück lichtempfindlichen Papieres eine Zeichnung gelegt und beide durch eine Glastafel fest zusammengedrückt dem Lichte ausgesetzt. Das Licht scheint durch alle weissen Stellen des Papieres hindurch und färbt die darunterliegenden Stellen des empfindlichen Papieres braun. Die schwarzen Striche der Zeichnung aber halten das Licht zurück, und an diesen Stellen bleibt demnach das darunterliegende Papier weiss. Lässt man daher das Licht genügend lange wirken, so erhält man in dieser Weise eine weisse Copie auf dunkelbraunem Grunde, die gerade so wie die obenbeschriebenen Blätterdrucke fixirt und gewaschen wird. Diese Copie ist in ihrer Stellung verkehrt zum Original, wie Bild und Spiegelbild, im übrigen aber stellt sie solches auf das treueste Strich für Strich dar. Wir geben in Tafel I die Copie eines eingedruckten Holzschnittes nach dieser Methode. Diese Copie ist nur klein, aber man kann ebenso gut die allergrösste, wie die kleinste Zeichnung copiren, und so macht man in der That in technischen Bureaux, in Bauhütten und Maschinenfabriken solche Copien nach Zeichnungen bis zu $1\frac{1}{4}$ Meter Grösse.

Man hat dazu grosse „Copirrahmen", die in ihrer Construction den kleinen obenbeschriebenen Rahmen ähnlich sind, und behufs des Fixirens und Auswässerns grosse Schalen von Holz, die mit Asphalt überzogen sind. Man nennt dieses Verfahren in der Praxis Lichtpausprocess. Die schwarze Copie, welche dieser liefert, nennt man ein negatives Bild. Nun kann man aber nach diesem wieder eine zweite weisse Copie fertigen, indem man das negative Bild auf lichtempfindliches Papier deckt. Dann scheint das Licht durch alle hellen Striche hindurch und färbt das darunterliegende Papier dunkel, während es unter den schwarzen Stellen des Negativs weiss bleibt. So entsteht ein Bild, welches dem ursprünglichen Originale auf das vollkommenste gleicht, ein ‚positives Bild genannt. Das Waschen und Fixiren wird mit diesem

Bilde genau ebenso vorgenommen, als mit dem negativen. Fig. 9 stellt solche positive Copie nach dem Negativ Fig. 5 dar.

So ist der Geograph im Stande, sich rasch treue Copien seiner Handzeichnungen und Karten zu fertigen, der Ingenieur copirt die Maschinenzeichnungen, nach denen er arbeiten lassen, der Student naturwissenschaftliche Abbildungen, von denen er lernen will. Beim Copiren selbst muss das lichtempfindliche

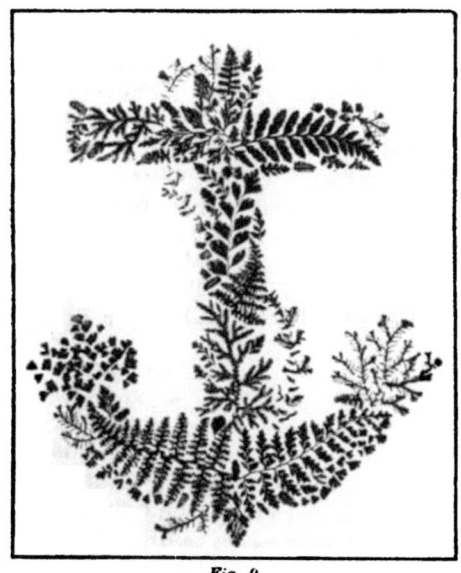

Fig. 9.

Papier (Lichtpauspapier) das Originalbild innig berühren, ersteres wird deshalb auf die Bildseite, nicht auf die Rückseite des Originals gelegt.

Grosse Dienste hat dieser Process bereits im Felde geleistet, wenn es galt, von einer vielleicht nur in einem einzigen Exemplar vorhandenen Landkarte rasch eine Copie zu machen. Wollte man die Landkarte abzeichnen, so würde man mehrere Tage nöthig haben, und die Copie würde nimmermehr so genau werden, als die Lichtpause.

Es ist merkwürdig, dass dieser für die Industrie hochwichtige Process erst neuerdings in seiner vollen Bedeutung erkannt worden ist, obgleich Talbot's Versuche schon 32 Jahre bekannt sind. Der Grund ist jedenfalls darin zu suchen, dass die Papiere früher nicht in der Reinheit dargestellt wurden, wie jetzt, und daher häufig das Resultat durch Schmuzflecke so gut wie unbrauchbar gemacht wurde, andererseits aber in dem Umstande, dass die Präparirung der Papiere besondere Vorsicht erheischt und solche dem Ungeübten, d. h. dem Nichtphotographen, häufig mislangen, dass endlich die nach der ältern Methode präparirten Papiere sehr bald verdarben und daher sofort nach der Präparation verwendet werden mussten.

Diese Uebelstände sind durch Erfindung des Romain Talbot'schen Lichtpauspapieres, welches fertig präparirt in den Handel kommt, sich monatelang hält, aufgehoben und dadurch der Process für jeden Techniker und Liebhaber leicht ausführbar gemacht.

VIERTES KAPITEL.

Der Entwickelungsgang der modernen Photographie.

Talbot's Papiernegativ. — Photographie als vervielfältigende Kunst. — Nièpce de St.-Victor's Verdienste. — Eiweissnegative. — Die Schiessbaumwolle in der Photographie. — Collodium. — Archer's Negativprocess. — Eiweisspapier. — Die photographische Visitenkarte. — Das Photographiealbum.

Der Leser hat bereits aus dem vorigen Kapitel gelernt, was ein Negativbild ist und wie solches als Lichtcopie nach flachen Gegenständen gewonnen werden kann. Talbot, der Erfinder jenes Papierprocesses, strebte nun auch danach, körperliche Gegenstände, die sich nicht mit lichtempfindlichem Papier zusammenpressen lassen, z. B. eine Person, eine Landschaft, mit Hülfe einer Camera-obscura auf Papier abzubilden.

Dieses erreichte er in der That zwei Jahre nach Daguerre's Entdeckung mit Hülfe eines mit Iodsilber präparirten Papieres.

Er tauchte Papier in salpetersaure Silberauflösung und dann in Iodkaliumlösung. Er erhielt so ein wenig empfindliches Papier, das aber jederzeit durch Eintauchen in gallussaures Silber sehr lichtempfindlich gemacht werden konnte.*

Dieses Papier gab in der Camera-obscura exponirt nicht sofort ein Bild; erst nach längerm Liegen im Dunkeln oder bei nochmaliger Behandlung mit gallussaurem Silber entwickelte sich das Bild deutlich, aber

---

* Das Wesen dieses eigenthümlichen Processes wird weiter unten erklärt werden.

nicht als Positiv, sondern als Negativ. Bei einer Porträtaufnahme erschien z. B. das Hemd schwarz, ebenso das Gesicht, der schwarze Rock dagegen weiss.

Das Bildchen wurde durch Eintauchen in eine Lösung von unterschwefligsaurem Natron lichtbeständig gemacht. Das so erhaltene Negativ ist bereits ein flaches Bild, gewonnen von einem körperlichen Gegenstande. Talbot fertigte nun nach solchem Negativ positive Bilder.

Er deckte das Negativ auf ein Stück lichtempfindliches Chlorsilberpapier, wie es im vorigen Kapitel beschrieben worden ist, und liess das Licht darauf wirken. Dieses schien durch die hellen Stellen des Negativs hindurch, färbte die darunterliegenden Partien des lichtempfindlichen Papiers dunkel, während die dunkeln Stellen des Negativs das darunterliegende Papier vor der Lichtwirkung schützten. So erhielt er von dem negativen Bilde ein positives Bild. Nun konnte er diesen Process beliebig oft wiederholen, und dadurch war er im Stande, von einem einzigen Negativ zahlreiche Positive mit Hülfe des Lichtes zu copiren. Dadurch trat die Photographie ein in die Reihe der vervielfältigenden Künste, und dieser Umstand übte auf ihre fernere Entwickelung einen tiefgehenden Einfluss aus.

Daguerre's Verfahren lieferte nur ein einziges positives Bild bei einer Aufnahme. Verlangte man deren mehr, so musste die Person wiederholt sitzen. Bei Talbot's Verfahren genügte eine einzige Aufnahme zur Herstellung von hunderten von Bildern.

Freilich waren die Talbot'schen Bilder der ersten Zeit nicht sonderlich schön. Alle Ungleichheiten des Papiers, jeder kleine Schmuzfleck prägte sich in der positiven Copie aus, und an Zartheit waren sie demnach den feinen Daguerreotypen nicht zu vergleichen. Bald aber wurde das Verfahren verbessert.

Nièpce de St.-Victor, der Neffe von Nicophore Nièpce, des Freundes von Daguerre, hatte die glückliche Idee, statt des Papiers in dem negativen Process Glas an-

zuwenden. Er überzog Glastafeln mit einer Eiweisslösung, in welcher Iodkalium aufgelöst war.

Solche Eiweisslösung lässt sich leicht herstellen, indem man Eiweiss zu Schnee schlägt und absetzen lässt.
Die mit der Eiweissschicht überzogenen und getrockneten Glastafeln wurden in eine Silberauflösung getaucht. Hierbei bildete sich Iodsilber, und die ganze
Eiweissschicht färbte sich dadurch gelb und wurde
höchst lichtempfindlich.

Diese Glastafel brachte Nièpce nun an die Stelle
des Bildes in der Camera-obscura und liess das Licht
darauf wirken.

Der Eindruck desselben war anfangs unsichtbar,
trat aber deutlich hervor, als man das Bild in eine
Auflösung von Gallussäure steckte. So erhielt Nièpce
ein negatives Bild auf Glas ohne die störenden Adern,
Flecke, Wolken, Fasern, welche ein Papiernegativ zeigte.

Dieses negative Bild vervielfältigte er genau nach
demselben Verfahren, welches Fox Talbot anwendet,
und er erhielt von dem feinen negativen Bilde auch
ein entsprechend feines positives Bild, welches weit
eher im Stande war, den Vergleich mit den Producten
Daguerre's auszuhalten.

Nièpce erfand sein Verfahren 1847. Es fand viele
Aufmerksamkeit, hatte aber seine Schattenseiten. Die
Präparation der Eiweisslösung, der Umgang mit
Silberauflösungen und Galluslösungen führte viel Un-
sauberkeiten mit sich. Das Verfahren erschien daher
vielen, die an den Daguerreotypprocess gewöhnt waren,
schmuzig und unangenehm, und schreckte von der Be-
schäftigung damit ab.

Doch war der Vortheil des neuen Processes, nämlich die Möglichkeit der Vervielfältigung, auf der andern Seite zu einleuchtend, als dass man ihn hätte
ignoriren können, und diejenigen, welche sich nicht
vor schwarzen Fingern fürchteten, beschäftigten sich
eifrig damit.

Ein wesentlicher Uebelstand bei diesem Process war

die leichte Zersetzbarkeit der Eiweisslösung. Man
suchte daher nach einem andern Körper, der sich zu-
verlässiger erwies. Diesen lieferte eine neue Erfindung, die im Jahre
1847 von Schönbein und Böttcher gemacht wurde, die
sogenannte Schiessbaumwolle. Schönbein fand, dass
gewöhnliche Baumwolle, in eine Mischung von Salpetersäure und Schwefelsäure eingetaucht, explosible Eigenschaften annimmt, gleich dem Schiesspulver. Man
glaubte schon einen wichtigen Ersatz für diesen Körper gefunden zu haben, fand jedoch bald, dass seine
Explosionsfähigkeit äusserst ungleich war, bald zu stark,
bald zu schwach. Dagegen beobachtete man eine andere sehr nützliche Eigenschaft desselben Körpers,
nämlich seine Löslichkeit in Alkoholäthermischung.
Diese Lösung lässt beim Verdunsten ein durchsichtiges
Häutchen zurück, welches sich ausserordentlich gut als
Heftpflaster bei Wunden eignet, und durch diese Eigenschaften wurde der Körper, welcher bestimmt war als
Zerstörungsmittel an Stelle des Pulvers zu treten
und Wunden zu schlagen, ein Heilmittel für letztere.
Man nannte diese Auflösung von Schiessbaumwolle
Collodion.

Verschiedene photographische Experimentatoren kamen
auf den Gedanken, diesen Körper an Stelle des Eiweisses
zu versuchen, um Glasplatten damit zu überziehen;
die Versuche führten jedoch anfangs zu keinem ge-
nügenden Resultat. Endlich veröffentlichte Archer in
England eine vollständige Beschreibung eines Collo-
dion-Negativverfahrens, dass an Schönheit der Resultate
und an Einfachheit und Sicherheit das Nièpce'sche Ei-
weissverfahren übertraf. Archer überog Plangläser
mit Collodion, in welchem Iodsalze aufgelöst waren,
er tauchte diese in eine Silberlösung und erhielt so
eine mit lichtempfindlichem Iodsilber imprägnirte Collodionhaut, welche in der Camera exponirt wurde.
Der hier erzeugte unsichtbare Lichteindruck wurde
sichtbar durch Uebergiessen der Platte mit Gallus-

säure, oder der ihm ähnlichen, aber chemisch kräftiger wirkenden Pyrogallussäure, oder an Stelle dessen einer Auflösung von Eisenvitriol.

Durch diesen Process erhielt man sofort ein äusserst feines, sauberes Negativbildchen, welches viel schönere Copien auf Papier lieferte als das frühere Talbot-Negativpapier. Eine sehr wesentliche Verbesserung erfuhr ferner das positive Papier, als man dasselbe nach Nièpce de St.-Victor's Vorgang mit Eiweiss überzog. Dadurch erhielt es eine glänzende Oberfläche und nahm im Lichte einen schönern, wärmern Farbenton an, der die Bilder brillanter erscheinen liess als die früher auf gewöhnlichem stumpfen Papier gefertigten.

So wurde der Talbot-Process, der anfangs neben dem Daguerre'schen kaum der Beachtung werth erschien, durch eine Verbesserung nach der andern allmählich so vervollkommnet, dass er schliesslich dem Daguerre'schen Process den Rang ablief. Von dem Jahre 1853 an kamen Papierbilder nach Collodionnegativen mehr und mehr in Eingang, die Bestellung auf Daguerreotypien nahm ab, und bald verschwanden letztere ganz, nur in Amerika werden sie noch hier und da angefertigt.

Jetzt ist das Collodionverfahren das herrschende. Es gewann einen ungemeinen Impuls durch Einführung der Visitenkarten. Dieses kleine Bildformat, welches darauf berechnet ist, verschenkt, daher also in einer Mehrzahl hergestellt zu werden, wurde 1858 von Disderi in Paris, dem Hofphotographen des Kaisers Napoleon, erfunden und fand so ungemeinen Beifall, dass es sofort in alle Kreise eingeführt und bald zu einem nothwendigen Object für jeden civilisirten Menschen wurde. Der billige Preis, für welchen diese Bilder geliefert wurden, lockte auch den Unbemittelten an, und scharenweise strömte jetzt das Publikum in die Ateliers, deren Zahl sich täglich vermehrte.

Durch die photographische Visitenkarte wurde das alte Stammbuch, das beliebte Souvenir jugendlicher Seelen,

fast ganz verdrängt, an Stelle der geschriebenen Worte
des Freundes oder der Freundin traten deren durch
das Licht geschriebene Bilder. In jeder Bauernhütte
existirt jetzt ein photographisches Album, und in Berlin allein sind jetzt mehr als zehn Fabriken in Thätigkeit, um den Bedarf an photographischen Albums zu
befriedigen; sie werden von dort aus nach allen Welt-
theilen exportirt.

FÜNFTES KAPITEL.

Der Negativprocess.

Die Dunkelkammer. — Ueber chemisch unwirksames Licht. —
Das Plattenputzen. — Collodioniren. — Empfindlichmachen. —
Die Kassette. — Das Arrangement. — Die Belichtung. —
Entwickelung. — Verstärkung. — Fixirprocess. — Lackiren.

In den vorigen Kapiteln haben wir den Entwicke-
lungsgang der Photographie eingehend geschildert und
sind dadurch in den Stand gesetzt, uns in der Werkstatt
eines Photographen zurechtzufinden. Sein ganzes Thun
beruht in der chemischen Wirkung des Lichts, und
dennoch ist der Hauptraum seiner Thätigkeit nicht
sowol das lichterhellte Atelier, sondern ein Verliess,
in welchem vorzugsweise tiefe Nacht herrscht, es ist
die Dunkelkammer. Was an das Licht gebracht
werden und dessen zarteste Wirkungen wiedergeben
soll, die lichtempfindliche Platte nämlich, das muss in
der Finsterniss geboren werden, in der Dunkelkammer.
Dieser Raum, „von Flaschen, Büchsen rings umstellt,
mit Instrumenten vollgepfroft", ist die enge Welt des
Photographen, aus welcher er nur für wenige Minuten
heraustritt in das Licht seines Ateliers, um sofort mit
der belichteten Platte zurückzukehren und diese noch
mannichfaltigen chemischen Operationen zu unterwerfen.

Viele Personen glauben, dass das Auf- und Zumachen
der „Klappe" (des Deckels an der Linse des Apparats,
fälschlich Maschine genannt) die Hauptarbeit des
Photographen sei. Ja, man erzählt von einer Kö-

nigin, die zu photographiren glaubt, indem sie sich
alles dazu Gehörige bringen und vorbereiten lässt, um,
wenn alles zur Aufnahme bereit ist, den Deckel des
Objectivs abzunehmen und wieder aufzusetzen, eine
Arbeit, die ein fünfjähriges Kind ebenso gut machen
könnte. Diese Operation ist aber nur ein Glied in der
grossen Kette von 28, sage achtundzwanzig Operationen,
die jede Platte durchmachen muss, um zunächst ein
negatives Bild zu liefern, und es gehören wiederum
mindestens acht Operationen dazu, nach diesem negativen Bilde ein positives Bild zu copiren. -
    Sehen wir uns diese Operationen ein wenig näher an.
Der Anblick einer Dunkelkammer ist zwar nichts weniger als einladend. Selbst bei der grössten Ordnung
spritzen Tropfen von Silberauflösung umher, es entstehen hier und da schwarze Flecke. Dazu tritt ein
permanenter Aetherparfum von verdunstendem Collodion und die infolge des nothwendigen Plattenwaschens
unvermeidliche Feuchtigkeit. Und das alles erscheint
in dem trüben Halblicht einer theilweise mit gelben
Scheiben gedämpften Gas- oder Petroleumlampe oder
eines mit ebensolchen gelben Scheiben eingefassten kleinen Fensters.
    Von vornherein muss hier darauf aufmerksam ge-
macht werden, dass der photographische Dunkelraum
nicht eigentlich völlig dunkel ist. Nur das Tageslicht muss von gewissen Operationen ausgeschlossen
werden, das gelbe Licht der Lampe ist unschädlich.
    Wir lernen hier gleich einen wichtigen Unterschied
kennen, nämlich den Unterschied zwischen chemisch
wirksamem und chemisch unwirksamem Licht. Chemisch sehr wirksam ist das Licht der Sonne, des
blauen Himmels, das elektrische Licht, Magnesiumlicht,
chemisch sehr wenig wirksam ist das Gaslicht, Petroleumlicht; völlig unwirksam ist das gelbe Licht einer
Spirituslampe, deren Docht man mit Kochsalz eingerieben hat. Das wirksame Licht des Tages kann ferner
unwirksam gemacht werden, wenn man dasselbe durch

eine gelbe oder besser röthlich-gelbe Glasscheibe gehen lässt. Daher ist das durch das gelbe Fenster einer Dunkelkammer einfallende Licht chemisch unwirksam, oder doch so wenig wirksam, dass es nicht mehr stört. Es ist merkwürdig, dass das gelbe Licht, welches so kräftig auf unser Auge wirkt, auf die photographische Platte so gut wie keinen Einfluss äussert. Die Thatsache ist bis jetzt noch nicht genügend erklärt. Für die photographische Praxis hat sie ihre Nachtheile, ein gelbes Kleid z. B. wird in der Photographie leicht schwarz, ebenso ein gelbes Gesicht, gelbe Flecke, z. B. Sommersprossen, erscheinen im Bilde beinahe schwarz. Diese Nachtheile kann man jedoch durch Anwendung der später zu besprechenden Negativretouche umgehen. Auf der andern Seite aber hat die Unwirksamkeit des gelben Lichts auch ihre Vortheile für den Photographen. Sie gestattet, die lichtempfindlichen Platten bei einer Beleuchtung zu fertigen, die den Platten nicht schadet und seinen Augen demnach die Controle seiner Arbeit gestattet. Wären die Platten empfindlich für alles Licht, so müssten sie in absoluter Dunkelheit präparirt werden, und das hätte grosse Mislichkeiten.

Die erste Operation, welche behufs Präparation einer lichtempfindlichen Platte vorgenommen werden muss und welche grosse Sorgfalt erfordert, ist das Putzen des Glases. Die mit dem Diamant zugeschnittenen Scheiben werden einige Stunden in eine ätzende Flüssigkeit, Salpetersäure, gelegt und dadurch alle an der Oberfläche hängenden Unreinigkeiten zerstört.

Die anhängende Säure wird durch Waschen mit Wasser entfernt und dann die Platte mit einem reinlichen Tuche getrocknet. Jedem Laien würde sie jetzt rein erscheinen, der Photograph aber unterwirft sie noch einer Politur, indem er einige Tropfen Spiritus oder besser Ammoniak darauf verreibt. Jedes Betupfen mit dem Finger, jedes Streifen mit dem Rockärmel über die geputzte Fläche, ja jedes Tröpfchen Speichel, welches vielleicht beim Husten dem Munde

entschlüpft, würde die reingeputzte Fläche wieder verderben, ja noch mehr, selbst die atmosphärische Luft
wirkt mit der Zeit nachtheilig. Lässt man eine geputzte Platte nur 24 Stunden an der Luft stehen, so
zieht sie allmählich Dünste aus derselben an und dann
ist ein erneutes Putzen nothwendig.

Die geputzte Platte wird mit Collodion begossen.
Das Collodion selbst ist, wie wir wissen, eine Auflösung
von Schiessbaumwolle in einer Mischung von Alkohol
und Aether, der man Iod und Brommetall, z. B. Iodkalium und Bromkadmium, beigefügt hat. Auch diese
Lösung muss mit Beachtung der grössten Sauberkeit
hergestellt sein, namentlich ist zu achten auf Reinheit
der angewendeten Materialien, längeres Stehenlassen
der angesetzten Mischung und sorgfältiges Abgiessen
der Flüssigkeit vom Bodensatz. Das Ueberziehen einer
Platte mit Collodion ist eine Sache des Handgeschicks,
es gelingt nur dem, der es gesehen hat, und auch erst
nach einiger Uebung.

Gewöhnlich giesst man auf die Mitte der an der
Ecke mit der Hand völlig horizontal gehaltenen Platte
einen runden Haufen der dicken Flüssigkeit und lässt
diesen durch ganz leises Neigen nacheinander in alle
vier Ecken fliessen, endlich über eine Ecke ablaufen.

Ein guter Theil der aufgegossenen Flüssigkeit, d. h.
fast die Hälfte, bleibt an der Platte hängen.

Gewöhnlich bilden sich beim Ablaufen Streifen, die
ebenfalls das Bild verderben würden, daher muss die
Platte beim Ablaufen unaufhörlich gedreht werden, bis
der letzte Tropfen abgelaufen ist. Die Flüssigkeit erstarrt dann zu einer zarten, feuchten, schwammigen
Haut. In dem Moment, wo die dickere Ablaufseite erstarrt ist, muss die Platte sofort in die Silberauflösung (Silberbad) eingetaucht werden.

Hier geht nun ein seltsames Spiel der Flüssigkeiten
vor sich. Die ätherische Collodionhaut stösst nämlich
anfangs die wässerige Silberlösung wie Fett ab, und es
gehört eine förmliche Bewegung der Platte in der Sil-

berlösung dazu, um ein inniges Haften der Lösung an der Platte zu erzielen.

Neben dieser mechanischen Wirkung geht zu gleicher Zeit eine chemische Veränderung vor sich. Die in der Collodionschicht befindlichen Iod- und Bromsalze setzen sich mit dem salpetersauren Silber um, es entstehen Iod- und Bromsilber und salpetersäure Salze. Dieses so entstandene Iodbromsilber färbt die Schicht gelb. Jetzt erst ist die Platte fertig, welche als die Grundfläche für das vom Lichte zu zeichnende Bild dient.

Alle diese Operationen müssen der photographischen Aufnahme vorausgehen, und sie werden thatsächlich begonnen in dem Moment, wo das Publikum das Atelier betritt, und bei richtiger Leitung des Ganzen ist die Platte fertig, noch ehe das Arrangement des Aufzunehmenden vollendet ist.

Dieses Arrangement ist eine Arbeit für sich, sie ist rein künstlerischer Natur. Eine natürliche und dabei doch nicht ungraziöse Haltung des Originals, die Vorkehrung der Seite, von der es sich am vortheilhaftesten präsentirt, die malerische Ordnung des Gewandes, das Entfernen ungehöriger Gegenstände, die nicht im Bilde erscheinen sollen, das Hinzubringen solcher, die dazu passen, sei es ein Tisch, ein Schrank, ein Hintergrund, endlich die zweckmässige Direction des Lichts, das sind kurz zusammengefasst die Aufgaben, die dem Arrangeur zustehen. Nur wenige Minuten darf er darauf verwenden, denn die Personen ertragen kein langes Warten und Experimentiren, und die Platte dauert selbst nur kurze Zeit, denn sie ist feucht von anhängender Silberlösung, diese trocknet bald ein und die Platte ist alsdann unbrauchbar.

Ist endlich die Belichtung, wobei die Person eine absolute Ruhe bewahren muss, vollbracht, so wird die lichtempfindliche Platte nach der Dunkelkammer zurückgebracht.

Zu diesem Transport der Platte, die natürlich sorglich vor dem Tageslicht behütet werden muss, bedient

sich der Photograph eines flachen Kästchens (Fig. 10),
Kassette genannt, dessen Boden H und Deckel D sich
ausziehen, resp. aufklappen lassen. In den Ecken befinden sich Silberhäkchen $d\,d$, auf welchen die Platte
aufliegt, eine am obern Deckel D befindliche Feder f
hält sie in ihrer Lage fest. So kann sie in dem verschlossenen Kasten leicht transportirt werden, und so
wird sie in die Camera-obscura eingesetzt, nachdem
deren matte Scheibe so lange hin- und hergerückt worden ist, bis das Bild scharf darauf erscheint. Nach
geschehener Belichtung wird die Platte in der Kassette
nach dem Dunkelzimmer zurückgebracht.

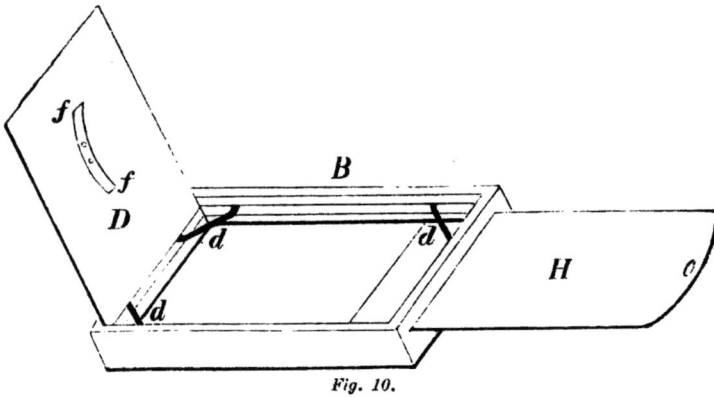

Fig. 10.

Hier folgt nun eine der wichtigsten Operationen;
das ist die Entwickelung des Bildes. Auf der belichteten Platte ist nämlich nicht die Spur eines Bildes sichtbar. Die Wirkung des Lichts besteht nämlich
in einer ganz eigenthümlichen Veränderung des Iodsilbers, welches den Hauptbestandtheil der Platte bildet.
Dieses erlangt durch das Licht die Fähigkeit, pulveriges Silber anzuziehen, wenn dieses auf der Platte in
irgendeiner Weise niedergeschlagen wird. Dieser
Niederschlag wird nun bei der jetzt folgenden Operation erzeugt. Mischt man Silberauflösung mit einer

sehr verdünnten Eisenvitriollösung, so erfolgt langsam
ein Niederschlag von metallischem Silber, aber nicht
als weisse glänzende Masse, sondern als graues Pulver.
Nun hängt an der empfindlichen Platte Silberauflösung,
welche noch aus dem Silberbade stammt. Giesst man
demnach Eisenvitriollösung darüber, so entsteht ebenfalls ein Silberniederschlag, und plötzlich sieht man das
Bild zum Vorschein kommen, indem das Silberpulver
sich an die belichteten Stellen hängt.

Zuerst erscheinen die hellsten Theile beim Porträt,
das Hemd, danh das Gesicht, endlich der schwarze Rock.
Das so erhaltene negative Bild ist jedoch mit dieser
Operation noch keineswegs vollendet.

Gewöhnlich ist 'das Bild zu durchsichtig, zu dünn,
als dass es im Positivprocess zur Herstellung einer
Papiercopie mit Hülfe des Lichts dienen könnte, denn
die Herstellung der Copie erfolgt dadurch, dass das
Licht durch die durchsichtigen Stellen des Negativs
hindurchscheint und das darunterliegende Papier schwarz
färbt, während es von den Theilen, die weiss bleiben
sollen, zurückgehalten wird. Um dieses zu bewirken,
müssen aber die betreffenden Stellen des Negativs hinreichend undurchsichtig sein.

Daher ist eine Kräftigung des Bildes nothwendig,
und solches geschieht, indem man gleichsam den Entwickelungsprocess wiederholt. Man giesst eine Mischung
von Eisenvitriol- und Silberlösung auf das Bild, und in
dieser bildet sich wiederum ein Silberniederschlag, der
sich nur an die Bildstellen hängt und diese dadurch
intensiver färbt. Ist die Platte nicht völlig rein, so
schlägt sich beim Entwickeln und Verstärken Silber an
den Schmuzstellen nieder und gibt Flecke. Nachdem
die Kräftigung des Bildes, der sogenannte Verstär-
kungsprocess, vollendet ist, ist es nur noch nothwendig, das Iodsilber, welches die Durchsichtigkeit der
hellen Theile der Platte beeinträchtigt, wegzuschaffen.
Dazu giesst man auf die Platte eine Lösung von unterschwefligsaurem Natron. Dieses Salz hat die Eigen-

thümlichkeit, unauflösliche Silbersalze aufzulösen, so
auch das Iodsilber, welches unter dem Einflusse der
Salzlösung verschwindet. Das ist der Fixirprocess.
Endlich wird die Platte gewaschen und getrocknet.
Wer in Betracht zieht, dass diese verschiedenartigen
Operationen alle an einem durch die leiseste Berührung verletzbaren Häutchen verrichtet werden, wird
sich nicht wundern, dass dem an Behandlung so zar-
ter Sachen nicht gewöhnten Anfänger so manche Platten-
schicht zerreisst, ehe sie fertig ist.

Auch im trockenen Zustande bleibt das Bild äusserst
leicht verletzlich, und daher überziehen es die Photographen, um es zu schützen, mit einem Lack, d.i. eine Auflösung von Harzen, wie Schellack oder Sandarak in Spiritus. Hiermit ist das gebrechliche Glasnegativ vollendet.

Diese Uebersicht der Operationen, die ein Photograph
nothwendig durchmachen muss, um ein negatives Bild
herzustellen, wird genügen nachzuweisen, dass das
Photographiren doch etwas schwieriger ist als mancher
glaubt, und dass jedenfalls mehr dazu gehört als das
Oeffnen und Schliessen der Klappe am Objectiv.

Zum Gelingen aller dieser Operationen gehört aber
vorzugsweise Routine, eine durch eifriges Arbeiten erlangte Sicherheit in der Ausübung jedes einzelnen Processes. Fehler, die in irgendeiner Operation gemacht
werden, sind in der Regel unheilbar, daher ist die Ver-
meidung derselben unbedingtes Erforderniss, und solches
erreicht man nur durch Gewöhnung.

SECHSTES KAPITEL.

Der Positivprocess.

Charakter des Negativs. — Abweichung von der Natur. — Negativretouche. — Herstellung des lichtempfindlichen Papiers. — Copiren. — Tonen mit Chlorgold. — Fixiren. — Ursache des Verbleichens. — Silbergehalt der Bilder. — Abtönung der Photographie.

Im vorigen Kapitel haben wir die Erzeugung eines negativen Bildes nach der Natur kennen gelernt. So interessant ein solches Negativ auch sein mag, so dürfte es doch keinem Besteller eines Bildes genügen, denn es zeigt ja alle Dinge verkehrt. Das weisse Gesicht schwarz, den schwarzen Rock hell. Niemand würde ein solches Bild, welches ihn als Mohren darstellt, an die Wand hängen. Es gilt also, von diesem negativen Bilde ein positives zu copiren. Wie dieses geschieht, haben wir bereits in dem Kapitel über Lichtpausprocess kennen gelernt. Es ist das alte Talbot'sche Verfahren, was hier zur Anwendung gelangt, aber doch müssen wir noch einiger sehr wichtigen Zwischenarbeiten gedenken, die gerade für unsere jetzige Photographie von hoher Bedeutung geworden sind.

Die Camera-obscura, der Negativprocess, und der Photograph, welcher beide geschickt und mit Verstand zu handhaben weiss, liefern allerdings ein Negativ, welches, auf lichtempfindliches Papier gedeckt und dem Lichte exponirt, ein Positivbild liefert, aber dieses positive Bild zeigt bei aller Treue der Zeichnung der

Figuren, d. h. der Umrisse, doch sehr erhebliche Abweichungen von der Natur. Zunächst fällt es auf, dass die Licht- und Schattenverhältnisse keineswegs richtig wiedergegeben sind. Meistens erscheinen die hellen Partien etwas zu hell, die dunkeln, z. B. Falten im Gewande, der Haut, ferner der Schatten unter den Augen und Kinn, zu dunkel. Früher, als die Photographen nichts von Kunst verstanden, nahm man diese Fehler für baare Münze. Man schwor auf die Richtigkeit der Photographie, weil die Natur sich durch die Photographie selbst zeichne. Hierbei übersieht man die Mitwirkung des Photographen.

Die Natur, d. h. der aufzunehmende Gegenstand, macht allerdings durch das von ihm ausgehende Licht einen Eindruck auf die Platte, aber ein Lichteindruck ist noch kein Bild, er ist sogar an sich unsichtbar, noch mehr, die Stärke des Lichteindrucks steht ganz in dem Belieben des Photographen, je nachdem er kürzere oder längere Zeit belichtet (exponirt), kann er den Lichteindruck schwach oder intensiv halten. Es gibt gar keine Regel, wie lange ein Photograph belichten muss.

Die Natur bestimmt demnach eigentlich nur die Umrisse im Bilde, die Licht- und Schattenverhältnisse aber hängen ab theils von den Licht- und Schattenverhältnissen der Natur, theils von dem Belieben des Photographen.

Der Lichteindruck wird entwickelt, dadurch tritt er sichtbar hervor, endlich wird das entwickelte Bild verstärkt. Hierbei kann der Photograph die Licht- und Schattencontraste nach seinem Belieben steigern und sogar übertreiben, wie er will. Vergleicht man nun das Negativ aufmerksam mit dem Gegenstande, so findet man, dass manche dunkle Partien gar nicht erschienen sind, weil die Expositionszeit zu kurz war, als dass sie hätten einen Eindruck auf die Platte machen können. Andere sind zwar erschienen, aber zu blass. Dagegen sind sehr helle Theile, z. B. der

Hemdkragen, übertrieben hell und weiss, ja die daran
befindliche Stickerei ist vielleicht gar nicht sichtbar,
weil die Expositionszeit zu lang war. Bei langer Exposition nämlich bemerkt man öfter, wie helle Partien, die sich wenig in der Farbe unterscheiden, vollständig zusammenfliessen, d. h. einen einzigen weissen
Klecks bilden.

Ausserdem sind die Zufälligkeiten, welche ein Maler
unbedenklich weglassen würde, z. B. Wärzchen, Pickel,
Härchen, alle mit derselben Deutlichkeit gezeichnet als
die Hauptsachen, und somit sellt das Negativ weder
eine correcte, noch eine angenehme Wiedergabe der
Wirklichkeit dar, sondern liefert beim positiven Process ein Bild, welches sehr erhebliche Abweichungen
von der Natur zeigt und durch zu starkes Hervortreten
von Nebensachen oft uncharakteristisch wird.

In der ersten Zeit der Photographie ging man über
diese Abweichungen leicht hinweg. Jedermann war zufrieden, ein Porträt zu besitzen, welches wenigstens
seine Umrisslinien richtig zeigte, und was das Negativ
sündigte, suchte man durch Retouche des Positivs zu
ersetzen. Diese Retouche machte aber die Bilder theuer,
und als man anfing, Bilder dutzendweise zu bestellen,
suchte man daher diese Arbeit, die man an jedem
einzelnen Bilde vornehmen musste, dadurch zu umgehen, dass man sie am Negativ vornahm.

Ein einziges retouchirtes Negativ lieferte natürlich
Hunderte tadelloser Abdrücke, die nicht mehr retou-
chirt zu werden brauchten, und somit wurde die Ne-
gativretouche die erste und wichtigste Arbeit zur Her-
stellung eines wahrheitsgetreuen und angenehmen Bildes.
Diese Negativretouche besteht darin, dass manche Par-
tien ganz zugedeckt werden. Die (im Negativ hellen)
Sommerflecke und Wärzchen z. B. werden durch Blei-
stift oder Tuschpunkte total weggeschafft. Andere
Theile, z. B. zu dünne Details der Haare, werden durch
Bleistiftstriche verstärkt. Manche Schatten, z. B. die
Falten im Gesicht, durch Auflegen dünner Tusche ge-

mildert. Diese Arbeit muss natürlich immer mit dem Gedanken gemacht werden, dass alles, was der Maler mit seinem schwarzen Stift in das Negativ einzeichnet, verkehrt, d. h. im Positiv hell erscheint.

Es gehört daher zur Negativretouche eine sehr gründliche Kenntniss der Wirkung von Bleistift und Tuschen verschiedener Nuancen beim positiven Process. Der beste Zeichner und Maler ist daher noch lange nicht im Stande, ein Negativ zu retouchiren.

Zu bemerken ist, dass der Negativretoucheur unter Umständen auch zu weit gehen kann. Durch Zudecken aller Falten kann er ein altes Gesicht jugendlich machen, durch Wegschneiden von Höckern und Abnormitäten ein hässliches Original verschönern, und diese Kunststückchen werden eiteln Bestellern gegenüber oft genug angewendet und theuer genug bezahlt.

Die am Ende des Bandes angefügte Tafel II zeigt zwei Porträts derselben Person, das eine nach einem retouchirten, das andere nach einem nichtretouchirten Negativ. Sie stellen eine berühmte Sängerin dar (Fräulein Artot), und erkennt man leicht die Flecke auf der Haut und die tiefen Schatten auf dem nicht retouchirten Bilde, während dieselben in dem retouchirten nicht sichtbar sind.

In vielen Fällen dient die Negativretouche nur der menschlichen Eitelkeit, aber dieses ist keineswegs immer der Fall.

Wie schon oben ausgeführt, gibt die Photographie die natürlichen Farben nicht immer richtig wieder. Das Gelb wird oft schwarz, das Blau weiss. Die Photographie nach farbigen Bildern leidet deshalb sehr erheblich an fehlerhafter Wiedergabe der Töne. Hier tritt die Negativretouche zur Correctur der Fehler als wichtiger Helfer ein, und durch sie allein ist die Photographie nach Oelgemälden auf die jetzige hohe Stufe der Vollkommenheit gehoben worden. Wir werden diesen Fall noch weiter unten besprechen. Betrachten wir jetzt die Operationen des positiven Processes.

Die erste Operation ist die Herstellung des lichtempfindlichen Papiers. Ein Stück mit Eiweiss überzogenen und mit Kochsalz getränkten Papieres wird auf eine Schale mit Silberauflösung gelegt. Das Papier schwimmt auf der Lösung, es saugt diese auf und es bildet sich durch Wechselzersetzung mit dem Kochsalz Chlorsilber. Nach einer Minute wird das ·Papier von der Silberlösung abgenommen.

Das nasse Papier zeigt sich wenig lichtempfindlich, die Lichtempfindlichkeit stellt sich erst nach dem Trocknen ein. Das trockene, mit Chorsilber und salpetersaurem Silber getränkte Papier wird nun in dem Copirrahmen (Fig. 11), der dem auf S. 24 beschriebenen ähnlich construirt ist, innig mit dem Negativ zusammengepresst und dann das Ganze dem Lichte exponirt. Jetzt geht derselbe Process vor sich, den wir bereits in dem Kapitel über das Lichtpausverfahren geschildert haben: das Licht scheint durch die hellen Stellen des Negativs hindurch und färbt das darunterliegende Papier dunkel. Unter den dunkeln Stellen des Negativs bleibt das Papier aber weiss, unter den Halbtönen färbt es sich etwas; so entsteht eine treue positive Copie des Negativs von schöner

Fig. 11.

braunvioletter Farbe. Wir wissen aus der Schilderung des Lichtpausprocesses, dass sich diese Copie, weil das Papier noch lichtempfindlich ist, im Lichte nicht lange halten würde. Die noch darin befindlichen Silbersalze müssen entfernt werden, wenn die Copie haltbar werden soll. Auch hier benutzt man zu gedachtem Zwecke eine Lösung von unterschwefligsaurem Natron. Taucht man die Copien in dieselbe, so werden sie dauerhaft im Licht, aber leider erleiden sie bei dem Eintauchen eine eigenthümliche Farbenveränderung: sie werden hässlich braun. Diese Farbe schadet nichts bei technischen und wissenschaftlichen Bildern, sie stört aber bei Porträts und Landschaften, und um diesen Bildern eine angenehmere Farbe zu ertheilen, taucht man sie vor dem Fixiren in eine ganz verdünnte Auflösung von Chlorgold. Man nennt diesen Process das Tonen.

Es schlägt sich dabei ein Theil des Goldes an den Bildcontouren nieder, färbt diese mehr bläulich, und nunmehr wird durch Eintauchen in die Fixirnatronlösung der Ton des Bildes nicht wesentlich geändert.

Das Bild, welches so entsteht, besteht theilweise aus Gold, theilweise aus Silber in fein zertheiltem Zustande, es braucht nur gründlich ausgewaschen zu werden, um seiner Haltbarkeit gewiss zu sein. Geschieht dieses nicht, so bleiben kleine Mengen schwefelhaltigen Fixirnatrons zurück, und diese zersetzen sich unter Bildung von gelbem Schwefelsilber. Daher kommt es, dass die Bilder aus älterer Zeit, wo man aus Unkenntniss über die Folgen das gründliche Auswaschen versäumte, so oft gelb und fahl werden.

Erstaunlich ist es, welche geringe Menge Silber und Gold dazu gehört, einen Bogen intensiv zu färben, es befindet sich in einem im Lichte über und über schwarz gewordenen Bogen von 44×47 Centimeter Grösse nur $0{,}_{15}$ Gramm, in einem Bilde dieser Grösse dagegen nur $0{,}_{075}$, d. h. etwa $1/_{13}$ Gramm, in einer photographischen Visitenkarte etwa $1/_{500}$ Gramm Silber.

Es muss hier bemerkt werden, dass die Bilder, welche frisch copirt sind, im Fixirprocess etwas bleichen, daher pflegt der Photograph dieselben dunkler zu copiren als sie nachher bleiben sollen. Daher erfordert auch der Copirprocess ein geübtes Auge, so einfach er auch scheinen mag.

Unter Umständen werden beim Copiren gewisse Kunstgriffe angewendet, um angenehme Effecte zu erzielen, dahin gehört unter anderm das sogenannte Abtönen. Jeder unserer Leser kennt gewiss die Porträts

auf weissem Grund, deren Contouren allmählich in den
hellen Fond verlaufen. Dieser Effect wird in sehr einfacher Weise hergestellt, indem man auf den Copirrahmen eine sogenannte Maske legt. Diese ist ein Stück
Blech oder Pappe a (Fig. 12), in welches ein ovales Loch
b ausgeschnitten ist. Dieses wird auf den Copirrahmen
k k gelegt, sodass der Theil des Negativs, welcher im
Bilde copiren soll, senkrecht darunterliegt. Dieser
Theil wird alsdann senkrecht von den breiten Licht-
bündeln S S getroffen und intensiv gefärbt, die seitlichen Theile, welche unter der Maske liegen, werden
aber nur durch das schmale Lichtbündel S' S' getroffen;
sie copiren daher nur blass, und um so blässer, je

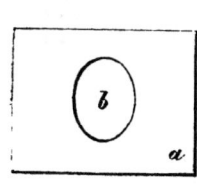
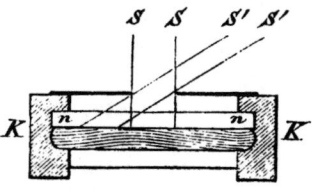

Fig. 12.

weiter sie vom Rande der Maske entfernt sind; so entsteht der sanft verlaufende Rand, der sehr kunstvoll
aussieht und doch nur das Resultat eines äusserst einfachen Kunstgiffes ist.

Das Bild, welches der Photograph in der vorher beschriebenen Weise erhält, bedarf nur einiger Zurich-
tung, um als elegantes salonfähiges Product vor dem
Publikum zu erscheinen. Es wird in regelmässiger
Form (rechteckig oder oval) zugeschnitten und mittels
reinen Kleisters auf elegante weisse Pappe (Carton)
geklebt und schliesslich nach dem Trocknen und nach
Wegschaffen der kleinen Fehler durch eine kleine Retouche mit dem Pinsel noch durch zwei glatte Stahl-
walzen gezogen (satinirt).

Es haben durch den Gebrauch sich gewisse Grössen
bei dem Publikum eingebürgert. Dahin gehört im

Porträtfach das sogenannte Visitenkarten- und Cabinetformat. Ersterers hat die Grösse einer ziemlich grossen
Visitenkarte, letzteres ist $2\frac{1}{2}$mal so gross.

Die Visitenkarte wurde 1858 von Disderi in Paris
eingeführt; sie gewann rasch Verehrer und hat sich
jetzt über die ganze Erde verbreitet. Selbst die chine-
sischen Photographen fertigen Photographien in Visi-
tenkartenformat.

Die Visitenkarte und das in England zuerst einge-
führte und vorzugsweise in Amerika beliebte Cabinetformat haben sich nicht blos in der Porträtphotographie,
sondern auch in der Landschaftsphotographie und der
Photographie nach Oelgemälden Geltung verschafft.
Millionen dieser Bilder werden jährlich verkauft, und
ein passend eingerichtetes Album zum Unterbringen
derselben findet sich jetzt fast in jeder Familie.

Die Feinheit der Details erlaubt der Photographie
solche kleinen Formate, sie ist aber keineswegs daran
gebunden, sie geht in der Bildgrösse kühn bis zu
Flächen, die ein lebensgrosses Porträt einschliessen
können. Die Herstellung dieser erfordert freilich ein
besonderes Verfahren, das sogenannte Vergrösserungs-
verfahren, das wir später noch genauer betrachten
werden.

SIEBENTES KAPITEL.

Das Licht als chemisch wirksames Agens.

Theorie der Photographie. — Wesen des Lichts. — Wellen-
bewegung. — Mittönen. — Zerfallen des Realgars im Licht. —
Chemische Zersetzungen durch das Licht. — Farben und
Töne. — Schwingungen derselben. — Brechung des Lichts. —
Farbenzerstreuung. — Das Spectrum. — Spectrallinien. —
Unsichtbare Strahlen. — Photographische Mondscheinland-
schaften. — Abnorme photographische Wirkung der Farben. —
Potographie des Unsichtbaren.

„Grau, treuer Freund, ist alle Theorie, und grün des
Lebens goldner Baum", sagt Goethe, und getreu diesem Spruche (der oft misverstanden und misbraucht
wird und demjenigen, welcher nicht Lust hat zu denken, oft als Deckmantel seiner Faulheit dient) haben
wir vorerst eine Fülle von Thatsachen aus dem Leben,
d. i. aus dem Entwickelungsgange und der Praxis der
Photographie besprochen, um nunmehr an der Hand
der Wissenschaft uns Rechenschaft zu geben, wie und
warum der zwar nicht goldene, aber silberne Baum
der Photographie grünt und blüht und so herrliche
Früchte trägt.

Zwei Wissenschaften reichen sich die Hand, um die
Wunderwerke der Photographie zu vollbringen. Die
eine ist die Optik, eine Abtheilung der Physik, die
andere die Chemie. Dass sie allein noch nicht im

4*

Stande sind, die Anforderungen zu erfüllen, die man
an das Erzeugniss der Photographie, an das Bild
stellt, haben wir bereits erörtert. Hier kommen noch
ästhetische Forderungen in Betracht, und so vereinigt
die Photographie die Gebiete der Naturwissenschaft und
bildenden Kunst in sich, die anscheinend untrennbar
weit auseinanderliegen. Wir beschäftigen uns zunächst mit den optischen Principien, d. h. mit der Betrachtung der Kraft, welche in der Photographie die
chemischen Veränderungen erzeugt, d. i. das Licht. Wir
werden sehen, dass die chemischen Wirkungen desselben
nicht blos die Basis unserer Kunst geworden sind, sondern dass sie eine noch viel wichtigere Rolle in dem
Entwickelungsprocess unsers Planeten gespielt haben
und noch spielen.

Wir wissen von der Existenz von Sonnen, Monden,
Planeten, wir kennen ihre Entfernung, ja noch mehr,
wir kennen, obgleich wir durch Millionen von Meilen
von ihnen geschieden sind, die darauf vorkommenden
Stoffe.

Wir verdanken alle diese Kenntnisse dem Lichte.
Was ist Licht? Wellenbewegung des Aethers. Was ist
Aether? Ein unendlich zartes Fluidum, welches den
ganzen Weltenraum erfüllt und welches ebenso gut
wie alle Flüssigkeiten in Wellenbewegung geräth.
Man werfe einen Stein ins Wasser, er schlägt Wellen,
d. h. es bilden sich Kreise oder Ringe von Bergen
und Thälern, diese scheinen vom Mittelpunkte aus
fortzuschreiten, sie verbreiten sich immer weiter und
weiter, werden dabei immer schwächer und schwächer,
und verlieren sich endlich. Wirft man mehrere Stein-
chen gleichzeitig ins Wasser, so erzeugt jedes sein
eigenes Wellensystem. Diese durchkreuzen sich in der
complicirtesten Weise, es entsteht ein Wirrwarr von
Ringen, und wunderbar ist, dass keiner den andern
stört, dass jeder sich regelmässig vom Mittelpunkte
der Erregung, wo der Stein ins Wasser fiel, nach
aussen hin fortpflanzt. (Vgl. Fig. 13.)

Man kann sogar eine Hand voll Sand, die viele Tausende Körner einschliesst, ins Wasser werfen, und man wird, wenn man seine Aufmerksamkeit auf die Wellen richtet, die ein einzelnes Korn erregt, deutlich beobachten, dass diese sich unbeschadet der zahllosen übrigen Wellen regelmässig kreisförmig fortpflanzen.

Diese Wellenbewegung ist eine der eigenthümlichsten Bewegungen, die in der Natur existiren, sie findet nicht blos im Wasser statt, sondern auch in der Luft, sie vermittelt die Fortpflanzung des Schalls.

Das Eigenthümliche der Wellenbewegung ist, dass die Flüssigkeit fortzuschreiten scheint, ohne es in Wirklichkeit zu thun. Sehen wir, am Ufer sitzend, einen Wellenkreis ankommen, so macht es ganz den Eindruck, als kämen die Wassertheilchen vom Punkte der Erregung auf uns zu.

Dass dieses ein Irrthum ist, lässt sich leicht nachweisen, wenn man Sägespäne oder ein Stückchen Holz in das Wasser wirft. Es tanzt auf den Wellen auf und ab, ohne sich von der Stelle zu rühren. In der That ist die Wellenbewegung nur ein solches Auf- und Niedertanzen der Wassertheilchen, und diese

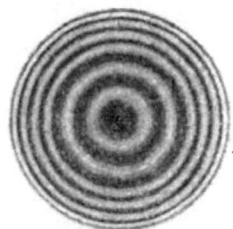

Fig. 13.

Bewegung theilt sich nach und nach den benachbarten Wassertheilchen mit.

Genau ebenso pflanzt sich das Licht von einem leuchtenden Körper aus nach allen Richtungen im Weltenäther wellenschlagend fort. Die Richtung der Fortpflanzung nennen wir einen Lichtstrahl. Wir nehmen ihn wahr, sobald er unser Auge trifft, indem der zitternde Aether unsere Netzhaut erschüttert.

Nun wissen wir von den Wellen der Töne, dass sie im Stande sind, andere Körper in Schwingungen zu versetzen. Schlägt man auf einer Violine die A-Saite an, so tönt dieselbe A-Saite in einem benachbarten Klaviere deutlich mit. Ja, man braucht nur den Dämpfer eines Klaviers aufzuheben und irgendeinen Ton hineinzusingen, und augenblicklich tönt die Saite mit, die den gleichen Ton hat. Dasselbe thut eine gleichgestimmte Glasglocke. Es gibt sogar Leute, die durch einen scharfen, schrillend gesungenen Ton im Stande sind, ein Glas zu zerschreien. Es wird durch die Wellenbewegung in so heftige Erschütterungen versetzt, dass es in Stücke zerfällt. Unter solchen Umständen darf es nicht wundernehmen, dass auch der zitternde Lichtäther im Stande ist, Körper so heftig zu erschüttern, dass sie zerfallen.

Das wunderbarste Beispiel der Art gewährt der Realgar. Dieses ist ein schön rubinrothes, prächtig krystallisirendes Mineral, welches aus Schwefel und Arsenik besteht. Legt man solchen Krystall monatelang an das Licht, so wird er mürbe, er zerfällt zu Pulver. In dieser Weise sind dem mineralogischen Museum in Berlin manche Prachtstücke des schönen Minerals verloren gegangen.

Hier liegt nur eine mechanische Wirkung der Lichtwellen vor, keine chemische, sie macht uns aber die Möglichkeit einer solchen fassbar. Die Wärme veranlasst chemische Zersetzungen, indem sie die Körper ausdehnt und dadurch die kleinsten Theile derselben (Atome genannt) so weit voneinander entfernt, dass die chemische Kraft, welche sie bindet, ihre Wirksamkeit verliert und dadurch die Bestandtheile sich trennen. So zerfällt Quecksilberoxyd durch die Wärme leicht in seine Bestandtheile, Quecksilber und Sauerstoff.

Licht bewirkt dieselbe Zersetzung, indem die Lichtwellen die Atome des Körpers erschüttern, d. h. sie in Schwingung versetzen, und sind diese Schwingungen bei den Bestandtheilen des Körpers nicht gleichartig, so erfolgt eine Trennung derselben, der Körper zerfällt.

Die Lichtwellen sind keine Fiction, man hat nicht nur ihre Existenz erkannt, sondern auch ihre Grösse bestimmt. Diese ist unendlich gering, aber dennoch genau messbar.

Schallwellen und Lichtwellen erweisen sich demnach als etwas Analoges, und wie es in der Musik verschiedene Töne gibt, so gibt es beim Licht verschiedene Farben. Gross ist die Zahl der Töne. Das einfachste Klavier zählt jetzt neun Octaven, und es gibt noch Töne darunter und darüber. Die Zahl der Farben ist dagegen gering. Man unterscheidet deren nur sieben, Roth, Rothgelb, Gelb, Grün, Blau, Dunkelblau, Violett, es sind die bekannten sieben Regenbogenfarben. Der Maler begnügt sich sogar mit drei Grundfarben, Gelb, Blau und Roth. Alle übrigen gehen aus der Mischung derselben hervor, und die grosse Farbenscala der Maler besteht nicht aus einfachen Farbentönen, sondern sozusagen aus Farbenaccorden. Die tiefen Töne der Musik machen wenig Schwingungen, die hohen mehr. Eine ā-Saite macht z. B. 420 Schwingungen in der Secunde, das um eine Octave tiefere kleine a nur 210, das grosse A 105.

Beim Licht ist Roth die Farbe, welche die geringste Zahl der Schwingungen macht, es ist der tiefste Farbenton, Violett der höchste, er schwingt nahezu doppelt so rasch als Roth.

Von den Tönen wissen wir, dass sie sich gleichschnell in der Luft fortpflanzen. Wäre das nicht der Fall, so würde ein Musikstück, von weitem gehört, als die ärgste Dissonanz empfunden werden.

Genau so ist es auch im Reiche des Lichts, die Farben ohne Ausnahme pflanzen sich gleichschnell im Aether fort, das Roth so rasch wie das Violett. Während aber der Schall in der Secunde nur 1024 Fuss = 333 Meter zurücklegt, eilt das Licht in dieser Zeit 42000 Meilen weit, und der tiefste Farbenton, das Roth, macht in einer Secunde 420 Billionen Schwingungen, d. i. millionenmal millionenmal soviel als der

Ton, den man in der Musik mit einem gestrichenen
ā bezeichnet*, d. i.

Die geringe Zahl von Farbentönen gegenüber der
grossen Zahl von musikalischen Tönen ist auffällig.
Es gibt aber in der That ausser den sieben sichtbaren
Farben noch unsichtbare, die theilweise höher und
theilweise tiefer liegen als die sichtbaren Farbentöne.
Diese unsichtbaren Farbentöne werden wahrnehmbar
einerseits durch - das Thermometer, welches uns die
tiefern Farbentöne offenbart, andererseits durch ihre
Wirkung auf lichtempfindliche Substanzen. Denn merkwürdigerweise besitzen die Farbentöne, welche höher
als Violett sind, obgleich sie unsichtbar sind, eine
starke chemische Wirksamkeit.

Wir nennen die unsichtbaren Farbentöne jenseit des
Violett Ultraviolett, die jenseits des Roth Ultraroth.

In dem gewöhnlichen weissen Lichte finden sich alle
Farbentöne nebeneinander, sie erregen gemeinschaftlich
die Empfindungen von Weiss. Wollen wir die Farbentöne einzeln betrachten, so müssen wir sie trennen,
und dieses gelingt mit Hülfe eines Prismas.

Jedes geschliffene Kronleuchterprisma lässt die durch-
gesehenen Flammen als einen regenbogenfarbenen Streifen erscheinen, welcher dieselben Farben enthält, welche
wir oben bereits genannt haben. Diese Trennung der
Farben im Prisma erfolgt durch Brechung.

Tritt ein Lichtstrahl aus einem durchsichtigen Körper in einen andern, so wird er von seiner .gerad-
linigen Richtung abgelenkt, diese Ablenkung ist es,
welche man Brechnng nennt.

---

* Wir bemerken hier, dass der Ton ā nicht überall gleich
ist; das ā der berliner Oper ist das höchste, es hat 437
Schwingungen, das ā der italienischen Oper zu Paris dagegen
nur 424 Schwingungen. Wir haben der Einfachheit wegen
eine runde Zahl = 420 angenommen.

Trifft z. B. der Strahl *a n* (Fig. 14) eine Wasserfläche,
so geht er nicht in seiner ursprünglichen Richtung *a n*
weiter, sondern in der Richtung *n b*. Errichtet man
an dem Punkte *n*, wo der Strahl in das Wasser fällt,
dem Einfallspunkte, eine senkrechte Linie *n d*, so ist
diese das Einfallsloth, und die Regel ist, dass, wenn ·
der Strahl von einem dünnern Medium (z. B. Luft)
in ein dichteres übergeht, er dem Einfallsloth genähert
wird, denn *n b* liegt dem Einfallsloth offenbar näher
als *n a*. Anders ist es, wenn ein Strahl von einem
dichtern Medium in ein dünneres übergeht, z. B. aus
Glas in Luft. Dann entfernt sich der Strahl *n b* vom
Einfallsloth *n d*, d. i. der Winkel, den er nach der
Brechung mit dem Einfallsloth
macht, ist grösser als der Winkel, den er vorher mit demselben
macht.

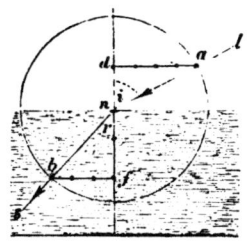

Fig. 14.

Nun ist es eine Eigenthümlichkeit, dass das Licht ungleicher Tonhöhe auch ungleich
stark gebrochen wird.

Lässt man ein Bündel weissen
Sonnenlichts auf ein Stück Glas
fallen, so werden die violetten
Strahlen stärker abgelenkt als die blauen, diese stärker als die grünen, gelben und rothen, und das Resultat ist, dass das weisse Strahlenbündel in einen
regenbogenfarbenen Fächer, Violett, Indigo, Blau, Grün,
Gelb, Orange, Roth, aufgelöst wird.

Diese Erscheinung ist die Ursache der Entstehung des
Regenbogens. Fällt ein Strahl *a* auf einen Wassertropfen
(Fig. 15), so wird er gebrochen und zu gleicher Zeit in
einen farbigen Fächer zertheilt, der von der Rückwand
des Tropfens reflectirt wird, bei *b* abermals eine Brechung und Farbenzerstreuung erleidet und als breites
Farbenbündel austritt. Bei offenem Tageslicht ist
solches nicht rein wahrnehmbar, weil unser Auge durch
das helle Licht der Umgebung geblendet ist. Um das

Farbenspectrum rein zu beobachten, stellt man dasselbe am besten in einem verdunkelten Zimmer dar,
in welches man das Licht nur durch eine schmale
Spalte *b* (Fig. 16) eintreten lässt.

Bringt man das Prisma *S* vor diesen Spalt, so sieht
man auf der gegenüberliegen-
den Wand das Farbenspec-
trum sehr rein. Ist der Spalt
hinreichend eng, so beobachtet man in demselben eine
Reihe dunkler Linien, die
den Farbenstreifen senkrecht
durchschneiden.

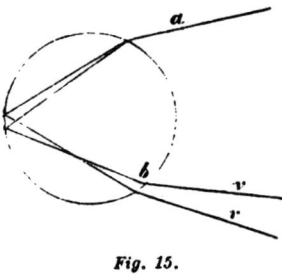

Fig. 15.

Diese Linien, welche Wol-
laston zuerst sah und der
berühmte Optiker Frauen-
hofer genauer studirte, führen nach letzterm den Namen
Frauenhofer'sche Linien.

Diese Linien befinden sich immer an derselben
Stelle, sodass man dieselben als die natürlichen Noten-
linien betrachten
kann, auf welchen
die Farbenscala
aufgeschrieben ist.
Und wie die Noten-
linien zur Erkennt-
niss der Tonlage
dienen, so bedient
man sich der Spec-
trallinien zur Be-
zeichnung be-
stimmter Stellen
der Farbenscala.

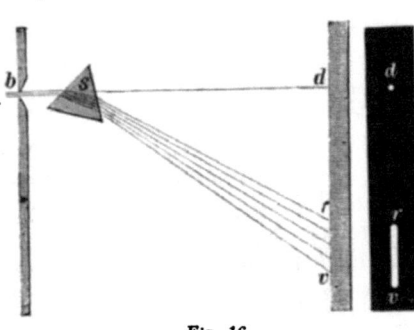

Fig. 16.

Der Ausdruck im Spectrum beim Grün würde z. B.
eine Stelle nur sehr unsicher bezeichnen, dagegen ist
durch die Angabe der im Grün sich befindenden Spec-
trallinie sofort die Stelle des Spectrums gekennzeichnet.
Frauenhofer hat zu diesem Zwecke gewissen sehr cha-

rakteristischen Linien Namen gegeben, er bezeichnet
sie mit Buchstaben. So nennt er eine bestimmte Linie
im Roth *A*, eine andere im Gelb *D*, eine im Violett
H und *H'*. Da die Zahl der Linien viele Tausende
beträgt, so reichen diese Buchstaben nicht hin zur
Bezeichnung aller. (Vgl. Fig. 17.)

Die beschriebenen Linien finden sich vorzugsweise
im Sonnenlicht. Das Licht anderer Sterne zeigt wesentlich andere Linien, das Licht künstlicher Lichtquellen zeigt nicht dunkle, sondern helle Linien.

Eine mit Kochsalz gelb gefärbte Flamme zeigt z. B.
eine sehr charakteristische Linie im Gelb, brennender
Magnesiumdraht mehrere blaue und grüne Linien.

Die Lage dieser Linien stimmt vollständig überein
mit der Lage gewisser dunkler Linien im Sonnenspectrum; so liegt z. B. die gelbe Linie in einer mit

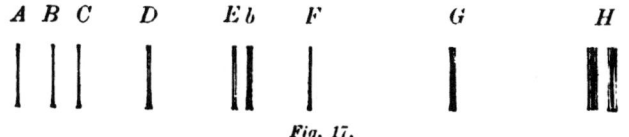

Fig. 17.

Kochsalz gefärbten Flamme genau dort, wo im Sonnenspectrum die Linie *D* liegt. Die grünen Linien in
einer Magnesiumflamme genau dort, wo im Sonnenspectrum die Linien *E* und *b* liegen.

Diese merkwürdige Uebereinstimmung führte zu der
Vermuthung, dass die Linien im Sonnenspectrum ihr
Dasein vielleicht denselben Stoffen verdanken, welche
die gleichliegenden Linien in irdischen Flammen erzeugen. Kirchhoff erhob durch seine Untersuchungen
diese Vermuthung zur Gewissheit, und so konnte er
aus den Linien im Sonnenspectrum die Stoffe bestimmen, die auf dem glühenden Sonnenkörper vorhanden
sind und dadurch Aufschluss geben über die chemische
Zusammensetzung eines Gestirns, das 20 Millionen Meilen von uns entfernt ist (Spectralanalyse).

Aber das Spectrum birgt noch andere Wunder, die

nicht das menschliche Auge, wol aber die photographische Platte erkennt.

Setzt man eine lichtempfindliche Platte der Wirkung des Spectrums aus, so beobachtet man, dass Roth und Gelb so gut wie gar keinen Eindruck auf dieselbe machen, Grün nur einen schwachen. Kräftiger wirkt schon das Hellblau, am intensivsten aber das dunkle Indigo und Violett, aber auch jenseit des Violett in dem Raume, wo für unser Auge keine Strahlen mehr wahrnehmbar sind, findet noch eine deutliche Wirkung statt, und diese erstreckt sich über einen Raum jenseit des Violett, der fast ebenso lang ist, als der sichtbare Theil des Spectrums.

Aus dieser Thatsache erkannte man die Existenz der bereits erwähnten ultravioletten Strahlen. Die Netzhaut unsers Auges und die photographische Platte zeigen demnach eine ganz verschiedene Empfindlichkeit. Unser Auge wird am heftigsten afficirt von Gelb und Grün. Diese Farben erscheinen uns als die hellsten, die photographische Platte dagegen wird von diesen hellen Farben gar nicht afficirt, dagegen sehr kräftig von den indigofarbenen und violetten Strahlen, die unserm Auge dunkel erscheinen, und sogar von solchen, die unserm Auge unsichtbar sind.

Daher ist es natürlich, dass die Photographie manche Gegenstände falsch wiedergibt. Früher machten wir schon darauf aufmerksam, dass die Photographie für schwach erleuchtete Gegenstände (Schatten) viel weniger empfindlich ist als das menschliche Auge. Am deutlichsten geht dieses daraus hervor, dass das Auge in dem 200000mal schwächern Mondlicht bequem sehen kann, während die photographische Platte von einer Mondscheinlandschaft kein Bild zu liefern im Stande ist. Die photographirten Mondscheinlandschaften, welche man zuweilen im Handel findet, sind Aufnahmen von Landschaften bei Tagesbeleuchtung, die man sehr dunkel copirt, sodass sie einen mondscheinartigen Effect machen. Sehr beliebt sind derartige Bilder in Venedig.

Diese geringe Empfindlichkeit der photographischen Platte für schwache Lichter ist die Ursache, dass Schatten in der Photographie meist zu schwarz werden. Zu diesen Fehlern tritt nun noch die falsche Wirkung der Farben. Blau wirkt meistens hell, Gelb und Roth wirken wie Schwarz. Die gelben Sommersprossen erscheinen daher im Bilde als schwarze Flecke, ein blaues Kleid wird völlig weiss. Blaue (also dunkle) Blumen auf gelbem (also hellem) Grunde geben in der Photographie helle Blumen auf dunkelm Grunde. Rothes Haar wird schwarz, ebenso goldblondes. Selbst eine ganz schwache gelbe Färbung wirkt schon nachtheilig. Bei der Photographie nach einer Zeichnung stören schon die feinen Eisenflecke, die sich öfters im Papier befinden und die kaum mit dem Auge sichtbar sind. Diese Flecke kommen als schwarze Punkte. Es gibt Gesichter mit leisen gelben Flecken, die dem Auge gar nicht auffallen und die in der Photographie auffallend dunkel zum Vorschein kommen. In Berlin wurde vor einigen Jahren eine Dame photographirt deren Gesicht in der Photographie niemals Flecke ergeben hatte. Zur Ueberraschung des Photographen erschienen bei der Aufnahme augenfällige, im Original selbst unsichtbare Flecken. Einen Tag später erkrankte die Dame an den Pocken, und die anfangs für das Auge unsichtbaren Flecken traten jetzt deutlich sichtbar zum Vorschein. Hier hatte die Photographie die (jedenfalls ganz schwachgelb tingirten) Pockenflecken früher erkannt als das menschliche Auge.

Bei der Photographie farbiger Bilder treten solche abnorme Farbenwirkungen noch viel deutlicher auf, und sie sind nur wegzuschaffen durch zweckmässige Bearbeitung der Platte, durch Negativretouche. Es ist hier aber zu bemerken, dass keineswegs alle blauen Farben in der Photographie hell werden. Eine Ausnahme bildet z. B. der Indigo, welcher ebenso dunkel wird wie in der Natur, wie die Photographien preussischer Soldatenröcke zeigen. Der Grund liegt darin, dass

das Indigo noch eine sehr beträchtliche Menge Roth
enthält. Dagegen wirken Kobaltblau und Ultramarin-
Blau fast wie weiss. Zinnoberroth wirkt sehr dunkel,
ebenso englisch Roth, Krapproth dagegen, welches
Blau enthält, wird sehr hell. Chromgelb wird viel
dunkler als Neapelgelb, Schweinfurter Grün heller als
grüner Zinnober. Keins unserer Pigmente zeigt eine absolut reine Spectralfarbe, sondern besteht stets aus
einer Mischung verschiedener Farben, und dadurch modificirt sich die photographische Wirkung wesentlich.

Betrachtet man die Wirkung der Spectralfarben auf
photographische Platten genauer, so beobachtet man,
dass die stärkste Wirkung im Indigo liegt. Die verschiedenen photographisch empfindlichen Präparate verhalten sich jedoch in diesem Punkte etwas verschieden. Chlorsilber ist am empfindlichsten für Violett, unempfindlich für Blau. Bromsilber ist auch für Grün
empfindlich, Iodsilber nur für Violett und Indigo.
Mischungen von Iod und Bromsilber auch für Blau
und Grün. Dem Verfasser dieses Buches ist es am
Ende des Jahres 1873 gelungen, photographische Platten
auch für solche Farben empfindlich zu machen, die
bisher als unwirksam galten, d. h. für Gelb, Orange und
Roth. Er fand, dass, wenn dem Bromsilber, welches
für sich allein nur wenig für Grün empfindlich ist, gewisse Farbstoffe zugesetzt werden, welche grünes Licht
verschlucken (absorbiren), die Empfindlichkeit des Bromsilbers für Grün bedeutend gesteigert wird. In gleicher
Weise lässt sich durch Zusatz von Farbstoffen, welche
das gelbe oder rothe Licht absorbiren, das Bromsilber
für gelbes und rothes Licht empfindlich machen. Nach
dieser Entdeckung dürfen wir hoffen, die Schwierigkeiten, welche bisher die Aufnahme farbiger Objecte
darbot, bald überwunden zu sehen.

Man hat früher öfters von einer Photographie des
Unsichtbaren gesprochen. Die obengenannten Fälle
(Photographie unsichtbarer Pocken) gehören hierher.
Speciell versteht man darunter aber die Photographie

einer unsichtbaren Chininschrift. Schreibt man mit einer concentrirten Lösung von saurem schwefelsauren Chinin auf Papier, so erhält man eine kaum sichtbare Schrift. Photographirt man dieselbe, so erscheint sie im Bilde schwarz und deutlich sichtbar. Das saure schwefelsaure Chinin hat nämlich die Eigenschaft, die violetten, ultravioletten und blauen Strahlen gleichsam herabzustimmen, d. h. sie in Strahlen von geringer Brechbarkeit und geringerer chemischer Wirksamkeit zu verwandeln. Daher wirkt das von Chinin ausgehende Licht wenig oder nicht, und die Schriftzüge werden demnach schwarz.

Diese Eigenschaft des schwefelsauren Chinins dient auch dazu, ultraviolette Strahlen sichtbar zu machen. Hält man ein Stück Papier, das mit saurem schwefelsauren Chinin bestrichen ist, in das Spectrum, so sieht man den anfangs unsichtbaren ultravioletten Theil des Spectrums im bläulich grünlichen Lichte leuchten.

Aehnlich wirken auch andere Körper, z. B. Uranglas, Flussspat von Devonshire, und hat daher diese Eigenschaft den Namen Fluorescenz erhalten.

ACHTES KAPITEL.

Chemische Wirkung verschiedener Lichtquellen.

Künstliches Licht. — Magnesiumlicht. — Drummond'sches Kalklicht. — Elektrisches Licht. — Aufnahme unterirdischer Räume durch gespiegeltes Sonnenlicht. — Chemische Intensität des Sonnenlichts und des blauen Himmelslichts. — Athmung der Pflanzen unter Einfluss des Lichts. — Wirkung des Lichts in der Entwickelungsgeschichte der Erde und im Haushalte der Natur.

Aus den im vorigen Kapitel erörterten Thatsachen geht hervor, dass die chemische Wirkung hauptsächlich ausgeübt wird von den ultravioletten, violetten und blauen Strahlen. Es ist demnach leicht ersichtlich, dass das Licht irgendeiner Lichtquelle um so intensiver chemisch wirken wird, je reicher es an diesen Strahlen ist.

Sehr arm an solchen Strahlen ist das Lampenlicht, Gas- und Petroleumlicht. Dieses wirkt daher nur schwach auf die photographische Platte, und infolge dessen können die Photographen bei gedämpftem Lampenlicht ihre empfindlichen Platten präpariren.

Häufig geschieht solches auch bei Tageslicht, welches durch eine gelbe Scheibe gedämpft worden ist.

Bedeutend reicher an chemisch wirksamen Strahlen ist das indianische Weissfeuer und die blauen bengalischen Flammen, ferner die Flamme des brennenden Schwefels. Die letztere besitzt nur eine geringe Leuchtkraft, weil sie wenig leuchtende (gelbe und rothe) Strahlen enthält, dagegen ist sie reich an blauen und violetten Strahlen. Man hat in der That mit Hülfe dieser Flammen photographische Bilder aufgenommen.

Weit übertroffen werden aber dieselben in ihrer Wirksamkeit durch das Kalklicht, Magnesiumlicht und elektrische Licht. Das Magnesiumlicht wird in sehr einfacher Weise durch Abbrennen von Magnesiumdraht dargestellt.

Magnesium ist ein Metall, welches den Hauptbestandtheil der Magnesia bildet. Magnesia ist nichts weiter als Magnesiumrost, d. i. eine Verbindung des Magnesiums mit Sauerstoff.

Fig. 18.

Verbrennt man Magnesiumdraht, so verbindet sich derselbe unter Erglühen mit dem Sauerstoff der Luft, und das so gebildete Magnesiumoxyd fällt zu Boden. Das Magnesiumlicht ist sehr bequem in seiner Anwendung. Man kann eine Unze Magnesiumdraht, der für 15 bis 30 Aufnahmen hinreicht, bequem in der Tasche mit sich nehmen. Der Preis des Metalls (5 Groschen per Gramm) und der beim Brennen sich entwickelnde

Qualm sind jedoch noch ein Hinderniss für seine allgemeinere Anwendung. Verfasser dieses Buches hat es
zur Aufnahme von Bildwerken in den Gräbern Aegyp-
tens wiederholt mit Erfolg angewendet. Behufs des
Abbrennens mit Magnesiumdraht bedient man sich der
Solomon'schen Lampe (Fig. 18). Dieselbe besteht aus
einer Rolle K, auf welcher der Draht aufgewickelt ist,
einem Uhrwerk G, welches den Draht mittels Walzen
durch das Brennerrohr R führt, an dessen Spitze f der
Draht entzündet wird, und dem Hohlspiegel O, der das
Licht als paralleles Strahlenbündel zurückwirft.

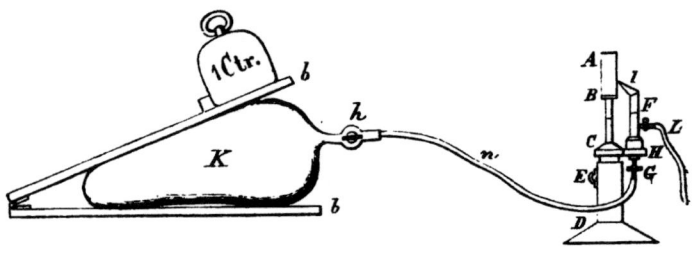

Fig. 19.

Mittels des Handgriffs H kann man die Lampe und
mit ihr das Strahlenbündel nach jeder beliebigen Richtung hin richten, mittels des Hakens m kann man das
Uhrwerk sofort anhalten.

Uebertroffen wird das Magnesiumlicht an Stärke
durch das Drummond'sche Kalklicht. Dieses wird
hervorgebracht durch eine Gas- oder Spritflamme, in
welche Sauerstoffgas geblasen wird. Der Sauerstoff wird
dargestellt durch Erhitzen eines sauerstoffreichen Salzes,
des chlorsauren Kalis. Dieses enthält den Sauerstoff in
fester Form gebunden. Beim Erhitzen entweicht er als
Gas und wird in einem Kautschuksack K aufgefangen.

Dieser Sack wird mittels eines Hahnes h verschlos-
sen und beim Gebrauch zwischen zwei Breter $b\,b$ gelegt, von denen das obere mit einem Gewicht belastet

wird. Durch den Druck des Gewichts strömt das Sauerstoffgas durch den Hahn *h* und das Kautschukrohr *n*
in die Sauerstofflampe *D*. An dieser befindet sich ein
Brenner *H F*, der in eine Spitze *I* ausläuft. Das
Leuchtgas, welches zur Verbrennung dient, tritt durch
den Hahn *L* ein, der mit einer Gasleitung in Verbindung steht.

An der Spitze *I* geht die Verbrennung vor sich.
Ohne Sauerstoff brennt das Leuchtgas mit heller, rus-
sender Flamme, sobald aber der Sauerstoffhahn ge-
öffnet wird, wird die Flamme kleiner und blau, und
entwickelt jetzt eine ungeheuere Hitze.

Ihre Leuchtkraft ist gering, sobald aber die Flamme
den Kalkcylinder *A B* zum Glühen gebracht hat, strahlt
dieser ein blendend weisses Licht aus, das
photographisch höchst intensiv wirkt und
namentlich zur Herstellung von Vergrösserungen mit Erfolg von Monckhoven und
Harnecker benutzt worden ist.

Derselbe Apparat dient auch zur Herstellung der sogenannten Nebelbilder.

Noch kräftiger als das Kalklicht wirkt
das elektrische Licht, das mit Hülfe einer
elektrischen Batterie erzeugt wird.

Fig. 20.

Taucht man ein Stück feste Kohle *k* (Fig. 20) und
ein Stück Zink *z* gemeinschaftlich in eine Säure (verdünnte Salpetersäure oder Schwefelsäure), so entwickelt
sich Elektricität, die bei Annäherung der aus der Flüssigkeit herausragenden Zink- und Kohlenenden einen
Funken erzeugt. Dieser Funken ist äusserst schwach.
Verbindet man aber mehrere solcher Becher mit Zink-
cylindern *z* und Kohlenstücken *k* miteinander, so wird
der Funke höchst intensiv, und da man die Zahl dieser sogenannten Elemente beliebig steigern kann, so
ist man im Stande, einen Lichtbogen von beliebig starkem Glanze zu erzeugen, der alle andern künstlichen
Lichtquellen weit an Stärke übertrifft.

Beim Arrangement solcher elektrischer Batterien

5*

wird das Zink des einen Elements mit der Kohle des
nächstfolgenden in Verbindung gesetzt, das Zink von
dieser wieder mit der Kohle des dritten. (Vgl. Fig. 22.)
Nähert man alsdann die beiden Drähte, welche von

Z und C ausgehen, so springt
ein Lichtfunke über, indem
der elektrische Strom eine
Verbrennung der Metalldrähte
bewirkt.

Gewöhnlich erzeugt man
das Licht zwischen Kohlenspitzen, die innerhalb eines
Hohlspiegels H (Fig. 23)
angebracht sind. Die Vor-
richtungen S und S' dienen
zum Nähern oder Entfernen
der Kohlenspitzen, und steht
die obere derselben durch den
Fuss F mit dem Draht K,
die untere mit dem Draht Z
der oben beschriebenen elektrischen Batterie in Verbindung. Zur Herstellung des elektrischen Lichts genügen 36 Elemente der Form wie Fig. 21.

Fig. 21.

Fig. 22.

Die Herrichtung der Batterie macht die Anwendung
des Lichts unbequem. Im übrigen aber übertrifft dieses
Licht alle andern an photographischer Wirksamkeit.

Nadar in Paris hat damit eine grosse Menge vortreff-
licher Bilder in den Katakomben von Paris gefertigt.

Auch zum Porträtiren ist es benutzt worden. Jedoch hat das Porträtiren mit solchem blendenden, künstlichen Lichte insofern Mislichkeiten, als dasselbe grelle Schlagschatten wirft, die das Porträt stark verunstalten.

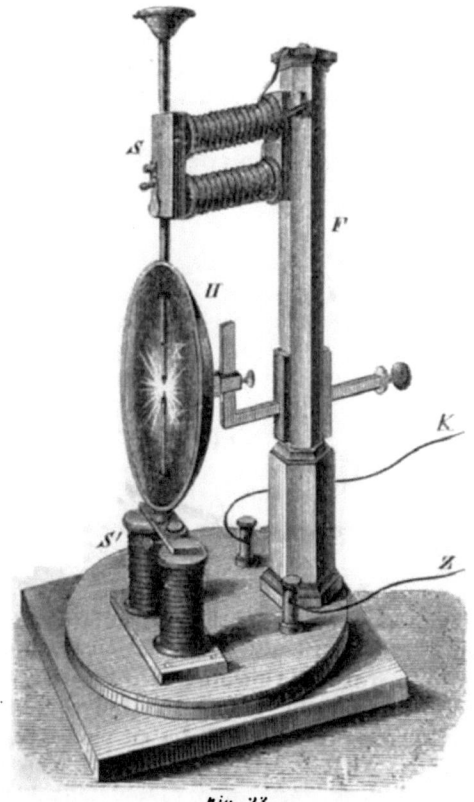

Fig. 23.

Man hat dieses dadurch umgangen, dass man auch auf der Schattenseite elektrisches Licht geringer Stärke wirken liess. Dennoch ist es schwer zu vermeiden, dass die Gesichtszüge sich bei Anwendung so hell

blitzender Lichter zusammenziehen, ähnlich wie im
Sonnenschein.

Alle diese künstlichen Lichter sind demnach für photographische Zwecke ohne Ausnahme Nothbehelf, um
so mehr als der Preis derselben sehr hoch zu stehen
kommt. Man wird ihre Anwendung daher beschränken
auf die Aufnahme von Räumen, die nicht anders beleuchtet werden können. Verfasser dieses Buches hat
mit grösserm Vortheil Sonnenlicht angewendet, als es
sich um Aufnahme ägyptischer Gräber handelte. Er
brachte dieses in die unterirdischen Räume durch
Spiegelung.

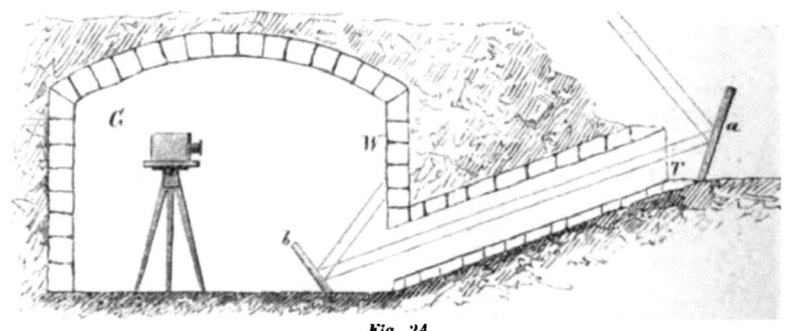

Fig. 24.

Man denke sich einen im Freien aufgestellten Spiegel a, der die Sonnenstrahlen durch den Grabeseingang
T in das unterirdische Gewölbe G reflectirt. In dem
Gewölbe werden sie von einem zweiten Spiegel b aufgefangen, der die Strahlen auf die zu photographirende
Wandfläche W wirft. Allerdings erhält man dadurch
nur einen Lichtfleck, lässt man diesen jedoch während
der Exposition der photographischen Platte durch
Bewegung des Spiegels b über den zu photographirenden Theil der Wand hin und herwandern, so werden
alle Theile des Objects nacheinander genug beleuchtet,
um photographisch wirken zu können.

Braun in Dornach hat später mit Hülfe desselben Verfahrens die sehr dunkeln Fresken Rafael's und Michel Angelo's in der Sixtinischen Kapelle und in den Stanzen des Vaticans aufgenommen und vortreffliche Resultate damit erzielt.

Die wichtigste Lichtquelle bleibt für photographische Zwecke das Sonnenlicht.

Die Helligkeit dieses Lichts aber ist grossen Schwankungen unterworfen. Schon das Auge erkennt, dass die Sonne um die Mittagszeit bedeutend heller ist als morgens und abends. Dieser Unterschied ist nach den Messungen von Bouguer derart, dass die Sonne bei einer Höhe von 50° über dem Horizont 1200 mal heller ist als im Moment des Aufgangs. Das Auge erkennt ferner eine bedeutende Farbendifferenz zwischen der Sonne am Horizont und der Sonne am Zenith. Letztere erscheint weiss, erstere mehr röthlich, und bei Versuchen mit dem Spectralapparat erkennt man, dass in der untergehenden Sonne die rothen Strahlen dominiren, die violetten und blauen dagegen theilweise oder ganz fehlen.

Daher kommt es, dass die chemische Wirkung des Sonnenlichts morgens und abends äusserst schwach ist, dass sie aber steigt, wenn die Sonne sich über den Horizont erhebt, und ihre grösste Intensität um die Mittagszeit erreicht.

Die Ursache der röthlichen Färbung der Morgen- und Abendsonne liegt darin, dass die Lufttheilchen die blauen Strahlen theilweise zurückwerfen (daher sieht die Luft, d. h. der Himmel, blau aus), dagegen die gelben und rothen leichter hindurchlassen.

Ist E (Fig. 25) die von der Atmosphäre A umgebene Erde, S die Sonne im Moment des Aufgangs, S'' die Sonne im Moment des Niedergangs für den Ort O, S' die Sonne in der Mittagszeit, so sieht man, dass die Sonnenstrahlen im Moment des Auf- und Untergangs einen viel längern Weg durch die Atmosphäre zurückzulegen haben, nämlich den Weg $a\,O$, als wenn die Sonne im

Zenith S' steht. Je dicker aber die Schicht der Atmosphäre ist, die das Licht durchstrahlen muss, ehe
es zum Beobachter gelangt, desto mehr wird es auch
geschwächt. Es folgt daraus, dass auf hohen Bergen
die chemische Wirkung der Lichtstrahlen intensiver
sein muss, und solches hat sich auch in der That bei
Versuchen in den Alpen ergeben.

Aber nicht nur das directe Sonnenlicht übt chemi-
sche Wirkungen aus, sondern auch das Licht des blauen
Himmels, welches nichts anderes ist als reflectirtes
Sonnenlicht, ja dieses ist sogar vermöge seiner blauen
Farbe von sehr kräftiger Wirksamkeit.

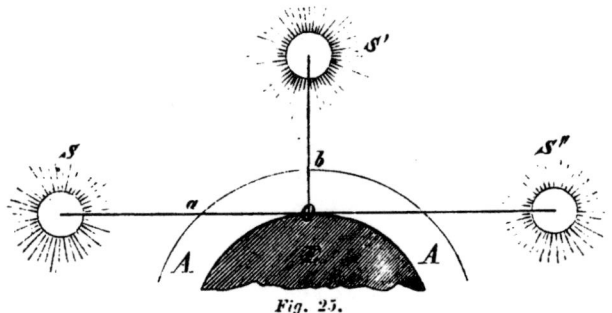

Fig. 25.

Schon oben ist bemerkt, dass die blaue Farbe des
Himmels daher rührt, dass die Lufttheilchen vorzugsweise blaues Licht reflectiren. Die Quantität dieses re-
flectirten blauen Lichts wechselt aber mit der Tages-
stunde, sie ist am stärksten beim höchsten Stand der
Sonne, d. i. um Mittag, und nimmt ab in dem Masse
als die Sonne sich dem Horizont nähert.

Daher pflegen die Photographen ihre Porträtaufnahmen, wobei sie nur das Licht des blauen Himmels
verwenden, am liebsten um die Mittagszeit zu machen,
d. i. in den Stunden von 10—2 Uhr. In diesen Stunden bleibt die chemische Wirkung des Lichts ziemlich
dieselbe, nachher nimmt sie ab, rascher in den Winter-
monaten, langsamer in den Sommermonaten. So ist die

chemische Lichtstärke nach Bunsen in Graden ausgedrückt für Berlin

am 21. Juni 12 Uhr 1 Uhr 2 Uhr 3 Uhr 4 Uhr 5 Uhr 6 Uhr 7 Uhr 8 Uhr
                 38'   38   38   37   35   30   24   14   6
am 21. Decbr.   20'   18   15   9   0   0

Es geht aus diesem Beispiel hervor, wie ausserordentlich schwach die Wirksamkeit des chemischen Lichts
im Winter ist (z. B. um die Mittagszeit am 21. December etwa halb so stark als am 21. Juni), wie gering
ausserdem wegen des kurzen Tages die Menge des
chemischen Lichts ist, welches vom blauen Himmel am
21. December gespendet wird.

Daher müssen die Photographen
im Winter bedeutend länger belichten als im Sommer, und ihr Copirprocess geht langsam von statten,
sodass sie im Winter eine viel längere Zeit brauchen, um dieselbe
Quantität Bilder zu copiren.

Nun ist die Intensität des blauen
Himmelslichts vom Sonnenstande

Fig. 26.

abhängig, der Sonnenstand ist aber
verschieden nicht blos zu verschiedenen Tageszeiten,
sondern auch zu gleichen Tageszeiten an verschiedenen
Orten der Erde.

Zieht man Kreise um die Erde von Pol zu Pol, so
erhält man die sogenannten Meridiane *m m* (Fig. 26).
Alle Orte, die auf demselben Meridian liegen, haben
zu gleicher Zeit Mittag, aber die Sonne steht sehr
verschieden hoch, je nachdem der Ort mehr oder weniger nahe dem Aequator liegt.

Legt man Kreise um die Erde parallel dem Aequator *q*, so erhält man die sogenannten Breitenkreise.
Steht die Sonne um die Mittagszeit an einem Orte des
Aequators senkrecht, so steht sie in 10° nördlicher
Breite 10° niedriger, d. h. die Sonnenhöhe (Entfernung der Sonne vom Horizont in Winkeln ausgedrückt)
ist 80°, 10° weiter nördlich ist sie um dieselbe Stunde

nur 70⁰, endlich auf dem Pol selbst, der 90⁰ vom Aequator entfernt ist, ist die Sonnenhöhe $= 0$, d. h. die
Sonne befindet sich am Horizont. Entsprechend diesen
verschiedenen Sonnenständen zu gleichen Zeiten ist
auch die chemische Lichtstärke des blauen Himmels
sehr verschieden; so ist z. B.

in Kairo am 21. Sept. mittags die Lichtstärke $= 105^0$
in Heidelberg . . . . $= 57^0$
in Island . . . . $= 27^0$

Je südlicher daher ein Ort liegt, desto reichlicher ist
die Lichtquantität, welche dem Photographen zur Ver-
fügung steht. Daher sind die amerikanischen Photographen infolge der südlichern Lage der meisten Orte
Amerikas bedeutend besser daran als die deutschen
und englischen.

Diese Unterschiede in der chemischen Lichtintensität
werden nun noch wesentlich modificirt durch das
Wetter.

Ist der Himmel mit grauen Wolken bedeckt, so ist
die chemische Lichtintensität erheblich geringer als
bei völlig heiterm Himmel. Helle weisse Wolken steigern dagegen die chemische Lichtintensität sehr bedeutend. Im Herbst ist im allgemeinen die chemische
Lichtintensität, vielleicht infolge der grössern Durchsichtigkeit der Luft, viel grösser als im Frühling.
Nach Roscoe ist sie im August und September mehr
als $1^1/_2$ mal so gross als im März und April.

Von hoher Bedeutung sind diese Unterschiede in der
chemischen Lichtintensität für das Leben der Pflanzen.
Die grünen Pflanzenblätter athmen unter der
Wirkung des Lichts Kohlensäure ein und
Sauerstoff aus, ohne Gegenwart des Lichts geht dieser Athmungsprocess nicht vor sich, die grüne Farbe
der Blätter, die bunte Scala der Blumenfarben entsteht nur unter Wirkung des Lichts. Im Dunkeln entwickeln sich aus den Pflanzen nur krankhaft blasse
Triebe, wie z. B. die bekannten weissen Keime der im
Keller aufbewahrten Kartoffeln.

Wie nothwendig das Licht für das Leben der Pflanzen ist, geht auch daraus hervor, dass in halbdunkeln Zimmern Pflanzen den Lichtöffnungen zustreben, ihnen gleichsam entgegenwachsen, und je intensiver das Licht wirkt, desto kräftiger entwickelt sich die Pflanze. Die grössere Fruchtbarkeit der Tropen ist daher nicht allein der höhern Temperatur, sondern auch der grössern chemischen Lichtintensität zuzuschreiben.

Neuere Beobachtungen haben ergeben, dass nicht die blauen und violetten Strahlen, sondern die gelben und rothen die grösste chemische Wirkung auf Pflanzenblätter ausüben.

Wir kommen hier zu der Erkenntniss der Wichtigkeit der chemischen Wirkung des Lichts für den Haushalt der Natur. Die atmosphärische Luft besteht aus zwei Gasarten, Sauerstoff und Stickstoff, die miteinander gemengt sind. Der Stickstoff wirkt keineswegs erstickend, wie der Name sagt, er ist eine völlig unschädliche Luftart, die nur zur Verdünnung des Sauerstoffs dient, denn Sauerstoff allein würde, so nothwendig er auch für den Lebensprocess ist, im reinen Zustande schädlich wirken.

Beim Athmen wird ein Theil des Sauerstoffs in der Lunge absorbirt; er bildet mit den organischen Bestandtheilen des Körpers Kohlensäure und Wasser. Diese athmen wir wieder aus und sie vertheilen sich in der Luft.

Es ist leicht durch einen Versuch nachzuweisen, dass sich in der That in der ausgeathmeten Luft beträchtliche Mengen von Kohlensäure befinden. Kohlensäure bildet mit Kalkwasser einen unlöslichen Niederschlag, den kohlensauren Kalk. Bläst man daher mit einem Glasröhrchen die ausgeathmete Luft in vollkommen klares Kalkwasser, so trübt sich dieses durch Bildung von kohlensaurem Kalk. Durch den Athmungsprocess wird demnach die Menge des Sauerstoffs in der atmosphärischen Luft fortwährend verringert und in Kohlensäure umgewandelt. Dasselbe geschieht in noch grös-

serm Massstabe durch den Verbrennungsprocess. Holz
oder Kohle verbinden sich hierbei mit Sauerstoff, und
das Resultat ist wiederum hauptsächlich Kohlensäure.
Man sollte demnach glauben, dass im Laufe der Zeit
sich die Menge des Sauerstoffs in der Luft vermindern,
die Menge der Kohlensäure zunehmen müsste. Dieses
findet in der That in geschlossenen Räumen statt.
Leblanc fand, dass nach einer Vorlesung im Hörsaal
der Sorbonne in Paris die Luft ein Procent ihres Sauerstoffs verloren hatte.

In freier Luft bemerkt man von einer solchen Sauer-
stoffverminderung und Kohlensäurevermehrung nichts,
und der Grund davon liegt darin, dass die durch den
Verbrennungsprocess, durch das Athmen der Thiere gebildete Kohlensäure durch die Pflanzen unter Einfluss
des Lichts wieder zerlegt wird.

Die Pflanzen absorbiren die Kohlensäure, behalten
den Kohlenstoff und lassen den Sauerstoff freiwerden,
dadurch wird der durch das Verbrennen und Athmen
verloren gegangene Sauerstoff wieder nutzbar.

Es gab eine Zeit, wo die Atmosphäre viel reicher
an Kohlensäure war als jetzt. Als die feurig flüssigen
Massen, die einst unsere Erde bildeten, allmählich er-
starrten, als die Wasserdämpfe sich als Meer nieder-
schlugen, befand sich in der Atmosphäre der grösste
Theil des Kohlenstoffs der Erde verbrannt, d. h. mit
Sauerstoff verbunden, als Kohlensäure vor. Die Luft
war daher zu jenen Zeiten unendlich viel kohlensäure-
reicher als jetzt. Als endlich die Erde so weit abge-
kühlt war, dass eine Vegetation sich entwickeln konnte,
sprossten auf dem warmen Boden unter dem Einflusse des Sonnenlichts riesige Pflanzen hervor, sie gediehen üppig in der kohlensäurereichen Atmosphäre,
der Kohlenstoff der Kohlensäure ging über in Holz,
und so verminderte sich im Laufe von Jahrtausenden
die Kohlensäure der Atmosphäre mehr und mehr. Bald
stellten sich Erdrevolutionen ein, ganze Länder mit
ihren Wäldern wurden unter Sand und Thonschlamm

begraben, sie verwesten, d. h. verwandelten sich in
Steinkohle. Eine neue Vegetation sprosste auf dem neu-
entstandenen Boden auf, absorbirte unter Wirkung
des Lichts wiederum die Kohlensäure der Atmosphäre,
um wiederum bei einer Erdrevolution unter Erdreich
begraben zu werden. So wurde der Kohlenstoff aus
der Kohlensäure der Atmosphäre als Steinkohle in den
Tiefen der Erde aufgespeichert, so wurde die Atmosphäre durch die chemische Wirkung des Lichts immer
reicher an Sauerstoff, bis sie endlich nach zahllosen
Umwälzungen der Erde jenen Reichthum an Sauerstoff
erlangte, der die Existenz der am Schlusse der Erd-
entwickelung auftretenden Menschen möglich machte.

Die chemische Wirkung des Lichts hat demnach in
der Entwickelung unsers Planeten eine bedeutende
Rolle gespielt, und sie spielt sie noch heute im Haushalte der Natur.

NEUNTES KAPITEL.

Von der Brechung des Lichts.

Einfache Brechung. — Ablenkung. — Brechungsindex. — Brechung in Planglässern, Prismen und Linsen. — Bilderzeugung durch Linsen.

Wir haben schon S. 39 angedeutet, dass ein Lichtstrahl, wen er die Grenze zweier durchsichtiger Medien

von ungleicher Dichtigkeit passirt, eine Richtungsveränderung erleidet welche man Brechung nennt.

Legt man in ein undurchsichtiges Gefäss eine kleine Münze *a* und hält das Auge *o* so, dass der Rand des Gefässes die Münze eben verdeckt, so ist sie unsichtbar. Giesst man aber Wasser in das Gefäss, so wird die

Fig. 27.

Münze sichtbar, und dieses geschieht durch die Brechung, welche die Strahlen an dem Uebergang von Wasser in Luft erleiden. (Vgl. Fig. 27.)

Man nennt den Winkel, welchen die Strahlen vor und nach der Brechung miteinander machen, die Ablenkung.

Diese Ablenkung ist um so grösser, je schiefer die Strahlen auf die Fläche des Wassers fallen.

Um die Grösse der Brechung genau zu bestimmen, denkt man sich an dem Eintrittspunkt des Strahles *n l* (Fig. 28) in *n* eine senkrechte Linie errichtet, diese nennt man Einfallsloth, den Winkel *i*, den der Strahl mit diesem Einfallsloth bildet, nennt man **Einfallswinkel,** den Winkel *r*, den der gebrochene Strahl mit demselben Einfallsloth bildet, **Brechungswinkel.** Das Verhältniss der Grösse von Einfalls- zu Brechungswinkel ist ein eigenthümliches. Schlägt man einen Kreisbogen und errichtet von den Punkten *a* und *b* senkrechte Linien *a d* und *b f* auf das Einfallsloth, so erhält man das, was Mathematiker den Sinus eines Winkels nennen. *a d* ist der Sinus von *i*, *b f* der Sinus von *r*.

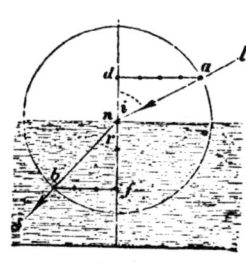

Der Sinus des Einfallswinkels steht zum Sinus des Brechungswinkels stets in einem constanten Verhältniss.

Fig. 28.

Dieses Verhältniss ist beim Uebergang des Lichts aus Luft in Wasser wie 4 zu 3, d. h. also der Sinus *b f* ist $^3/_4$ mal so gross als der Sinus *a d* oder Sinus *a d* $^4/_3$ mal so gross als Sinus *b f*. Beim Eintritt in Glas wird das Licht stärker gebrochen. Hier ist das Verhältniss des Sinus wie 3 zu 2. Dieses Verhältniss des Sinus der beiden Winkel bezeichnet man mit dem Namen **Brechungsexponent oder Brechungsindex.**

Fällt ein Lichtstrahl *n l* auf eine ebene Glastafel (Fig. 29), so erleidet er ebensolche Brechung, er geht in der Richtung *n n* weiter und der

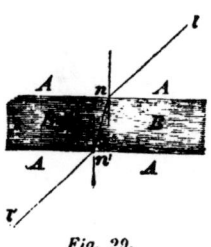

Fig. 29.

Brechungswinkel bei *n* im Glase wird $^2/_3$ des Einfallswinkels sein.

Beim Austritt aus der Glastafel auf der andern Seite erfolgt abermals eine Brechung, jetzt ist aber der Brechungswinkel bei *n'* in der Luft $^3/_2$ mal so gross als der Winkel im Glase, und da der Winkel bei *n* gleich dem Winkel bei *n'* ist, so ist auch der Austrittswinkel von *r n'* so gross wie der Eintrittswinkel von *n l*, d. h. der Strahl geht nach der Brechung in der ursprünglichen Richtung weiter. Er erleidet höchstens eine Parallelverschiebung mit sich selber. Daher sehen wir durch unsere Fenster die Gegenstände in derselben Richtung, in welcher sie wirklich liegen.

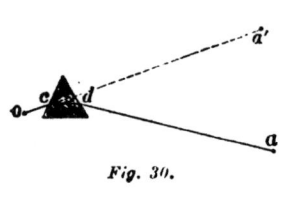

Fig. 30.

Ganz anders ist das Verhältniss, wenn man durch ein dreikantiges Glas sieht. Ist das Auge bei *o*, ein Gegenstand bei *a* und man hält ein dreikantiges Prisma dicht vors Auge, so sieht man den Gegenstand nicht bei *a*, sondern in der Richtung *a'*. Der auffallende Strahl *a d* erleidet nämlich an der ersten Fläche des dreikantigen Glases eine Ablenkung, in der Richtung *d c*, bei der Brechung an der zweiten Fläche abermals eine Ablenkung in der Richtung *o c*, beide Ablenkungen summiren sich.

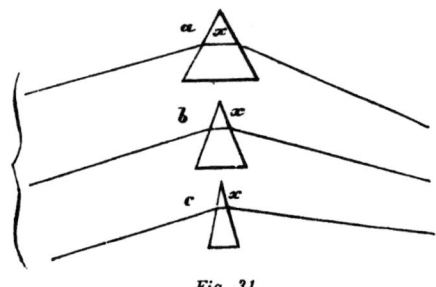

Fig. 31.

Je grösser der Winkel *x* ist, welchen die beiden Glasflächen des Prisma miteinander machen, durch welche der Strahl geht, desto grösser ist diese Ablenkung. So ist die Ablenkung bei dem Prisma *b* stärker als bei dem Prisma *c*, bei dem Prisma *a* stärker als bei

dem Prisma b, weil der brechende Winkel x in b grösser ist als in c, in a grösser als in b.

Baut man sich einen Glaskörper auf, der aus lauter
einzelnen Prismenstücken (Fig. 32) verschiedenen Winkels besteht, und denkt man sich ein Bündel paralleler

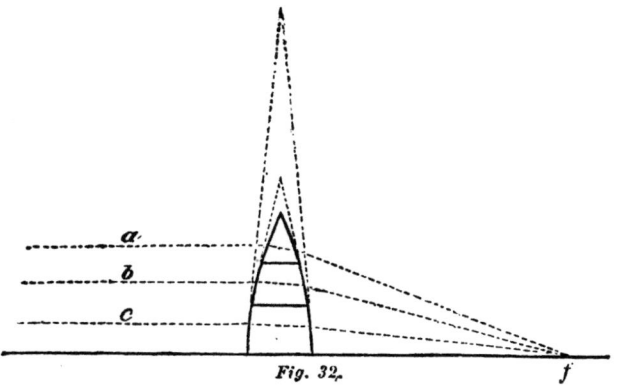

Fig. 32.

Strahlen darauffallend, so wird der Strahl a stärker
gebrochen werden als der auf das spitzere Prisma fallende Strahl b, dieser wieder stärker als der auf das
noch spitzere Prisma fallende Strahl c, und das Resultat ist, dass sämmtliche
Strahlen in einem Punkte
f sich vereinigen.

Denkt man sich statt
der Prismen eine zusam-
menhängende symmetri-
sche Glasmasse, so be-
kommt man den Durch-
schnitt eines Brenn-

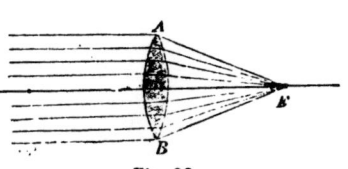

Fig. 33.

glases, oder, wie der Optiker sagt, einer Linse, welche
nach dem Dargestellten die Eigenschaft hat, alle parallel
auffallenden Strahlen in einem Punkte zu vereinigen.
(Vgl. Fig. 33.)

Jede Linse ist von zwei kugelförmigen Flächen be-

grenzt. Die Verbindungslinie, welche durch die Mittelpunkt der beiden Kugelflächen geht, nennt man die A c h s e
der Linse, den Punkt E (Fig. 33), in welchem die parallel
auffallenden Strahlen vereinigt werden, den B r e n n -
p u n k t oder F o c u s, die Entfernung desselben von
der Linse die Brennweite. Aber nicht nur die parallel
auffallenden Strahlen werden durch die Brechung in
einer solchen Linse in einen Punkt vereinigt, sondern
überhaupt alle Strahlen, welche von einem einzigen
Punkte ausgehen. Man nennt ihren Vereinigungspunkt
den B i l d p u n k t.

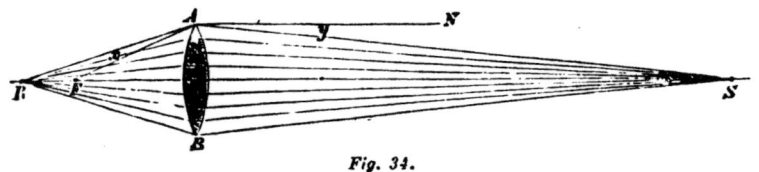

Fig. 34.

Ein leuchtender Punkt S z. B. sendet einen Kegel
von Strahlen auf die Linse. Diese werden nach der
Brechung in R vereinigt. Rückt S der Linse näher,
so rückt R weiter ab, rückt S so nahe, dass es um

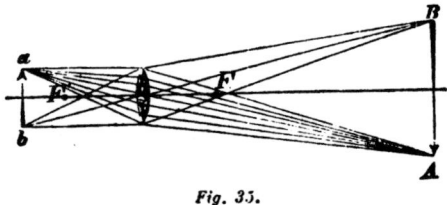

Fig. 35.

die doppelte Brennweite von der Linse entfernt ist, so
ist der Vereinigungspunkt R derselben ebenso weit von
der Linse entfernt.

Steht statt des leuchtenden Punktes ein Gegenstand,
z. B. ein Pfeil AB, vor der Linse, so sendet jeder
einzelne Punkt desselben einen Strahlenkegel auf die
Linse, und alle Strahlen eines und desselben Kegels

werden wiederum in einem Punkte vereinigt, die von
A ausgehenden Strahlen in *a*, die von *B* ausgehenden
in *b*, und das Resultat ist, dass in *a b* ein vollständiges
v e r k l e i n e r t e s, aber verkehrtes Bild des Pfeils entsteht.
Rückt der Pfeil der Linse näher, so rückt sein Bild
von der Linse weiter ab und wird grösser. Steht z. B.
ein kleiner Pfeil *a b* vor der Linse, so erzeugt diese
ein vergrössertes Bild *A B*.

Rückt aber der Pfeil weiter ab von der Linse, so
rückt sein Bild der Linse immer näher und wird dabei
immer kleiner. Eine Linse ist demnach im Stande,
von einem Gegenstande vergrösserte oder verkleinerte
Bilder zu entwerfen, je nachdem sie demselben mehr
oder weniger genähert wird.

ZEHNTES KAPITEL.

Die photograph-optischen Apparate.

Construction der Camera-obscura. — Fernrohrbilder. — Die Laterna magica. — Der Vergrösserungsapparat. — Das Stereoskop.

Wir haben eben gezeigt, dass eine Linse im Stande ist, vergrösserte und verkleinerte Bilder von Gegenständen zu erzeugen, je nach der Entfernung derselben.

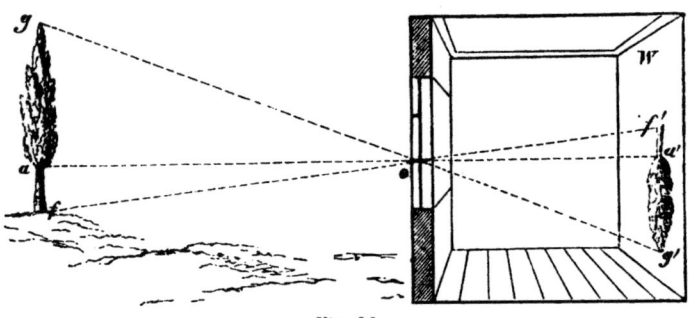

Fig. 36.

Darauf beruht die Wirkung der Camera-obscura, des wichtigsten photographischen Apparats, der dazu dient, von körperlichen Gegenständen in der Natur ebene Bilder zu entwerfen. Die einfachste Form desselben haben wir früher geschildert (s. S 7). Es ist ein dunkles Zimmer, in dessen Fensterladen ein kleines Loch angebracht ist. Solche Einrichtung liefert

jedoch nur verschwommene und sehr lichtschwache
Bilder. Setzt man aber in dem dunkeln Fensterladen
o (Fig. 36) eine Linse ein, so erzeugt diese auf der
gegenüberliegenden Wand ein Bild der vor dem
Zimmer liegenden Gegenstände, welches viel schärfer
und heller ist als ein Lochbild. Natürlich muss hier
die Entfernung der Wand der Entfernung des Bildes
entsprechen. Da diese nun verschieden ist, so hat man,
um den Ort, wo das Bild sich befindet, genau finden
zu können, die Camera in einen dunkeln kleinen Kasten
(Fig. 37.) verwandelt, dessen Hintertheil beweglich ist und
eine matte Glasscheibe g enthält. Schiebt man den hintern
Auszug o dieser Camera hin und her, so findet man bald
den Ort, wo das
Bild eines vor der
Linse l stehenden
Gegenstandes sich
befindet. Photo-
graphische Linsen
haben, um diese
Entfernung recht
genau einstellen
zu können, noch
eine Schraube mit
Trieb r an der

Fig. 37.

Linsenfassung, die aber keineswegs nöthig ist.

Um das Bild auf der matten Scheibe g sehen zu
können, muss man alles fremde Licht, welches das Auge
blendet, abhalten, und zu dem Zwecke wirft man über
den Kopf ein schwarzes Tuch, das sogenannte Kopftuch.

Die Operation des Aufsuchens des Bildes nennt man
in der Photographie das Scharfeinstellen. Aus dem
Gesagten geht hervor, dass das Bild verkehrt auf der
matten Scheibe erscheint. So einfach die Operation des
Bildaufsuchens auf den ersten Blick scheint, so schwierig wird sie dadurch, dass Gegenstände verschiedener
Entfernung Bilder liefern, die ebenfalls verschieden
weit von der matten Scheibe entfernt sind. Steht z. B.

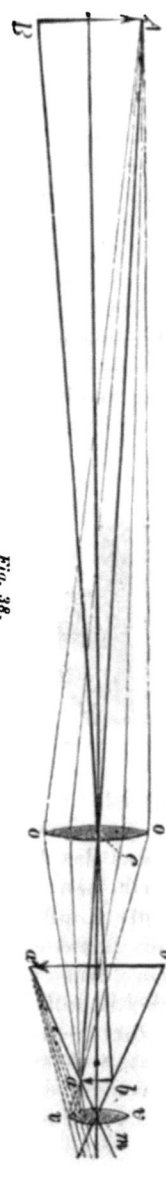

der Camera ein Kopf gegenüber, so
liegt die Nase der Linse näher als
die hintern Haare, und das Resultat
ist, dass das Bild der Nase in der
Camera weiter ab von der Linse liegt
als das Bild der Hinter- oder Seiten-
haare. Es ist daher niemals das ganze
Bild gleichmässig scharf. Photographen
begnügen sich damit, die Hauptsachen
scharf einzustellen, d. h. das Gesicht,
und sie nehmen dann auf die „Unschärfe"
anderer Theile weniger Rücksicht.

Liegt der Gegenstand sehr weit ab,
z. B. eine Landschaft, deren nächste
Objecte im Vordergrund etwa funfzig-
mal so weit entfernt sind als der Brenn-
punkt, so erscheinen die Bilder der
verschiedenen, auch noch so weit entfernten Gegenstände alle im Focus.

Dasselbe ist der Fall mit Gestirnen.
Photographische Cameras sind wol
geeignet, Bilder von Gestirnen zu entwerfen, nur werden solche sehr klein,
wenn der Focus der Linse klein ist.
Daher wendet man hier lieber Fern-
rohrlinsen an. Die Bilderzeugung derselben beruht ganz auf denselben Principien wie die Bilderzeugung anderer
Linsen. Denkt man sich eine Fernrohrlinse o o, davor in weiter Entfernung einen Pfeil AB, so entsteht
von demselben zunächst ein verkleinertes Bild $a\,b$. So ist das Bild der
20 Millionen Meilen weit entfernten
Sonne im Focus einer Linse von 6
Fuss Brennweite nur 8 Linien gross.
Will man solches Bild photographisch
aufnehmen, so muss man das Rohr R,

an welchem die Linse *L* sitzt, so einrichten wie
eine photographische Camera. (Vgl. Fig. **39.**) Man
bringt hinten eine matte Scheibe *n* an, die sich hin-
und herschieben lässt, um das Bild scharf einzustellen,
und die man behufs der Aufnahme mit einer photographischen Platte vertauschen kann. In dieser Weise
sind die Bilder der Sonne, des Mondes, der Sonnenfinsternisse und verschiedene Sternbilder von Warren
de la Rue, Rutherford und den verschiedenen Finsterniss-
expeditionen, bei denen unter andern auch der Verfasser betheiligt war (Expedition von Aden 1868), aufgenommen worden.

Gewöhlich sind die Bilder, welche der Photograph
aufnimmt, kleiner als die Gegenstände in der Natur.
Er ist jedoch auch im Stande, Bilder zu entwerfen,

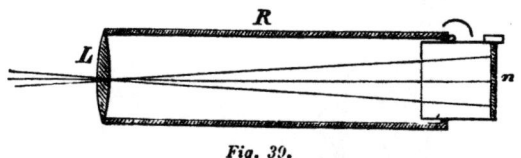

Fig. 39.

die grösser sind als die Originale. Jede Linse liefert,
wie S. 82 gezeigt worden ist, von demselben Gegenstande verschiedene Bilder, je nach dessen Entfernung.
Ist der Gegenstand näher als die doppelte Brennweite,
so entsteht ein vergrössertes Bild von demselben, ist
er weiter, ein verkleinertes. Letzterer Fall ist der allgemeinere. Vergrösserte Bilder direct nach der Natur
zu machen, hat jedoch seine Schwierigkeiten. Je grösser das Bild, über eine desto grössere Fläche wird
das Licht zerstreut, welches von dem Gegenstande aus-
geht, desto lichtschwächer wird aber auch jeder einzelne Theil des Bildes. Je lichtschwächer aber ein
Bild ist, desto länger muss die Belichtung dauern, um
einen photographischen Eindruck zu erhalten. Ein
Mensch würde eine solche lange Sitzungszeit schwer

aushalten. Man wendet dieses Verfahren daher nur bei
Zeichnungen u. dgl. an.

Vergrösserte Bilder anderer Gegenstände stellt man
dar mit Hülfe eines Apparats, der der Laterna-magica
ähnelt. Die Laterna-magica beruht auf der Herstellung
eines vergrösserten Bildes mittels Linsen. Statt einer
einfachen Linse wendet man zum Vergrössern ein Linsensystem $n\,n\,o\,o$ an, welches schärfere Bilder liefert.
Das kleine Bild $a\,b$, welches auf Glas gemalt oder photographirt ist, wird durch einen seitlichen Schieber eingeschoben und
recht hell erleuch-
tet. Zu diesem
Zweck dient die
Lampe L, der
Hohlspiegel H und
die Linse $m\,m$.
Diese concentriren
das helle Lampen-
licht auf das zu
vergrössernde
Bild. Je nachdem
man die Linse $n\,o$
mehr oder weni-
ger herauszieht,
d. h. ihre Entfer-
nung vom Origi-
nalbild ändert,

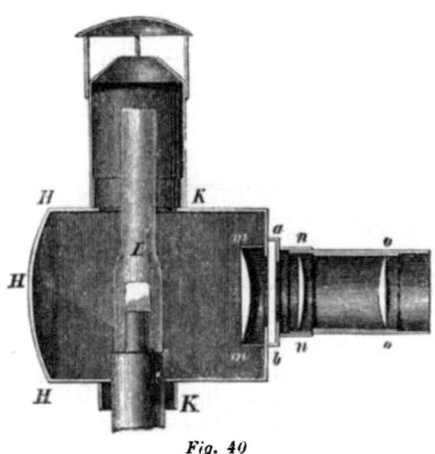

Fig. 40

erhält man auch mehr oder weniger grosse Bilder.

Dieses Instrument war früher nur ein Kinderspiel-
zeug, neuerdings ist es aber zu einem wichtigen Hülfsmittel für den Unterricht geworden. Photographien
nach mikroskopischen Präparaten, nach Thieren, Pflanzen, Mineralien, Landschaften, Völkertypen, Bauwerken
geben in dieser Weise eine treuere und wahrere Anschauung des zu erklärenden Gegenstandes, als die
meist sehr unvollkommen gezeichneten Karten und
Wandtafeln.

In Amerika ist diese Anwendung der Laterna-magica ganz allgemein. Jede grössere Lehranstalt besitzt solche, ja oft deren mehrere. In Deutschland hat man bisjetzt dieses so nützliche Instrument Jahrmarktskünstlern überlassen, die sie zu sogenannten Nebelbilderdarstellungen verwenden. Diese Nebelbilder werden mit Hülfe zweier nebeneinanderstehender Laterna-magica erzeugt, die beide ihre Bilder auf denselben Schirm (oder dieselbe Wand) werfen.

Schliesst man die Linse der einen durch einen aufgesetzten Deckel, so verschwindet das eine Bild, das andere bleibt allein sichtbar. Inzwischen vertauscht man das verschwundene Bild mit einem andern, öffnet den Deckel wieder und erhält so wieder die Mischung zweier Bilder. Geschieht das Schliessen der betreffenden Linse nicht plötzlich, sondern nach und nach, so verschwimmt das Bild ebenfalls allmählich, bis es völlig unsichtbar wird.

Neuerdings hat Professor Czermak in Leipzig die Darstellung vergrösserter Bilder durch die Laternamagica als wichtiges Unterrichtshülfsmittel bei seinen Vorlesungen in Leipzig eingeführt und einen so glänzenden Erfolg damit erzielt, dass hoffentlich damit der allgemeinern Einführung der Laterna-magica in Schulen die Bahn gebrochen werden wird.

Wir bemerken an dieser Stelle, dass vor kurzem wundervolle Glasbilder nach Photographien, mit Hülfe eines neuen Lichtcopirverfahrens dargestellt, in den Handel gekommen sind, die speciell für die Laterna bestimmt sind. Der Preis derselben ist ein so billiger, die Gegenstände (Landschaften aller Regionen der Erde) so interessant, dass es jeder Familie möglich ist, sich eine Collection der schönsten und interessantesten Bilder zu erwerben. Bei den Unterhaltungen am häuslichen Herde dienen solche Bilder in Verbindung mit der Laternamagica als ein Hauptquell der Belehrung und des Genusses für jung und alt.

Zu Darstellungen solcher Bilder im grossen reicht

eine einfache Petroleumlampe nicht aus. Hier müssen
kräftigere Lichtquellen in Anwendung treten, entweder
elektrisches Licht oder Drummond'sches Kalklicht (s.
oben S. 66). Um solche vergrösserte Bilder photographisch zu fesseln, spannt man an Stelle des Licht-
schirms einen lichtempfindlichen Bogen auf.

Für Herstellung lebensgrosser photographischer Bilder bedient man sich jedoch nicht der Laterna, sondern
der sogenannten Solarcamera, welche Fig. 41 im Durchschnitt und 42 in der äussern Ansicht dargestellt ist.

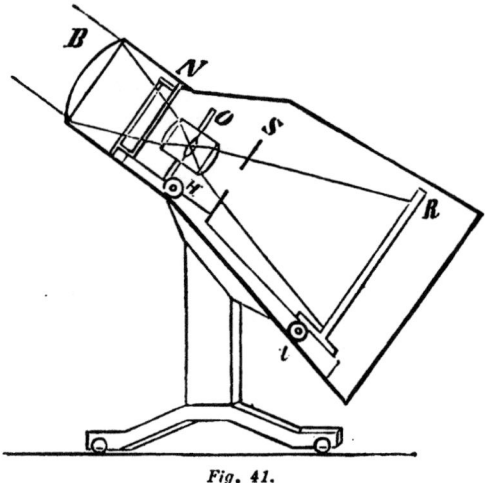

Fig. 41.

Man lässt Sonnenlicht auf eine grosse Linse *B* fallen,
welche dasselbe auf ein kleines Negativ *N* concentrirt,
dicht dabei befindet sich das Objectiv *O*, welches ein
vergrössertes Bild auf dem Schirm *R* entwirft. Natürlich ist das Bild negativ. Spannt man bei *R* einen
empfindlichen Papierbogen aus, so bräunt sich dieser
an allen Stellen, wo das Negativ hell (durchsichtig)
ist, und bleibt weiss an allen Stellen, wo das Negativ
schwarz (undurchsichtig) ist. Das Resultat ist daher
ein Positiv.

Das ganze System ist in einen dunkeln Holzkasten (Fig. 42) eingeschlossen, welcher mittels Zahnrad und Kurbel stellbar ist, sodass er immer der Sonne zugekehrt werden kann.

Zum Schluss haben wir noch einen der schönsten optisch-photographischen Apparate zu besprechen, der

Fig. 42.

uns gestattet, Bilder nicht nur als flache Gegenstände, sondern als Körper zu sehen, es ist das Stereoskop (zu deutsch Körperseher).

Unsere Leser wissen bereits, dass dieses Instrument zum Betrachten von Doppelbildern bestimmt, deren beide Hälften auf den ersten Blick durchaus keine

Differenz wahrnehmen lassen, und die durch das Instrument gesehen, zu einem Bilde zusammengehen, das nicht mehr flach, sondern körperlich erscheint.

Die beiden Bilder, welche anscheinend gleich sind, sind in .der That verschieden. Betrachten wir einen Würfel mit dem rechten Auge, so sehen wir etwas mehr von seiner rechten Seite, betrachten wir ihn mit dem linken Auge, so sehen wir etwas mehr von seiner linken Seite, vorausgesetzt, dass der Kopf an derselben Stelle bleibt. Die Bilder des rechten und des linken Auges combiniren sich miteinander und geben den körperlichen Eindruck. Schliessen wir ein Auge, so ist der körperliche Eindruck weit schwächer, die Gegenstände erscheinen flach. Man wird das vielleicht nicht glauben, weil sich nur wenige Menschen von dem, was sie sehen, Rechenschaft geben, sondern viel zu flüchtig die Gegenstände anschauen. Dass aber die Sache sich wirklich so verhält, kann man leicht erkennen, wenn man vor eine Wand oder vor ein aufgestelltes Buch eine Flasche setzt und beides betrachtet. Mit zwei Augen erkennt man sofort den Abstand der Flasche vom Buche, sobald man aber das eine Auge schliesst, scheinen Flasche und Buch fast aneinanderzuliegen, und nur wenn man den Kopf seitwärts bewegt, erkennt man deutlich, dass beide voneinander abstehen.

Das Sehen mit beiden Augen ist daher zur Erkennung des körperlichen Eindrucks nothwendig. Erst dadurch erhalten wir die Ueberzeugung, dass der Raum nicht blos breit und hoch, sondern auch tief ist. Einäugige erhalten diesen Eindruck erst, wenn sie den Kopf seitlich bewegen. Sind die Gegenstände sehr weit entfernt, so ist der Unterschied in der Ansicht, welche das rechte und linke Auge von ihnen hat, sehr unbedeutend, solche weit entfernte Gegenstände erscheinen daher auf den ersten Blick flach und unkörperlich, erst wenn wir unsere Standpunkte ändern und sie von verschiedenen Seiten beobachten, lernen wir ihre Körperlichkeit kennen; solches ist demnach reine Erfah-

rungssache. Ein weit abstehendes Haus wird jedermann
als körperlich erkennen, weil wir aus Erfahrung wissen, dass ein Haus körperlich ist, dass wir es aber
thatsächlich flach sehen, beweist die Täuschung der
flachen Coulissen und Decorationen in Theatern, wo
der ferne Hintergrund, wenn er richtig gemalt ist,
oft fabelhaft den Eindruck der Natur macht. Wir erkennen solchen Hintergrund aber sofort als flach, wenn wir
nur den Kopf seitwärts bewegen. Ein körperlicher
Gegenstand liefert dann eine andere Ansicht, ein flacher
aber erscheint unverändert.

Ausgehend von der Ansicht, dass die Combination
der verschiedenen Bilder, welche das rechte und
das linke Auge von
einem Gegenstande
entwerfen, erst den
körperlichen Ein-
druck macht, ver-
suchte nun Wheat-
stone statt eines Ge-
genstandes dem rech-
ten Auge ein Bild der
rechten Seite und
dem linken Auge ein
Bild der linken Seite

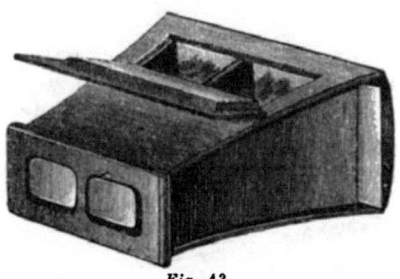

Fig. 43.

des Gegenstandes darzubieten; und er erhielt dadurch
in der That einen vollkommen körperlichen Eindruck,
obgleich das dargebotene Doppelbild gar kein Körper
ist. Manchen Leuten gelingt es schon ohne Instrument,
Stereoskopenbilder körperlich zu sehen. Die meisten
aber bedürfen einer Vorrichtung, welche ermöglicht,
dass die beiden Bilder, die doch um ein gewisses Stück
voneinander abstehen, von beiden Augen an derselben
Stelle gesehen werden. Diese Vorrichtung ist das Stereoskop. (Fig. 43.) Man erkennt an demselben das von der
Seite hereinzuschiebende Doppelbild, ferner die Scheidewand im Innern des Kastens, welche verhindert, dass
das rechte Auge das linke Bild sehen kann, und um-

gekehrt, ferner den gewöhnlich mit einem Spiegel ver-
sehenen Deckel, welcher die seitliche Oeffnung, durch
welche Licht eindringt, auf- und zuzuklappen gestattet,
endlich die beiden Augengläser an der vordern Seite.
Diese Augengläser sind beistehend für sich abgebildet, sie sind zwei Hälften einer Linse und sie wirken
wie diese. (Fig. 44.) Die Construction dieses Instruments verdanken wir Brewster.

Wir haben früher gezeigt, dass eine Linse von einem
entfernten Gegenstand ein verkleinertes Bild, von einem
nahen Gegenstand ein vergrössertes verkehrtes Bild

entwirft. Dieses Bild ist objectiv, d. h. man kann es
deutlich sichtbar auf der
matten Scheibe einer Camera
darstellen. Diese Erscheinung

Fig. 44.

tritt jedoch nur ein, wenn der Gegenstand weiter entfernt ist als der Focus. Anders ist die Sache, wenn
der Gegenstand der Linse näher liegt. Man halte ein
gewöhnliches Vergrösserungs- oder Brennglas (Leseglas)

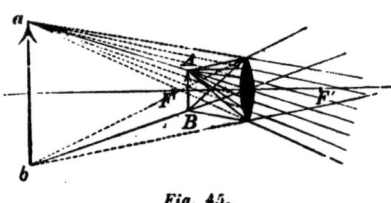

nahe einer Schrift,
und man wird sie
nicht verkehrt, son-
dern aufrecht er-
blicken. Das Bild
erscheint auch ver-
grössert, aber auf
derselben Seite mit

Fig. 45.

dem Gegenstand, und die Art und Weise, wie es entsteht, erläutert die vorstehende Figur, in welcher *F*
der Focus der Linse, *A B* ein Gegenstand innerhalb
der Brennweite und *a b* sein Bild bedeutet, wie es
einem Auge auf der andern Seite der Linse erscheint.
Wie man sieht, vereinigen sich die von *A B* ausgehenden Strahlen nicht wirklich zu einem Bilde, ihre Richtungen stossen aber rückwärts (in der Figur punktirt)
verlängert zu einem Punkte zusammen, und dort sehen
wir das Bild. Das Auge sucht nämlich das gesehene

Object stets in der Richtung der ankommenden Strahlen, wie dieses z. B. beim Spiegel erkennbar ist, wo wir die gespiegelten Gegenstände hinter demselben sehen.

Um den Unterschied der Wirkung einer Linse für nahe und ferne Gegenstände klar zu zeigen, stellen wir hierher noch einmal die Figur S. 82 her, welche die Entstehung eines verkehrten vergrösserten Bildes *A B* von dem jenseit des Focus liegenden Pfeil *a b* zeigt.

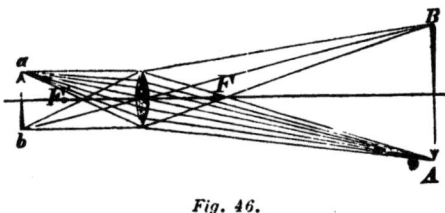

Fig. 46.

Eine Linse, die wir benutzen, um Gegenstände innerhalb des Focus vergrössert zu sehen, nennen wir eine Loupe. Solche Loupen sind nun auch die Linsen im Stereoskop. Sie liefern uns ein etwas vergrössertes aufrechtes Bild von dem besehenen Bilde, sie wirken aber auch zugleich ähnlich wie ein Prisma. Wie aus der Fig. 44 ersichtlich ist, bestehen die beiden Linsen eigentlich

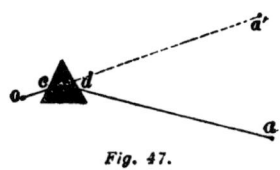

Fig. 47.

nur aus zwei Linsenhälften, die in verkehrter Richtung aneinandergesetzt sind, sie machen so den Eindruck prismatischer Glasstücke, und wirken auch ähnlich.

Wir zeigten früher, dass ein Auge *o* einen Gegenstand *a* durch ein Prisma in der Richtung *o a′* sieht, d. h. verschoben nach der Seite des (obern) brechenden Winkels des Prisma. Dasselbe geschieht bei den Stereoskopen-

gläsern. Wir sehen das Bild nicht in der ursprünglichen Richtung, sondern nach der Seite des brechenden Winkels, d. h. nach der Mitte des Instruments
hin abgelenkt.

Die beiden entsprechenden Punkte a und a' (Fig. 48),
welche dem rechten und linken Bilde angehören, erscheinen daher den beiden Augen gemeinschaftlich in
a'', d. h. an demselben Orte, und somit sehen beide
Augen statt zwei Bilder nur eins.

Nun ist zu bemerken, dass jedermann einen Gegenstand, den er scharf und deutlich sehen will, z. B.
eine Schrift, in ganz bestimmter Entfernung von dem
Auge hält. Man nennt diese Entfernnng die Weite

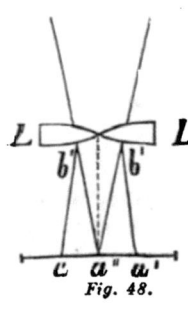

des deutlichen Sehens. Diese ist
bei guten Augen circa acht Zoll, bei
Weitsichtigen grösser, bei Kurzsichti-
gen kleiner. Nun erscheint auch das
Bild beim Stereoskopensehen verschieden weit, je nachdem es den beiden
Gläsern genähert oder davon entfernt
wird. Ist das Bild nahe an den Gläsern, so erscheint es auch durch die
Gläser besehen näher und kleiner,
andernfalls weiter und grösser. Jeder
wünscht aber das Bild in der Weite

Fig. 48.

des deutlichen Sehens zu sehen, daher müssen Stereoskope verschiebbare Gläser besitzen, damit jeder das
Bild für sein Auge einstellen kann, d. h. die Entfernung von Bild und Glas so lange variiren kann, bis
das Bild am deutlichsten erscheint. Fehlen solche
Vorrichtungen zum Einstellen, so ist das Instrument
nur für mittlere Augen brauchbar, andren bereitet es
Anstrengung. Oefters gibt es Leute, deren Augen ungleich sind, das eine ist kurz-, das andere weitsichtig,
für solche wird es kein genügendes Stereoskop geben,
denn wenn die Entfernung der Linsen für das eine
Auge passt, so passt sie nicht für das andere.

Es lässt sich aber dennoch bei solchen Personen ein

stereoskopisches Sehen erreichen, wenn sie ein passendes Lorgnettenglas vor das eine Auge halten.

Ein grosser Uebelstand für das Besehen papierener Stereoskopenbilder ist der ringsum verschlossene, nur oben offene Kasten des Brewster'schen Stereoskops. Dieser lässt nur ungenügend Licht zu dem Bilde dringen, und gewöhnlich ist dieses daher einseitig beschattet.

Diesem Mangel ist in dem amerikanischen Stereoskop abgeholfen. Dieses ist gänzlich ohne Kasten. Die Gläser sitzen in einem Rahmen $g\,g$, der mittels eines Griffs festgehalten wird. Die Scheidewand b dient dazu, die Gesichtsfelder beider Linsen zu trennen.

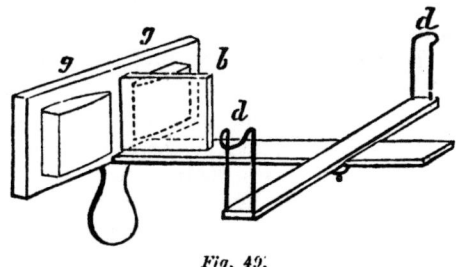

Fig. 49.

Das Bild wird auf das Querbretchen mit den Drähten $d\,d$ gesetzt, und lässt sich dieses Bretchen leicht hin- und herschieben, sodass man bequem die richtige Stellung der Bilder für das Auge suchen kann.

Das amerikanische Stereoskop ist jedoch nur zur Betrachtung von Papierbildern geeignet. Die schönen transparenten Stereoskopenbilder auf Glas können dagegen nur mit dem Brewster'schen Kastenstereoskop gesehen werden, da diese im durchfallenden Licht betrachtet werden müssen und alles von vorn auffallende Licht auszuschliessen ist, falls sie nicht von ihrer Wirkung verlieren sollen.

In Deutschland liefert die Firma Moser sen. in Berlin Stereoskope amerikanischer Construction.

Wir haben das Stereoskop einen optisch-photographischen Apparat genannt. Wir bemerken jedoch, dass auch gezeichnete Doppelbilder durch dasselbe betrachtet werden können. Natürlich gelingt die Entwerfung solcher Bilder nur für sehr einfache Figuren. Einen complicirten Gegenstand, z. B. einen Menschen, oder gar eine Landschaft oder eine Maschine stereoskopisch zu entwerfen, würde sehr schwierig sein. Dieses war erst möglich durch die Photographie, die mit leichtester Weise den allercomplicirtesten Gegenstand vom beliebigen Standpunkt aus bildlich reproducirt, und erst seit Erfindung der Photographie ist daher das Stereoskop, das früher nur ein Stück physikalischer Sammlungen war, ein Lieblingsinstrument des Publikums geworden. Trotz des kleinen Formats machen die Bilder dieses Instruments einen klarern und verständlichern Eindruck als Bilder desselben Gegenstandes in grösserm Format. Ein Einzelbild einer Maschine oder einer complicirten Architektur (wir erwähnen als Beispiel den Chor des Kölner Doms von aussen) ist häufig nur ein unlösbarer Wirrwarr von Details. Im Stereoskop aber treten die verworrenen Massen sofort auseinander, sie sondern sich nach der Tiefe, und mit grösster Klarheit erkennt das Auge den innern Bau des Ganzen. Insofern sind Stereoskopenbilder für den Anschauungsunterricht von ebensolcher Bedeutung als die Laterna-magica. Wir schliessen dieses Kapitel, indem wir ein kleines humoristisches Gedicht zum Preise des Instruments von dem Maler und Photographen Wunder in Hannover einschalten.

Ein Kästchen nach der Optik festen Normen,
Ein flaches Doppelbild hineingestellt,
Und wunderbar! Ihr seht die schöne Welt
Verjüngt und klar in plastisch treuen Formen.

Die Zahl der Bilder zählt nach Millionen,
Im Licht erzeugt — ob der Erfindung Reiz —
Vom ewigen Schnee der Gletscher in der Schweiz
Bis zu den Sand am Meer in allen Zonen.

Willst du die schöne Welt dir recht beschauen,
Du hast nicht nöthig einen Reiseplan,
Bedarfst des Schiffes nicht und nicht der Eisenbahn,
Holst nicht den Schnupfen dir im Wind, dem rauhen.

Gemüthlich setzt man sich ins warme Zimmer
Und reiset in der That erstaunlich schnell,
Die Landschaft liegt vor uns so sonnenhell,
Benutzt man auch der Lampe matten Schimmer.

ELFTES KAPITEL.

Die chemischen Wirkungen des Lichts.

Physikalische und chemische Processe. — Moser's Versuche. — Wirkung des Lichts auf Elemente. — Verhalten des Phosphors, Sauerstoffs und Chlors im Licht. — Wirkung des Lichts auf Silbersalze. — Verhalten des Chlorsilbers, Bromsilbers und Jodsilbers. — Theorie der Entwickelung. — Trockenplatten. — Theorie des Positivprocesses.

Wir haben in dem vorhergehenden Kapitel die Rolle kennen gelernt, welche das Licht in den photographischen Processen spielt, und jetzt wollen wir eintreten in das chemische Gebiet, um die Erscheinungen zu erklären, welche bei der Bestrahlung lichtempfindlicher Substanzen vor sich gehen.

Alle Körper in der Natur sind ununterbrochenen Veränderungen unterworfen. Sonne, Mond und Sterne bewegen sich — sie verändern ihren Ort, Holz und Zucker kann man zerreiben, sie ändern dann ihre Form, Blei kann man schmelzen, es ändert dabei seinen Aggregatzustand. Diese beispielsweise angeführten Veränderungen lassen den Stoff der Körper selbst unverändert. Man kann das Holz noch so fein zerreiben oder zersägen, es bleibt Holz; das Blei bleibt was es ist, trotz der Schmelzung. Veränderungen der Art, die den Stoff des Körpers unangetastet lassen, nennt man physikalische Veränderungen.

Es gibt ausser diesen noch Veränderungen anderer Natur. Erhitzt man ein Stück Holz in einer Flamme, so verbrennt es; hierbei geht seine Holznatur vollständig verloren. Es verwandelt sich in brennbare Gase, verkohlt, wird locker und zerreiblich und lässt ein Häufchen Asche zurück, kurz es hört auf Holz zu sein. Ein Eisenstab, an der Luft geglüht, wird matt, er überzieht sich mit einer schwarzen Rinde, die beim Schlagen mit dem Hammer zu Pulver zerfällt, dem Hammerschlag. Hierbei wird der Stoff des Eisens total verändert. Veränderungen solcher Art nennt man chemische Veränderungen.

Das Licht ist nun im Stande, sowol physikalische als chemische Veränderungen hervorzurufen. Wir haben schon früher erzählt, dass das rothe Mineral, der Realgar, im Licht zu gelbem Pulver zerfällt. Hier liegt eine physikalische Veränderung vor, denn der Realgar bleibt als Pulver was er ist. Man kann ihn schmelzen, er bildet alsdann beim Erkalten wieder compacte feste rothe Stücke, die in das Licht gelegt, abermals zerfallen. Die Zahl der in dieses Gebiet gehörenden physikalischen Veränderungen, welche das Licht veranlasst, ist nicht gross, aber merkwürdig bleiben die Erscheinungen an sich.

Moser hat beobachtet, dass Licht auf fast alle Oberflächen wirke. Er bedeckte glattpolirte Silber-, Elfenbein- und Glasflächen mit einem durchbrochenen Schirm und setzte sie dem Lichte aus. Nachher hauchte er sie an oder räucherte sie in Quecksilberdampf und fand, dass sich der Hauch oder der Quecksilberdampf da stärker condensirte, wo das Licht auf die Fläche gewirkt hatte. Moser stellt daher den Satz auf: Licht wirkt auf alle Körper, und man kann seine Wirkung sichtbar machen durch Dämpfe, welche sich an den belichteten Stellen condensiren.

Bei weitem zahlreicher als die durch das Licht bewirkten physikalischen Veränderungen sind die chemischen Wirkungen des Lichts, und ihre Betrachtung ist die ganz specielle Aufgabe der Photochemie.

Wir müssen hier, ehe wir die complicirten photographischen Erscheinungen besprechen, mit den einfachern Erscheinungen der Art uns bekannt machen.

a) Wirkung des Lichts auf Elemente.

Unter Elementen versteht der Chemiker einfache unzerlegbare Körper. Wasser, was die Alten ein Element nannten, ist z. B. kein Element im chemischen Sinne, denn es lässt sich leicht zerlegen in zwei Bestandtheile gasförmiger Natur: Sauerstoff und Wasserstoff. Luft, ebenfalls ein Element der Alten, ist kein Element nach chemischer Anschauung, denn es ist gemengt aus zwei Luftarten: Sauerstoff und Stickstoff. Letztere beiden aber, Sauerstoff und Stickstoff, sind unzerlegbare Körper oder Elemente. Elemente sind ferner die sämmtlichen bekannten Metalle, ferner Schwefel, Phosphor, Chlor (das aus dem Chlorkalk sich entwickelnde, unangenehm riechende grünliche Gas), ferner das weniger bekannte Brom, eine braune stinkende Flüssigkeit, endlich das schwarze, flüchtige, zum Einreiben benutzte Iod. Alle diese Elemente verbinden sich untereinander und liefern dabei Körper mit ganz neuen Eigenschaften. Das metallische Eisen verbindet sich mit dem luftförmigen Sauerstoff und liefert den rothen pulverigen Eisenrost. Der Schwefel verbindet sich mit dem luftförmigen Sauerstoff und liefert damit die stechende riechende schweflige Säure. Iod und Chlor verbinden sich unmittelbar mit Metallen zu Iod und Chlormetallen, die ganz eigenthümliche Eigenschaften haben. Dahin gehört das Iodsilber und Chlorsilber.

Eigenthümlich ist es, dass manche Elemente in ganz verschiedenen Zuständen auftreten können, sodass man glauben sollte, man hätte zwei ganz verschiedene Stoffe vor sich. Der gelbe, leichtentzündliche, giftige, in Aether lösliche Phosphor unserer ältern Streichhölzer verwandelt sich durch Erhitzen im verschlossenen Raum in eine rothe, schwerer entzündliche, nicht giftige und nicht lösliche Substanz, die dennoch weiter nichts ist als Phosphor und durch Schmelzen wieder in gewöhnlichen Phosphor übergeht.

Diese Umwandlung von gelbem Phosphor in rothen wird nun interessanterweise nicht nur durch Wärme, sondern auch durch das Licht bewirkt. Setzt man gelben Phosphor lange Zeit dem Tageslichte aus, so wird er roth.

Auch der Sauerstoff der Luft ist ähnlicher Umwandlungen fähig. Der gewöhnliche Sauerstoff ist ein farbloses und geruchloses Gas. Durch Wirkung der Elektricität wird derselbe aber leicht in eine andere Gasart umgewandelt, die sich durch ihren eigenthümlichen Geruch auszeichnet (sogenannter Schwefelgeruch, beim Einschlagen des Blitzes) und viel kräftiger oxydirend (rostend) wirkt als gewöhnlicher Sauerstoff. Man nennt den umgewandelten Sauerstoff Ozon.

Solcher Ozon bildet sich auch durch Einwirkung des Lichts, wenn man in eine grosse lufthaltige Flasche Terpentinöl giesst und dieses im Sonnenlicht heftig schüttelt.

Ebenso eigenthümlich sind die Veränderungen, welche ein paar andere weniger bekannte Elemente, Chlor und Brom, im Sonnenlicht erleiden, und die man erst in neuerer Zeit genauer beobachtet hat.

Chlor ist ein gelbgrünes, unangenehm riechendes Gas, das beim Räuchern mit Chlorkalk sich entwickelt und sich durch Fähigkeit, farbige Stoffe zu zerstören (Chlorbleiche) und ansteckende Stoffe zu vernichten, auszeichnet. Brom ist ein ihm sehr ähnlicher Körper, der jedoch bei gewöhnlicher Temperatur nicht gasförmig, sondern flüssig ist, aber sehr leicht verdampft und dann ein braunrothes Gas darstellt.

Chlorgas nun sowol als Bromgas zeigen zum Licht ein eigenthümliches Verhalten, das auch ihre Verbindungen auszeichnet.

Besonders bemerkenswerth ist das Verhalten des Chlorgases zum Wasserstoffgas, eine Gasart, die einen Hauptbestandtheil des Wassers bildet und aus diesem leicht gewonnen werden kann, wenn man Zink hineinwirft und verdünnte Schwefelsäure hinzufügt. Das Zink bemächtigt sich alsdann des Sauerstoffs des Wassers und bildet mit der Schwefelsäure schwefelsaures Zinkoxyd, der Wasserstoff entweicht als Gas.

Mengt man diese brennbare Gasart mit Chlorgas und lässt Sonnenlicht auf das Gemenge scheinen, so entsteht eine Explosion. Chlorgas und Wasserstoffgas verbinden sich dabei chemisch zu einem neuen Körper, der keine Aehnlichkeit weder mit Chlor noch mit Wasserstoff hat, dem Chlorwasserstoff. Dieser ist sauer, sehr leicht im Wasser löslich, wirkt nicht bleichend wie Chlor und ist nicht brennbar.

Sehr nahe steht dem Chlor und dem Brom ein anderer Körper, das Iod. Dieses ist ein fester Körper, der in glänzenden schwarzen Krystallen auftritt und beim Erwärmen wundervoll violette Dämpfe liefert.

b) Chemische Wirkung des Lichts auf Silbersalze.

Iod und Brom verbinden sich ebenso wie Chlor mit Metallen zu Iod, Brom- und Chlormetallen. Eine der bekanntesten Verbindungen der Art ist das Kochsalz, welches aus Chlor und Natrium besteht. Natrium ist ein in der Industrie nicht gebräuchliches Metall, welches mit grosser Energie Sauerstoff aus der Luft anzieht (rostet), sodass es unter Steinöl aufbewahrt werden muss. Die sämmtlichen Chlor-, Brom- und Iodmetalle zeigen eine salzartige Natur. Von besonderm Interesse für uns sind Chlorsilber, Bromsilber und Iodsilber. Man erhält diese drei Salze, wenn man Chlor, Brom und Iod direct auf Silber wirken lässt, noch rascher aber, wenn man Chlornatrium und das ihm ähnliche Bromnatrium und Iodnatrium in Wasser auflöst und dazu eine Auflösung von Silbersalz setzt.

Silber bildet nämlich ebenfalls salzartige Verbindungen. Wirft man einen Silberthaler in Salpetersäure, so löst er sich auf, er bildet salpetersaures Silber und dieses erhält man beim Abdampfen der Flüssigkeit als ein weisses, im Wasser lösliches Salz, das geschmolzen den sogenannten Höllenstein bildet.

Versetzt man eine Auflösung desselben mit einer Auflösung von Chlornatrium, so bildet sich ein weisser käsiger Niederschlag von Chlorsilber, indem beide Salze ihre Bestandtheile austauschen. Chlornatrium und salpetersaures Silber liefern Chlorsilber und salpetersaures Natrium.

In ganz gleicher Weise entsteht Bromsilber, wenn man zu Silberauflösung Bromnatrium-, und Iodsilber, wenn man Iodnatriumlösung hinzusetzt.

Bromsilber und Iodsilber scheiden sich dabei ebenfalls als käsige Niederschläge aus, weil sie alle drei im Wasser unlöslich sind; wäscht man sie aus, indem man sie auf Filtrirpapier bringt und mit Wasser übergiesst, und trocknet sie, so bildet Chlorsilber ein weisses, Bromsilber ein gelblich-weisses und Iodsilber ein gelbes Pulver. Alle drei sind höchst beständige Körper, die sich selbst in der Hitze nicht zersetzen, weder in Wasser, noch in Alkohol oder Aether löslich sind, sich aber auflösen in einer Lösung von unterschwefligsaurem Natron und Cyankalium, indem sie mit diesen beiden Körpern neue chemische Verbindungen bilden welche in Wasser löslich sind.

Diese drei Verbindungen, Chlorsilber, Bromsilber und Iodsilber, welche so ausserordentlich beständige Körper sind, zeigen nun eine augenfällige Empfindlichkeit gegen das Licht, und diese Lichtempfindlichkeit ist die Basis der modernen Photographie.

Chlorsilber sieht im dunkeln Zimmer beim Lichte einer Gaslampe vollkommen weiss aus, aber am Tageslicht färbt es sich rasch·violett. Man hört oft sagen, es schwärze sich, dieses ist jedoch nicht der Fall. Diese violette Färbung ist die Folge einer chemischen Zersetzung. Das Chlor wird nämlich frei und entweicht theilweise als grünliches Gas, welches man bei grossen Mengen Chlorsilber sogar durch den Geruch wahrnehmen kann. Das violette Pulver, welches zurückbleibt, wurde früher für metallisches Silber gehalten.

Metallisches Silber kann allerdings unter gewissen

Umständen in der Form eines grauen oder violetten Pulvers auftreten, der beim Belichten von Chlorsilber entstandene violette Körper ist jedoch kein metallisches Silber, sondern eine Verbindung desselben mit Chlor, die aber nur halb so viel Chlor enthält als das weisse Chlorsilber. Silber und Chlor bilden zwei Verbindungen, eine weisse chlorreichere und eine violette chlorärmere, Silberchlorür genannt. Ebenso bildet das Silber mit Brom je zwei Verbindungen, eine hellgelbe bromreichere: Bromsilber, und eine gelbgraue bromärmere: Silberbromür, und analog diesen beiden existirt ein gelbes Iodsilber und ein iodärmeres grünes Silberiodür. Silberbromür und Silberiodür (der Accent liegt auf der letzten Silbe) entstehen nun ganz ähnlich dem Silberchlorür durch Einwirkung des Lichts. Der Chemiker sagt daher, dass Chlorsilber, Bromsilber und Iodsilber im Lichte zu Silberchlorür, Silberbromür und Silberiodür reducirt werden.

Die Farbenveränderung, durch welche man diese chemische Veränderung wahrnimmt, ist beim Chlorsilber am auffälligsten, schwächer beim Bromsilber, noch schwächer beim Iodsilber.

Es scheint demnach das Chlorsilber das für die Photographie vortheilhafteste Material zu sein.

Die Sache verhält sich jedoch anders. Wir haben oben bei Besprechung der photographischen Praxis gesehen, dass es nicht Chlorsilber, sondern Iodsilberplatten sind, die man in der Camera-obscura dem Lichte aussetzt. Das Bild, welches hier entsteht, ist so gut wie unsichtbar, es wird aber sichtbar gemacht durch einen nachfolgenden Process, den sogenannten Entwickelungsprocess.

In der Daguerreotypie wurde z. B. die belichtete Iodsilberplatte in Quecksilberdämpfen geräuchert. Hierbei schlägt sich der Quecksilberdampf in feinen weissen Kügelchen an den belichteten Stellen nieder, und um so stärker, je kräftiger das Licht gewirkt hatte. Bei dem jetzt üblichen Collodionverfahren wird die

Platte mit einer Eisenvitriollösung übergossen, diese mischt sich mit der anhängenden Silberlösung und schlägt daraus feinzertheiltes schwarzes Silberpulver nieder, das sich an die belichteten Stellen der Platte hängt.

In beiden Fällen haben wir also einen feinzertheilten Körper, der von den belichteten Stellen angezogen und festgehalten wird, ein räthselhafter Process, der ebenso interessant als praktisch bedeutend ist.

. Es ist demnach keineswegs die Färbung des Silbersalzes, welche das Bild zum Vorschein kommen lässt, sondern der nachfolgende Entwickelungsprocess.

Versucht man nun Chlorsilber, Bromsilber und Iodsilber nebeneinander, indem man sie belichtet und entwickelt, so findet man, dass Chlorsilber' unter dem Entwickler das schwächste Bild liefert, Bromsilber ein stärkeres, das stärkste aber Iodsilber. Also gerade der Körper, der durch das Licht am tiefsten gefärbt wird, · färbt sich unter dem Entwickler am geringsten, und derjenige Körper, welcher im Lichte am schwächsten gefärbt wird (nämlich Iodsilber), färbt sich unter dem Entwickler am stärksten.

Der Entwickelungsprocess ist von immenser Wichtigkeit. Wollte man ein Bild durch Belichtung in der Camera herstellen ohne Entwickelung, so würde man stundenlang belichten müssen, ehe ein sichtbarer Lichteindruck bemerkbar wäre. Der Entwickelungsprocess gestattet uns unter günstigen Umständen die Sichtbarmachung eines Lichteindrucks, der nur $1/_{100}$ Secunde gedauert hat.

Ehedem benutzte man nur reines Iodsilber in der Photographie, jetzt aber nimmt man Iodsilber und Bromsilber gemischt. Man machte nämlich bald die Beobachtung, dass Iodsilber zwar sehr empfindlich ist für starke Lichter, keineswegs aber für schwache; z. B. bei Aufnahme eines Porträts gibt Iodsilber in einigen Secunden wol die hellen Theile: das Hemd, das Gesicht sehr kräftig wieder, dagegen sehr schwach die dunkeln, wie die Schatten, den dunkeln Rock u. s. w. Mischt man aber dem Iodsilber etwas Bromsilber bei, so gibt die Iodbromsilberschicht zwar ein schwächeres (aber dennoch hinreichend intensives) Bild der hellen Theile, dagegen ein viel besseres der dunkeln Partien als Iodsilber allein.

Die Mischung von Iod- und Bromsilber wird in der Praxis dadurch hergestellt, dass man zu dem Collodium neben Iodsalz auch noch ein Bromsalz setzt, z. B. Iodkalium und Bromkadmium. Beide setzen sich im Silberbade um. Iodkalium und salpetersaures Silber liefert Iodsilber und salpetersaures Kali, ebenso liefert Bromkadmium und salpetersaures Silber Bromsilber und salpetersaures Kadmium.

Ausserdem bleibt eine ziemlich grosse Menge von der Silberlösung mechanisch an der Collodionschicht hängen. Diese anhängende Silberauflösung ist keineswegs nebensächlicher Natur, sie liefert im Gegentheil bei dem Aufgiessen des Entwicklers das Material, aus welchem das feinpulverige Silber sich niederschlägt, das zur Entwickelung nothwendig ist.

Mischt man den Entwickler, d. i. eine Eisenvitriollösung, mit Silberlösung, so schlägt sich Silber in feinzertheilter Form nieder. Eisenvitriol hat nämlich grosse Neigung, noch mehr Sauerstoff aufzunehmen und in schwefelsaures Eisenoxyd überzugehen. Wenn man daher einen sauerstoffhaltigen Körper, z. B. salpetersaures Silber, mit Eisenvitriol mischt, so entzieht der Eisenvitriol dem Silbersalz sofort Sauerstoff, und das Silber scheidet sich aus. Ebenso wirken andere Körper, die leicht Sauerstoff aufnehmen, namentlich einige aus dem organischen Reich, z. B. Pyrogallussäure, Gallussäure u. s. w. Früher glaubte man, dass der Eisenvitriol das vom Licht getroffene Iodsilber reducire, und findet man sogar diese irrthümliche Ansicht in einigen neuesten Werken über Chemie. Dass diese Ansicht falsch ist, kann man leicht nachweisen. Wenn man nämlich eine Platte belichtet und das sal-

petersaure Silbersalz, welches daranhängt, herunter-
wäscht und dann dem Entwickler aufgiesst, so erscheint
kein Bild, ein Beweis, dass Eisenvitriol allein auf belichtetes Iodsilber nicht zu wirken vermag. Setzt man
aber Silberauflösung hinzu, so erscheint das Bild
sofort.

Die an der Platte hängende Silberauflösung spielt
jedoch noch eine andere Rolle. Wäscht man eine Platte,
ehe man sie belichtet, d. h. entfernt man alles daranhaftende salpetersaure Silber, und belichtet sie, so
wird man bemerken, dass sie erheblich unempfindlicher
ist als bei Gegenwart von salpetersaurem Silbersalz.
Woher kommt das?

Die Sache erklärt sich aus dem eigenthümlichen Verhalten vieler lichtempfindlichen Körper.

Es gibt nämlich Körper, die für sich allein gar
nicht oder doch nur sehr schwach lichtempfindlich sind,
wol aber dann, wenn sie mit einem Körper zusammen
sind, der im Stande ist, sich mit einem der bei der
Belichtung freiwerdenden Bestandtheile zu verbinden.
So ist z. B. Eisenchlorid nicht lichtempfindlich, Eisenchlorid in Aether gelöst ist aber lichtempfindlich, indem das freiwerdende Chlor sich sofort mit dem Aether
chemisch verbindet.

Aehnlich verhält sich nun das Iodsilber. Dieses ist
für sich allein nur schwach lichtempfindlich, ist aber
ein Körper gegenwärtig, der sich mit Iod verbinden
kann, so wird er leicht im Licht zersetzt. Ein solcher
Körper ist nun das salpetersaure Silber, welches mit
grosser Leichtigkeit freies Iod absorbirt.

Daher erklärt sich die grössere Lichtempfindlichkeit
des Iodsilbers bei Gegenwart von salpetersaurem Silber.

Es folgt aus dieser Thatsache, die zuerst vom Verfasser dieses Buchs genauer erklärt wurde, dass auch
andere Körper, die sich mit Iod leicht verbinden, die
Lichtempfindlichkeit des Iodsilbers erhöhen werden, und
dies ist in der That der Fall. Man nennt diese Körper Sensibilisatoren.

Zu solchen Körpern gehört z. B. der Kaffeeextract, Theeextract, das Morphin, der Gerbstoff, und diese Körper geben daher dem Photographen ein Mittel an die Hand, sogenannte trockene Platten zu construiren. Die Platten, welche in einem Silberbade gefertigt werden, halten sich nämlich im nassen Zustande nur kurze Zeit, die daranhaftende Silberlösung trocknet ein und löst alsdann das Iodsilber auf, sodass die Platten förmlich zerfressen werden. Daher ist es nicht möglich, sich nasse Platten im Vorrath zu machen und solche lange aufzubewahren, was natürlich für Reisen sehr grosse Vortheile bieten würde.

Man hat aber haltbare trockene Platten hergestellt, indem man das salpetersaure Silber, welches einer nassen Platte anhaftet, durch Waschen mit Wasser entfernte und dann die Platte mit einer Auflösung eines Körpers überzog, der Verwandtschaft zu Iod hat, z. B. mit Gerbstoff oder Morphin. Solche Ueberzüge können ohne Nachtheil für die Iodsilberschicht eintrocknen, und so erhält man eine haltbare Trockenplatte. Die Empfindlichkeit solcher Platten ist freilich erheblich geringer als die nasser Platten, doch dieses schadet nicht, falls man mit lichtkräftigen Objecten zu thun hat. Die Entwickelung solcher Trockenplatten wird gewöhnlich mit Pyrogallussäure vorgenommen. Dieses ist eine Substanz, welche durch trockene Destillation des Galläpfelextracts erzeugt wird; sie wirkt sehr kräftig reducirend, d. h. sie schlägt aus Silberlösungen ebenso leicht metallisches Silber nieder wie Eisenvitriol.

Pyrogallussäure allein vermag aber nicht, ein Bild auf einer belichteten Trockenplatte hervorzurufen, weil hierzu noch eine Substanz nöthig ist, welche pulveriges Silber liefert. Bei „nassen" Platten befindet sich diese Substanz, nämlich Silberauflösung, an den Platten selbst, bei Trockenplatten ist aber das Silbersalz abgewaschen, daher muss man zur Entwickelung eine Mischung von Pyrogallussäure und Silberlösung anwenden. Aus dieser schlägt sich alsdann pulveriges Silber nieder, legt sich

an die belichteten Stellen, und dadurch kommt das
Bild zum Vorschein. Trockenplatten geben jedoch nicht
so schöne und sichere Resultate als nasse.

Wir haben somit eine Erklärung der photochemi-
schen Erscheinungen bei Herstellung eines Camera-
bildes gegeben. Das Wesentliche dieses Processes, des
Negativprocesses, besteht in dem Entwickeln eines
unsichtbaren Lichteindrucks durch eine nachfolgende
Operation.

Nun werden aber keineswegs alle Bilder in dieser
Weise gefertigt. Wir haben im Gegentheil bereits gesehen, dass die Bilder auf Papier durch Erzeugung
eines sichtbaren Lichteindrucks zu Stande kommen,
indem ein Stück lichtempfindliches Papier so lange belichtet wird, bis es dunkel angelaufen ist. Eine Entwickelung ist hierbei gar nicht nöthig. Das Bild wird
so lange dem Lichte ausgesetzt, bis es die hinreichende
Kraft hat.

Der Process, der hierbei vor sich geht, ist einfach.
Das Positivpapier enthält Chlorsilber und salpetersaures
Silber. Das letztere wird langsam, das erstere rasch
durch das Licht reducirt, d. h. zu metallischem Silber
zurückgeführt, welches sich in brauner Farbe aus-
scheidet. Chlorsilber allein würde nur zu Silberchlorür
reducirt werden. Durch die Gegenwart von Papierfaser aber setzt sich die Reduction noch weiter fort,
es bildet sich metallisches Silber. Das durch das Licht
freigewordene Chlor verbindet sich aber sofort mit
dem Silber des salpetersauren Silbers und liefert frisches Chlorsilber. Dies wird sogleich durch das Licht
zersetzt, es wird dadurch eine neue Portion metalli-
schen braunen Silbers ausgeschieden, wiederum chlor-
frei, dadurch von neuem Chlorsilber gebildet und dieses
Spiel wiederholt sich, solange noch salpetersaures
Silber vorhanden ist und solange noch das Licht
wirkt.

Reines Chlorsilber allein liefert nur ein schwaches
Bild, in Berührung mit salpetersaurem Silber aber ein

äusserst kräftiges. Das Bild ist in dem Zustande, wie
es durch das Licht erzeugt ist, aber nicht haltbar, es
würde sich durch fernere Wirkung des Lichts auch in
den weissen Stellen bräunen, und um dieses zu ver-
hindern, müssen die lichtempfindlichen Silbersalze, die
noch im Papier stecken, entfernt werden. Das salpetersaure Silber entfernt man leicht durch Waschen mit
Wasser, denn es ist ja im Wasser löslich, das Chlorsilber dagegen nur durch Eintauchen in eine Lösung
von unterschwefligsaurem Natron. Dieses Salz setzt
sich mit dem Chlorsilber um, es bildet sich dabei
Chlornatrium und unterschwefligsaures Silber, und letzteres verbindet sich mit einem Ueberschuss des unterschwefligsauren Natrons zu einem Doppelsalz, und dieses
eigenthümlich süss schmeckende Doppelsalz ist im
Wasser löslich und kann durch Waschen entfernt
werden.

Taucht man eine frische Copie in unterschwefligsaures Natron ein, so ändert sie ihre schön violette
Farbe plötzlich, sie wird gelbbraun, und diese Farbe
ist nicht beliebt, sie stört bei technischen und wissenschaftlichen Bildern gar nicht, wol aber bei Porträts
und Landschaften, daher werden die positiven Copien
noch dem sogenannten Färbungsprocess unterworfen.
Man taucht sie dazu in eine sehr verdünnte Goldauflösung. Diese Goldauflösung enthält Chlorgold. Das
metallische Silber hat mehr Verwandtschaft zum Chlor
als das Gold, es verbindet sich daher mit dem Chlor
zu Chlorsilber und das Gold wird niedergeschlagen.
Es scheidet sich in blauer Farbe an den Bildcontouren
aus, und dieses dem braunen Bilde zugemischte Blau
gibt einen angenehmen Ton, der auch im Fixirbade,
d. h. im unterschwefligsauren Natron sich nicht ändert.

Jedes photographische Papierbild besteht demnach
aus Silber und Gold, auf etwa vier Theile Silber
kommt ein Theil Gold, die Quantität beider Substanzen
ist aber ausserordentlich gering. In einem Bilde von
44×47 Centimeter oder 17 mal 22 Zoll Grösse sind

nicht mehr als $1/_{13}$ Gramm metallisches Silber enthalten, d. i. ungefähr = 1 Gran nach älterm Gewicht. Der Werth desselben ist circa 1 Pfennig, der Werth des Silbers in einer Visitenkarte circa $1/_{30}$ Pfennig. Das Publikum wird hierbei fragen, wie es kommt, dass die Photographen sich so hohe Preise für ihre Bilder bezahlen lassen. Darauf diene zur Antwort, dass der Materialienwerth den Preis nicht bestimmt, sondern die Arbeit, die zur Herstellung der Bilder nothwendig gewesen ist, und wenn man in Betracht zieht, dass ein Photograph zur Herstellung eines Negativs 28 Operationen durchmachen muss, zur Herstellung eines Positivs acht, dass bei dieser Operation oft ein Bild misglückt, dass endlich neben dem 1 Pfennig Werth an Silber bei Präparation eines Bogens für 3 Groschen Silbersalz in Arbeit genommen werden muss, und dass höchstens ein Drittel dieses Silbers aus dem Waschwascher der Bilder wiedergewonnen werden kann, dass der Papierbogen selbst einen Werth von $2^{1}/_{2}$ Groschen hat, dass ein ebenso theuerer Carton zum Aufkleben gehört, dass Localmiethe, Honorare an Retoucheure und Operateure herausgeschlagen werden müssen, so wird man die scheinbar hohen Preise wol gerechtfertigt finden.

Mit Rücksicht darauf, dass 33 mal soviel Silber in Arbeit genommen werden muss als in dem fertigen Bilde wirklich bleibt, ist die Menge des Silbers, die jährlich in der Photographie consumirt wird, eine enorme. Man berechnet sie auf etwa 9,000000 Thaler.

ZWÖLFTES KAPITEL.

Ueber die Correctheit photographischer Bilder.

Einfluss der Individualität des Photographen. — Verschiedene Branchen der Photographie. — Einfluss der Linsen, der Expositionszeit, der Farben, der Modelle. — Ueber das Charakteristische im Bilde. — Unwahrheit in der Photographie. — Unterschied zwischen Photographie und Kunst.

a) Einfluss der Individualität des Photographen.

Wir haben in den vorhergehenden Kapiteln die Entwickelung und die Theorie und Praxis der Photographie mit Silbersalzen kennen gelernt. Wir haben dabei flüchtig auch mancher praktischen Anwendung der Photographie gedacht, z. B. des Lichtpausprocesses. Es ist jetzt unsere Aufgabe, uns mit einem Punkt etwas genauer zu beschäftigen, der für die Beurtheilung des Werthes einer Photographie von grossem Belang ist.

Ein grosser Theil des Publikums lebt in dem Wahn, dass die Ausübung in der Photographie immer dieselbe sei, gleichviel welchen Gegenstand der Photograph aufzunehmen habe, dass daher ein Photograph, welcher ein Porträt aufnehmen kann, im Stande sein müsse, ebenso gut eine Maschine, eine Landschaft, ein Oelgemälde aufzunehmen. Man geht hierbei von dem Irrthum aus, das Bild mache sich selber, wenn der Photograph die „Klappe" auf- und zumache. Dass das Bild sich aber nicht selber 'macht, sondern erst entwickelt, verstärkt, fixirt, copirt werden muss, wissen unsere Leser bereits. Bei allen diesen Operationen aber gibt es kein bestimmtes Mass, keine Regel, wie lange der Photograph belichten, entwickeln, verstärken, copiren und tonen soll. Es hängt dieses von seinem Belieben, seinem Urtheil ab, und je nachdem er will, kann er das Bild mehr oder weniger detaillirt (indem er längere oder kürzere Zeit belichtet), mehr oder weniger brillant (je nach der Verstärkung), mehr oder weniger dunkel (je nach dem Copiren), mehr oder weniger blau (je nach dem Tonen) halten. Wonach richtet er sich nun bei seinem Urtheil, ob das Bild richtig ist oder nicht? Einzig und allein nach der Natur! Diese muss er kennen und mit seinem Bilde vergleichen. Solches ist freilich nicht leicht. Die Natur zeigt sich ihm positiv, im Bilde erscheint sie aber zuerst negativ, und vergleicht er beide, so muss er schon im Stande sein, im Geiste das Negativ umzukehren, d. h. sich die positive Copie vorzustellen, die es zu liefern im Stande ist. Es gehört zu solchem Vergleich mehr Studium und Erfahrung als das Publikum glaubt.

Wenn man jemand, der vom Buchdruck nichts versteht, zwei gedruckte Bogen vorlegt, von denen der eine gut, der andere mangelhaft gedruckt ist, so wird Betreffender, falls die Fehler nicht gar zu grob sind, zwischen beiden keinen Unterschied finden können, während das geübte Auge des Druckers sofort erkennt, dass in dem einen Druck die Buchstaben hier zu eng, dort zu weit, hier gerade, dort schief stehen, hier dick, dort zu blass gedruckt sind. So gehört auch zur Beurtheilung eines photographischen Bildes ein geübtes Auge, welches nicht nur für die feinsten Details des Bildes, sondern auch für die Eigenthümlichkeiten des Originals Beobachtungsgabe besitzen muss. Ich habe kein Auge dafür, sagt der Laie oft, d. h. ich bin solche Dinge zu sehen nicht gewöhnt, und hieran erkennt man erst, wie unvollkommen wir diesen vollkommensten aller Sinne zu gebrauchen wissen.

Der Blindgeborene und durch Operation sehend Gewordene kann anfangs einen Würfel nicht von einer

Kugel, die Katze nicht von einem Hunde unterscheiden.
Er ist solche Dinge nicht zu sehen gewöhnt und muss
sie erst sehen lernen.

So sind auch wir mit gesunden Augen Blinde allen
Dingen gegenüber, die wir nicht zu sehen gewöhnt
sind, und am augenfälligsten stellt sich solches in der
Kunst heraus, sowie in der mit ihr eng verwandten
Photographie.

Wenn Photographen, die als Porträtphotographen
Vorzügliches leisten, nicht im Stande sind, ein gutes
Landschaftsbild zu liefern, so liegt es daran, dass sie
für Landschaft kein Auge haben, dass sie ein zu kurz
belichtetes, fehlerhaft entwickeltes und verstärktes und
noch fehlerhafter copirtes Bild für gut halten, dass sie
den Einfluss, den die Stellung und die Intensität der
Sonne, die Luftperspective, die Wolken ausüben, nicht
kennen, vieler andern Kleinigkeiten nicht zu gedenken.

So erfordert jede Klasse von Gegenständen ein besonderes Studium, wenn auch das Handwerksmässige
der Photographie überall dasselbe bleibt, und daher
gibt es Porträtphotographen, Landschaftsphotographen,
Reproductionsphotographen u. s. w.

b) Einfluss des Gegenstandes, der Apparate und des Processes.

Man hört so häufig von Bewunderern der Photographie betonen, dass diese junge Kunst die reine Wahrheit wiedergebe, unter Wahrheit die Uebereinstimmung
mit der Wirklichkeit verstanden. Die Photographie
kann in der That, richtig angewendet, wahrere
Bilder liefern als alle andern Künste, aber absolut wahr ist sie nicht. Und eben weil sie es nicht
ist, ist es von Wichtigkeit, die Quellen der Unwahrheit
in der Photographie kennen zu lernen. Deren sind
aber viele. Ich spreche hier zunächst von den optischen Fehlern.

Die Linsen, welche in der Photographie angewendet werden, liefern nicht immer absolut richtige Bilder. Nimmt man z. B. ein Quadrat mit einer einfachen Linse auf, so bildet sich dieses oft krummlinig ab, wie in beistehenden Figuren, wenn auch erheblich schwächer. Ein Bild mit einer solchen „verzeichnenden" Linse aufgenommen, in dem also gerade Linien am Rande krumm erscheinen, ist offenbar nicht wahr. Die Unwahrheit mag von vielen nicht empfunden werden, vorhanden ist sie aber. Nun wird man sagen, dass dieser Fehler bei sogenannten correct zeichnenden

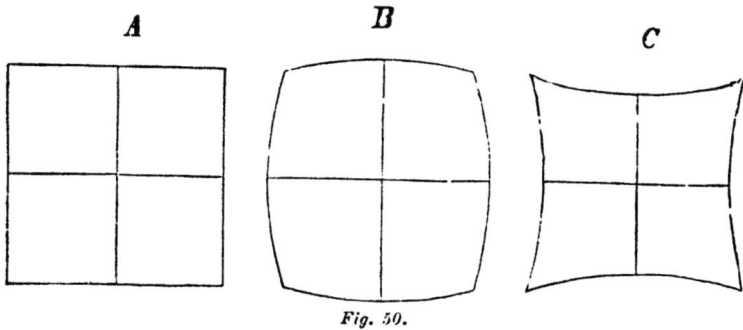

A   *B*   *C*

Fig. 50.

Linsen wegfällt, aber man sehe sich einmal die mit correct zeichnenden Linsen von niedrigen Standpunkten aufgenommenen Bilder hoher Gebäude an. Die Linien, die senkrecht stehen sollen, convergiren häufig nach oben. Die Ursache ist, dass der Photograph genöthigt war, dass Instrument schief nach oben zu richten, um das ganze Gebäude bis zum Dach überblicken zu können. Hierbei projiciren sich senkrechte Linien convergirend nach oben. Man hat, um diesen Fehler zu vermeiden, Linsen mit sehr grossem Gesichtsfeld construirt, die sogenannten Pantoskope. Diese geben aber wieder entfernte Gegenstände scheinbar sehr klein, nahe Gegenstände scheinbar sehr gross wieder, eine

Abnormität, die der Laie nicht, wol aber der feine
Beobachter der Natur bemerkt.

Ein merkwürdiges Phänomen, das die Verwunderung
aller Uneingeweihten erregt, ist die sogenannte Ver-
zerrung von Kugeln in der Photographie.

Man denke sich eine Reihe Kanonenkugeln; diese
werden uns stets als Kugeln erscheinen, und der Maler
wird sie stets als Kreis zeichnen. Nimmt man dieselben
mit einer Linse von grossem Gesichtsfeld auf, so erscheinen die am Rande liegenden nicht mehr kreisförmig, sondern elliptisch.

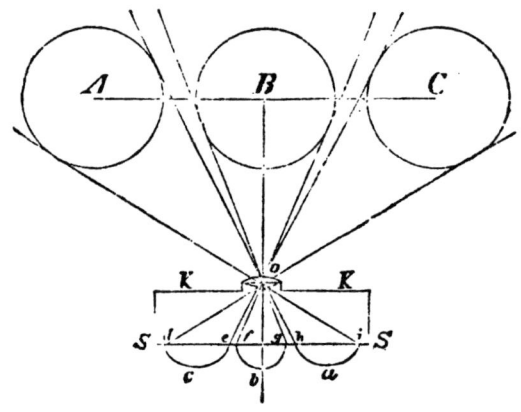

Fig. 51.

Um diese Erscheinung zu erklären, müssen wir uns
mit der Entstehung des Bildes noch einmal beschäftigen. Man denke sich drei Kugeln *A B C* vor einer
Camera *K* mit der Linse *o*. Jede Kugel (Fig. 51)
sendet einen Strahlenkegel auf das optische Centrum
der Linse, dieser setzt sich innerhalb der Camera fort
und schneidet die Bildfläche, wenn seine Achse schief
darauf steht, in einer Ellipse wie *A* und *C*. Nur
wenn die Achse des Strahlenkegels senkrecht zur Bildfläche *S S* steht, wie bei *B*, erscheint das Bild als

Kreis. Dieser Fehler tritt freilich nur auf, wenn das Gesichtsfeld der Linse sehr gross ist und die Kugeln nahe am Rande desselben liegen.

Ein Photograph brachte dem Verfasser das mit einer Linse von grossem Gesichtsfeld aufgenommene Bild eines Schlosses, vor dem eine Reihe Statuen standen. Sonderbarerweise wurden die Köpfe derselben nach dem Bildrande hin immer breiter und breiter, ebenso die Bäuche, und der schlanke Appollo von Belvedere, der unglücklicherweise gerade am äussersten Rande des Bildes stand, hatte ein so bausbäckiges Gesicht und solchen Schmerbauch, dass er aussah wie Dr. Luther.

Aber ganz abgesehen von diesen Umständen gibt es noch einen andern Punkt, der die Wahrheit der Darstellung in Photographien sehr beeinflusst, die Photographie gibt nämlich im allgemeinen die hellen Lichter zu hell, die dunkeln Schatten zu schwarz. Das ist ein Grundfehler, der im Wesen derselben liegt und dessen Umgehung oft grosse Schwierigkeiten macht. Am deutlichsten offenbart er sich bei Aufnahme eines von greller Sonne beleuchteten Gegenstandes, z. B. einer Statue. Belichtet man kurze Zeit, so erhält man ein detaillirtes Bild der Lichtseite, aber die Schattenseite ist ein schwarzer Klecks. Exponirt man lange, so bekommt man Schattendetails, aber die Lichter sind „überexponirt" und so dick gedeckt, dass in diesen die Details fehlen. Daher sind Photographen oft zu Umwegen genöthigt, sie müssen, wenn sie ein richtiges Bild erzielen wollen, die Beleuchtungscontraste mildern, d. h. die Lichter tiefer, die Schatten aber viel heller halten als die Maler zu thun pflegen. Letztere schreien oft Zeter, wenn sie die photographische Beleuchtung an einem Modell sehen, und wundern sich, wenn das Bild dennoch ein richtiges wird. Bei Landschafts- und Architekturaufnahmen geht das freilich nicht so gut. Verfasser photographirte einmal das Innere eines Labora-

toriums. Es stellte einen gewölbten Saal dar. Alles
ganz trefflich. Man sah die Tische, die Oefen, die Re-
torten, die Lampen u. s. w., nur das Gewölbe sah man
nicht, es war zu dunkel. Es wurden neue Aufnahmen
mit 20, 30, 40 Minuten Exposition versucht. Endlich
sah man eine Spur des Gewölbes, aber jetzt waren die
Gegenstände in der Nähe der Fenster total „überexponirt", d. h. sie waren so weiss geworden, als
seien sie beschneit. Dieser Umstand, dass Photographie
die dunkeln Gegenstände zu dunkel wiedergibt, tritt
aber schon bei ganz einfachen Arbeiten zu Tage, z. B.
bei Reproduction von Kupferstichen. Ein Photograph
reproducirte einmal Kaulbach's Hunnenschlacht. Er erhielt ein reizendes Bild, aber die Stadt im Hintergrunde erschien zu dick, zu schwarz, nicht duftig genug. Der Besteller verwarf das Blatt und verlangte
ein anderes. Der Photograph machte ein zweites mit
längerer Exposition, und jetzt erschien die Ferne duftig,
aber leider waren die nahen Gegenstände, welche
kräftig schwarz hervortreten sollten, grau. Schliesslich
half der Photograph sich durch Negativretouche. Dieses
sind ganz einfache Beispiele, um zu zeigen, wie schwierig es ist, einen Gegenstand naturtreu wiederzugeben.
Nun aber kommt der böseste Punkt, die Farben. Die
Photographie gibt die kalten Farben (Blau, Violett,
Grün) zu hell, die warmen Farben (Roth, Gelb) zu
dunkel. Man sehe die im Handel erschienene Photographie des Sonnenuntergangs am Ganges von Hildebrandt. Eine glühende rothe Sonne mit leuchtenden
chromgelben Wolken auf Ultramarinhimmel. Was ist
das in der Photographie geworden? Eine schwarze
runde Scheibe zwischen schwarzen Wetterwolken. Es
sieht aus wie die Sonnenfinsterniss von Aden. Noch
crasser tritt aber die Schwierigkeit, die Natur treu
wiederzugeben, zu Tage, wenn sich ein Photograph in
der Lösung höherer künstlerischer Aufgaben versucht.
Nehmen wir ein Beispiel. Es existirt ein hübsches
Genrebildchen, Mutterliebe. Eine junge Mutter sitzt

auf einem Fauteuil lesend, ihr kleiner Lümmel umarmt sie plötzlich von hinten, und freudig überrascht lässt sie die Hand mit dem Buche sinken, wendet den Blick nach dem kleinen Liebling und bietet dem Jungen die Wange zum Kuss dar.

Einen Photographen überkam die Idee, ein ähnliches Bild mit Hülfe lebender Modelle zu reproduciren. Er fand ein hübsches Mädchen, welches sich als Mutter gebrauchen liess, auch ein passender Junge wurde beschafft. Ein Fauteuil für die Mutter, Stuhl, Zimmerdecoration, ein paar Möbel zur Raumausfüllung waren leicht besorgt. Jetzt ging es an das Aufbauen. Die Pseudomutter fügte sich willig den Intentionen des Photographen, schnitt auch ein Gesicht, welches zur Noth als Ausdruck von Mutterliebe gelten konnte. Der Junge hatte jedoch andere Ideen. Er fühlte sich zu der Pseudomutter nichts weniger als hingezogen, er protestirte energisch gegen jede Annäherung, und es bedurfte einiger Hiebe, ihn zur Annahme der gewünschten Stellung zu bewegen. Darüber ist Zeit vergangen. Die Mutter fängt an, sich in der unbequemen Stellung mit gewendetem Hals unbehaglich zu fühlen. Endlich wird photographirt. Das Bild ist scharf, fleckenlos. Die Modelle werden zu ihrer nicht geringen Freude entlassen. Was ist das Resultat? Der Bengel umarmt die Mutter mit einem Gesicht, dem man die Hiebe noch ansieht, mit einem Blick, als wolle er sie erwürgen, und diese sieht ihn so ernst an, als wolle sie sagen: „Karl, du bist sehr ungezogen", und scheint sehr unwillig darüber zu sein, dass ihre angenehme Lektüre unterbrochen wurde. Kann man sagen, dass solch ein Bild die Intentionen des Künstlers richtig ausdrückt? Ist das so hergestellte Bild ein Ausdruck der Unterschrift „Mutterliebe"? Jedermann wird solchem Bilde die Unwahrheit ansehen.

Solche Bilder existiren zu Tausenden im Handel. Man hat dergleichen Sünden namentlich vor zehn Jahren im Stereoskopenfach massenhaft begangen, und

wenn solche Bilder Beifall finden, so ist einzig und
allein der schlechte Geschmack des Publikums daran
schuld. Doch man wird sagen, hier ist der Photograph
an der Unwahrheit des Bildes nicht schuld, sondern
die unwilligen Modelle.

Gerade dieser Umstand setzt aber der Erzielung
eines guten Porträts so enorme Schwierigkeiten entgegen. Vielen Leuten ist es gar nicht um die treue
Wiedergabe ihres Charakters zu thun. Der Spitzbube
will als ehrlicher Mann auf dem Bilde erscheinen,
manche schlotternde Alte jung, kokett und elastisch;
das Dienstmädchen spielt im Atelier das feine Fräulein, die Bürgerstochter möchte Hofdame, der Strassen-
kehrer Gentleman sein; so dient ihnen ihr Bild zur
Schmeichelei ihrer persönlichen Eitelkeit, und damit
die Leute ja recht fürnehm und ungewöhnlich erscheinen, stecken sie sich in ihren (oft auch in fremden)
Sonntagsstaat, der ihnen oft so unbequem wie möglich
sitzt, und üben sich am Spiegel zu Hause unter Zu-
ziehung von Papa, Mama, Frau oder Liebsten eine
künstlerisch unmögliche Pose ein. Selbst gebildete
Leute haben solche Schrullen. Thorwaldsen erzählt
von Byron, der ihn zu einer Sitzung besuchte: „Er
setzte sich mir gegenüber, fing aber, als ich zu arbeiten begann, sogleich an, eine ganz andere fremdartige
Miene anzunehmen. Ich machte ihn darauf aufmerksam. «Das ist der wahre Ausdruck meines Gesichts», entgegnete Byron. «So», sagte ich, und machte
dann sein Porträt ganz wie ich wollte. Alle Menschen
erklärten meine Büste für ausgezeichnet getroffen,
Lord Byron aber rief aus: «Die Büste gleicht mir durchaus nicht; ich sehe viel unglücklicher aus.» Er wollte
nämlich um jene Zeit mit Gewalt unglücklich aussehen", fügt Thorwaldsen hinzu. Schlimmer ist der
Photograph daran. Wenn Byron zu einem Photographen gekommen wäre und er hätte seine unglückselige
Miene vor der Camera aufgesteckt: was hätte der
Photograph machen wollen? Er ist leider vom Modell

abhängig, und viele Modelle lassen ihn im entschei-
denden Moment im Stich, oft nicht aus bösem Willen,
sondern aus Nervenschwäche oder aus Zerstreutheit
oder Langeweile. Viel liegt hier freilich auch am Be-
nehmen des Photographen, der es verstehen muss, sein
Publikum in liebenswürdiger Weise zu beherrschen.
Sehr viele Porträts verunglücken aber ohne seine Schuld.
Schreiber dieses war oft genug Zeuge wie Personen,
die er kannte, in dem Moment des Photographirens
ein ganz fremdartiges Gesicht machten, ohne eine Ahnung davon zu haben.

Es gibt aber noch charakteristischere Fälle photographischer Unwahrheit, die man nicht den Modellen in
die Schuhe schieben kann. Man nehme an, ein Photograph wollte, angeregt durch die schönen Bilder
Claude's, Schirmer's, Hildebrandt's, einen Sonnenunter-
gang photographiren. Natürlich kann er auf die
glühend helle Sonne nur momentan exponiren. Was
erhält er für ein Bild? Einen runden weissen Fleck,
einige leuchtende Wolken ringsum, das ist alles, was
deutlich hervortritt. Alle Gegenstände in der Landschaft, Bäume, Häuser, Menschen, sind gänzlich unterexponirt, d. h. sie bilden eine schwarze Masse; dort,
wo das Auge Weg, Steg, Dorf, Wald und Wiese deutlich unterscheidet, sieht man nichts als einen dunkeln
Fleck ohne alle Contouren. Ist solch ein Bild wahr?
Selbst der begeistertste Schwärmer für Photographie
wird das nicht zu behaupten wagen.

Solche Fälle, wo grelle Contraste in Licht und
Schatten die Erzielung eines wahren Bildes gänzlich
unmöglich machen, liegen in Unzahl vor. Man sehe
die Mehrzahl der Photographien des weissen Königs-
denkmals im berliner Thiergarten an. Das Denkmal
ist trefflich, der Baumhintergrund aber eine verschwommene schwarze Masse, ohne Details, ohne Halbtöne,
alles, nur kein Bild des herrlichen Laubwerks, welches
an jenem Plätzchen jedes Auge entzückt. Noch zahlloser sind die Photographien von Zimmern, in denen

die dunkeln Ecken, die unserm Auge noch recht wohl
erkennbar sind, nichts zeigen als pechschwarze Nacht.
Es gibt aber noch andere Fälle photographischer Unwahrheit.

Wir erblicken eine Berglandschaft. Ein Dörfchen,
auf beiden Seiten von bewaldeten Hügeln eingeschlossen, deckt den Mittelgrund, seine Häuser ziehen sich
malerisch zwischen .Bäumen die Abhänge hinan. Eine
Kette schön geschwungener Berge in der Ferne, deren
Gipfel in der Abendsonne glänzen, schliessen das wundervolle Bild ab; nur Eines stört, ein verfallener
Schweinestall in unmittelbarer Nähe des Beschauers
mit einem Strohhaufen daneben. Ein Maler, der dieses
Bild malen wollte, würde sich kein Gewissen daraus
machen, den Schweinestall entweder gänzlich hinweg-
zulassen oder ihn so dunkel und unbestimmt zu halten,
dass er den Eindruck der Landschaft nicht stört. Wie
steht es aber mit dem Photographen? Wegreissen kann
er den störenden Gegenstand nicht. Er sucht einen
andern Standpunkt; aber da verdecken Bäume einen
grossen Theil der Landschaft. Jetzt nimmt er die Ansicht mit dem Stall auf, und was erhält er für ein
Bild? Der im Vordergrunde stehende Stall ist wegen
seiner Nähe riesengross im Bilde sichtbar. Die ferne
Landschaft, die Hauptsache, erscheint dagegen klein
und unbedeutend. Noch fataler wirkt aber der Strohhaufen vor dem Stalle, er nimmt beinahe den vierten
Theil des Bildes ein. Als die am hellsten leuchtende
Masse im Bilde zieht er sofort das Auge des Beschauers
auf sich, er lenkt den Blick von andern viel wichti-
gern Dingen ab, er stört; die gewonnene Photographie erscheint nicht als Bild der Landschaft, was sie
sein sollte, sondern als ein Bild des Schweinestalls.
Die Nebensache ist zur Hauptsache geworden. Das
Bild ist unwahr. Es ist unwahr, nicht etwa weil die
Gegenstände, die es darstellt, in der Natur nicht vorhanden wären, sondern weil die Nebensachen zu
grell, zu deutlich, zu gross hervortreten und die Haupt-

sache dagegen zu klein, undeutlich und unbedeutend
erscheint.

Hier kommen wir an einen wunden Punkt der Photographie, sie zeichnet mit gleicher Deutlichkeit
die Hauptsachen wie die Nebensachen. Der Platte ist
alles gleichgültig, während der echte Künstler bei
Wiedergabe eines Bildes der Natur das Charakteristische hervorhebt und die Nebensachen gänzlich
unterdrückt oder dämpft. Er kann mit künstlerischer
Freiheit darüber schalten und walten, und er thut es
mit vollem Rechte. Denn eben weil er nur das Charakteristische hervorhebt und das Nebensächliche weg-
lässt, erscheint er wahrer als die Photographie, welche
die grössten Nebensachen mit gleicher Deutlichkeit wie
die Hauptsachen wiedergibt, ja sogar oft deutlicher
als diese. Reynolds sagt von einem Porträt einer Frau,
in welchem ein sehr sorgfältig ausgeführter Apfelbaum
im Hintergrunde sichtbar war: „Das ist das Bild eines
Apfelbaums, und nicht das Bild einer Dame." Aehnliche
Bemerkungen könnte man beim Anblick zahlloser Photographien machen. Es ist ein Cardinalfehler derselben,
dass sie Nebensachen stärker betonen als die Hauptsachen. Man sieht ein Conglomerat heller Möbel, und
merkt erst bei genauer Betrachtung, dass ein Mann
dazwischen steckt, dessen Porträt das Bild sein soll.
Man sieht eine gesteppte weisse Blouse, und bemerkt
erst nach einiger Zeit, dass auch ein Mädchenkopf
darauf sitzt. Man sieht einen Park mit Springbrunnen
und andern Schnörkeln, erst hinterher bemerkt man
einen Schwarzrock, der sich dunkel von einem ebenso
dunkeln Strauch abhebt.

Man wird vielleicht staunen, dass Schreiber dieses
der freien Kunst der Malerei grössere Wahrheit zu-
schreibt als der Photographie, die allgemein als die
wahrste aller Bilderzeugungsmethoden gilt; dass hier
nur von den Werken der Maler ersten Ranges
die Rede sein kann, versteht sich von selbst. Das
ist gerade eines der grössten Verdienste der Photogra-

phie, dass sie jene Sudeleien der Kunststümper,
welche sonst in allen Gassen ausgeboten wurden, unmöglich gemacht hat. Aber das vollkommene Bild
des Photographen entsteht nicht von selber. Er muss
dabei prüfen, wägen, denken und die Schwierigkeiten
hinwegräumen, welche sich der Erzielung eines wahren
Bildes entgegenstellen. Soll sein Bild wahr sein, so
muss er dafür sorgen, dass darin das Charakteristische hervortrete, das Nebensächliche sich
unterordne. (Die gefühllose Iodsilberplatte kann das
nicht, sie zeichnet alles, was sie vor sich hat, nach
unveränderlichen Gesetzen.) Der Photograph erreicht
dieses einerseits durch geeignete Vorbereitung
des Originals, andererseits aber durch passende Bearbeitung des Negativs. Freilich gehört dazu, dass er
das Charakteristische und Nebensächliche in seinem
Original auch erkenne.

Wer demnach an irgendeine photographische Aufgabe
gehen will, muss sich zuerst mit dem Gegenstande, den
er aufnehmen will, vertraut machen, damit er wisse,
worauf es ankommt. So frei wie der Künstler wird
freilich der Photograph seinen Stoff nie beherrschen,
denn die Unwilligkeit der Modelle und die optisch-
chemischen Hindernisse vereiteln oft seine besten Ab-
sichten, und daher wird immer ein Unterschied zwischen Photographie und Kunstwerk bestehen bleiben,
der sich kurz dahin präcisiren lässt, dass die Photographie ein treueres Bild der Form, die Kunst ein
treueres Bild des Charakters gibt.

DREIZEHNTES KAPITEL.

Licht, Schatten und Perspective.

Unterschied zwischen Bild und Wirklichkeit. — Wirkung des Schattens. — Perspectivische Verkürzungen. — Wirkung des Standpunktes des Beschauers. — Einfluss der Entfernung.— Einfluss der Augenhöhe.

Im vorigen Kapitel haben wir bei Besprechung der Unwahrheiten in Photographien die stillschweigende Voraussetzung gemacht, dass es möglich sei, ein wahres Bild eines Gegenstandes zu liefern, wenn nicht mit Photographie, so durch die Hand eines geschickten Künstlers.
Wir wollen jetzt einmal sehen, inwieweit diese Voraussetzung zulässig ist.

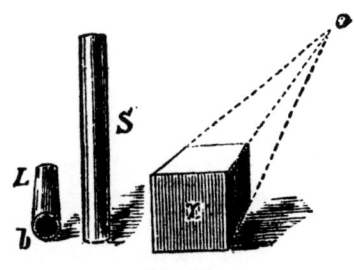

Fig. 52.

Man nehme den einfachsten Fall, einen Würfel oder einen Cylinder. Man bilde diesen ab, und man wird Figuren erhalten, die ungefähr den beistehenden X und S entsprechen. Diese Figuren sind nun flach, wie das Papier, während die Originale Körper sind. Kann man sagen, dass Bild und Körper übereinstimmt? Keinesfalls! Man frage einen Blinden, der beide anfühlt. Nun kann man den Würfel zwar auch körper-

lich nachbilden in Marmor oder in Gips. Hier kann
die Täuschung (denn solche ist es) weit getrieben werden. Man kann das Holz des Würfels oder des Cylin-
ders durch Anstrich nachahmen. Das Auge wird solche
Nachahmung bereitwillig als Holz erklären. Der Blinde,
der beides anfühlt, wird sagen: die Form stimmt überein, die Masse aber nicht, der eine Würfel von Holz
fühlt sich warm, der steinerne kalt an.

Was für diese beiden Objecte gilt, gilt für alle
Gegenstände und deren Bilder. Keins ist eine abso-
lut getreue Copie des Gegenstandes. Wenn das un-
körperliche Bild den Eindruck eines körperlichen
Gegenstandes auf unser Auge macht, so ist·das eine
Täuschung, durch die sich unser Auge betrügen lässt.

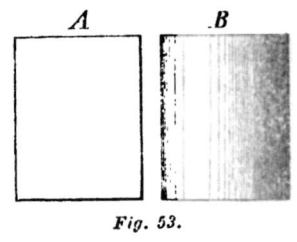

Fig. 53.

Zeichnet man zwei Recht-
ecke, A und B auf Pa-
pier, beide erscheinen als
flache Figuren. Sobald
man aber das eine Recht-
eck B mit engern oder
weitern Strichen anlegt
oder entsprechend tuscht,
so erscheint das Rechteck
nicht mehr als Rechteck,
sondern als runder Körper. Durch Nachahmungen der
Abstufungen zwischen Licht und Schatten haben wir
also hier für unser geübtes Auge eine Täuschung voll-
zogen, und dieses Hülfsmittel (Vertheilung von Licht
und Schatten) ist eins der wichtigsten in der Kunst,
um flachen Gegenständen das Ansehen von körperlichen
zu geben.

Nun gibt es aber noch ein zweites, noch wichtigeres
Täuschungsmittel, das ist die Perspective.

Betrachtet man einen Würfel (Fig. 52), dessen Kan-
sen sämmtlich gleich lang sind, so beobachten wir, dass
dessen Kanten uns sehr verschieden lang erscheinen. Die unserm Auge zugekehrte Fläche erscheint uns
noch als Quadrat, die andern verkürzen sich in auf-

fallender Weise, die Flächen erscheinen ganz unregel-
mässig, die parallelen Linien laufen zusammen
und convergiren nach einem Punkt o, dem sogenannten Verschwindungspunkt (Fig. 52). Aehnliches
geschieht mit allen andern Körpern: ein hängender
Menschenarm, oder die stehende Säule S (Fig. 52) erscheinen uns in ihrer vollen Länge, der gegen uns
ausgestreckte Arm, oder die liegende Säule (L) sehen
wir in der „Verkürzung"; die Dimensionen schrumpfen zusammen, schliesslich sehen wir statt des Säulen-
schaftes nur noch die kreisförmige Säulenbasis b, und
diese wieder erscheint uns bald rund, wenn sie uns
ihre volle Fläche zukehrt, bald als Ellipse, was sie
in der That gar nicht ist, und die parallelen
Säulenkanten laufen zusammen. Dasselbe ist der Fall
mit einem Eisenbahngleise, das wir nach der Längs-
richtung betrachten. Dass wir diese Unwahrheit (denn
eine solche ist es) nicht als solche empfinden, liegt
einfach in unserer Gewöhnung.

Wir wissen aus Erfahrung, dass der gegen uns
gestreckte verkürzt erscheinende Arm länger ist, als
es unserm Auge bei dieser Stellung vorkommt, ebenso
dass die scheinbar zusammenlaufenden Eisenbahn-
schienen parallel sind. Wir corrigiren unaufhörlich
die Anschauungen unsers Gesichtssinnes. Das Auge
allein gibt uns demnach eine falsche Vorstellung von
den Gegenständen, und diesen Umstand benutzt der
Maler. Er stellt die liegende Säule $L b$, die zurück-
liegenden Würfelkanten ebenso falsch dar, als wie wir
sie sehen, d. h. „verkürzt" in ihren Dimensionen, zu-
sammenlaufend in ihren parallelen Linien, und jedermann lässt sich dadurch irritiren.

Aufgabe des Malers wie des Photographen ist es
nun, die Verkürzungen richtig darzustellen, d. h.
so wie sie unserm Auge erscheinen. Geschieht dieses
nicht, so erscheint sein Bild unwahr.

Diese Gesetze der Verkürzungen lehrt uns die Perspective.

VOGEL. 9

Unser Auge ist eine Camera-obscura mit einfacher
Landschaftslinse. Aus der Optik ist bekannt, dass das
Bild eines Punktes auf dem geraden Strahl liegt, der
vom Punkte durch den optischen Mittelpunkt des
Objectivs gezogen wird. Wo diese Linie, der Haupt-
strahl genannt, die Bildebene (die matte Tafel in der
Camera oder die Netzhaut im Auge) schneidet, ist das
Bild des betreffenden Punktes. Das Bild einer gera-
den Linie ist demnach da, wo die von den einzelnen
Punkten der Linie durch den optischen Mittelpunkt
gehenden Strahlen die matte Tafel schneiden. Nun
bilden diese Strahlen eine Ebene, diese durchschnei-
det die ebene Bildtafel in einer geraden Linie, das
Bild einer geraden Linie in unserm Auge ist demnach

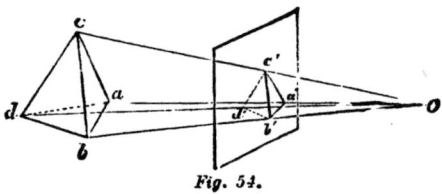

Fig. 54.

wieder eine gerade Linie, das Bild eines ebenen Drei-
ecks ist wieder ein ebenes Dreieck. Ist die ebene
Figur der Netzhaut, d. h. der Bildtafel parallel, so
ist nach bekannten stereometrischen Gesetzen die Bild-
figur der Originalfigur ähnlich. Denkt man sich vor
das Auge senkrecht zur Achse desselben eine Glastafel
aufgestellt, so schneiden die von einem Gegenstande
a b c d ausgehenden Strahlen diese in einer Figur
a' b' c' d' (Fig. 54). Construirt man sich nun eine
solche Figur für einen gegebenen Kreuzungspunkt und eine gegebene Bildtafel, so wird diese
Zeichnung, in richtiger Stellung und Entfernung vor das Auge gebracht, in demselben genau
eben solches Bild erzeugen, wie die Gegenstände selbst. Darauf beruht die Täuschung, dass
ein ebenes Bild, richtig construirt, körperlich er-

scheinen kann. Ein solches in der vorerwähnten
Weise entworfenes Bild nennen wir eine perspectivische Zeichnung. Es ist leicht einzusehen, dass
dieselbe unter denselben Bedingungen betrachtet werden muss, für die sie entworfen worden ist.

Ist $ABCD$ (Fig. 55) der Grundriss eines Hauses,
B die Bildtafel, O der Kreuzungspunkt der Strahlen,
$a\,b\,c\,d$ das Bild der Punkte $A\,B\,C\,D$, so muss man das
Auge genau in den Kreuzungspunkt O bringen, wenn
das perspective Bild $a\,b\,c\,d$ genau denselben Eindruck
machen soll wie der Gegenstand.

Rückt man die Bildtafel
dem Auge näher, z. B.
nach B, so ist leicht ersichtlich, dass die Strahlen
sich im Auge unter ganz
anderm Winkel kreuzen
werden als die vom Gegen-
stand $ABCD$ ausgehenden,
sie können dann auch kei-
nen richtigen Eindruck
machen. Dasselbe würde
der Fall sein, wenn man

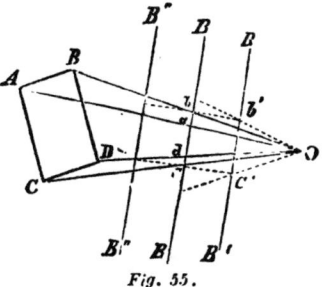

Fig. 55.

die Bildtafel vom Auge entfernt (z. B. nach B'' hin).
Daher muss jede perspectivische Zeichnung aus dem
für ihre Construction zu Grunde gelegten Kreuzungspunkt der Strahlen betrachtet werden, falls sie einen
wahren Eindruck machen soll.

Nun ist die Photographie eine perspectivische Zeichnung, deren Augenpunkt im Objectiv liegt, demnach
muss das betrachtende Auge in dieselbe Entfernung
wie das Objectiv gebracht werden (d. i. in die Entfernung des Brennpunktes). Geschieht das nicht, so
ist der Eindruck ein unwahrer.

Nun hat man aber Linsen von 4 Zoll Brennweite
und weniger; in solcher kurzen Distanz ist es unmöglich, eine Zeichnung mit unbewaffnetem Auge anzu-
sehen. Man muss sie zu solchem Zwecke mindestens

9*

8 Zoll vom Auge abhalten, und daher kommt es,
dass die Photographie dann einen unwahren Eindruck
macht. Solchem Fall begegnet man sehr häufig bei
Aufnahmen mit den Weitwinkellinsen.

Es gibt aber noch andere Abnormitäten, welche sich
bei Porträtaufnahmen bemerklich machen. Derselbe
Gegenstand bietet nämlich ein ganz verschiedenes Bild
dar, je nachdem er aus naher oder kurzer Entfernung
angesehen wird. Man denke sich einen Pfeiler mit dem
Grundriss $A B C D$. Man betrachte denselben von P aus,
und man wird alsdann die Seitenflächen $A B$ und $C D$
sehr gut sehen. Jetzt gehe man näher an den Gegenstand heran, z. B. nach O. Von diesem Standpunkt
aus sieht man von den Seitenflächen gar nichts mehr.
Der ganze Bildcharakter wird dadurch ein anderer.

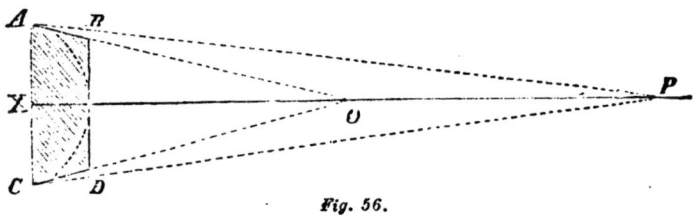

Fig. 56.

Denkt man sich statt des Pfeilers ein menschliches
Gesicht, so ist es klar, dass die Backen zusammen-
schrumpfen werden, wenn man sich dem Object
nähert, das Gesicht erscheint dann im Verhältniss zur
Höhe zu schmal.

Die Richtigkeit dieser Folgerung beweisen beifolgende
Illustrationen. Es sind zwei Aufnahmen eines Apollo-
kopfes, gefertigt in 47 und 112 Zoll Entfernung.* Die
Büste wurde genau senkrecht aufgestellt, der pho-

---

* Beide wurden, um der treuen Wiedergabe sicher zu sein,
photoxylographisch auf Holz übertragen. Die Reproduction macht freilich nicht den effectvollen Eindruck des
Originals. Sie ist jedoch dem aufmerksamen Beschauer
genügend verständlich.

tographische Apparat ebenfalls, und wurde die Richtungslinie auf das sorgfältigste abvisirt.

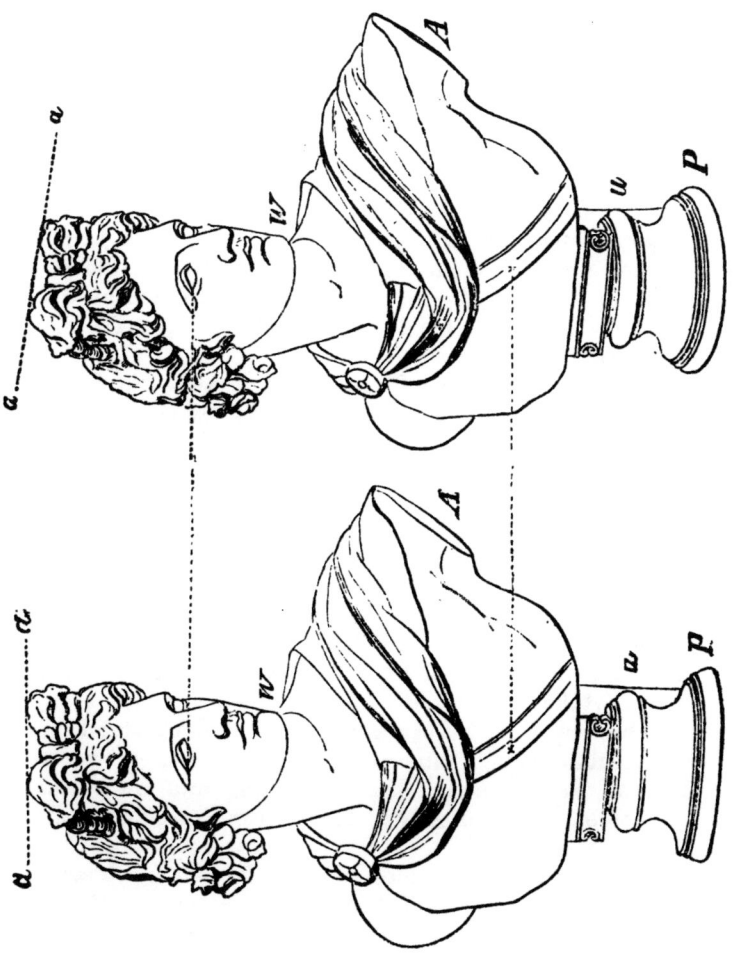

Der Unterschied springt in die Augen. Die ganze
Gestalt erscheint in I. schmaler, schlanker, die Brust

beinahe schwächlich; dagegen erscheint dasselbe Modell in II. grosswangiger, untersetzter. Dass diese
Schlankheit keineswegs Augentäuschung ist, geht am
allerbessten aus Messungen hervor.*
Die Entfernungen zwischen dem Auge und dem durch
Kreuz markirten Brustpunkte sind an beiden Köpfen
genau gleich. Die grösste Brustbreite (mit Zurech-
nung der beiden Armstumpfe) beträgt aber bei I. 56
Millimeter, bei II. 59 Millimeter.
Ganz abgesehen von diesem handgreiflichen Unterschiede treten jedoch im Charakter der beiden Köpfe
für den aufmerksamen Beobachter auffällige Differenzen auf. Man lege eine Linie $a\,a$ an die Frisur der
Figur. Diese steht bei II. horizontal, bei I. fällt sie
nach rechts.
Man sehe ferner das Postament P an. Die Ringe
desselben bilden bei I. stark geneigte, bei II. nur ganz
flache Ellipsen.
Man betrachte ferner den Armstumpf $A\,A$. In I.
sieht man von der Seitenfläche desselben fast gar
nichts, in II. tritt diese sehr deutlich hervor. Ebenso
sieht man deutlich, dass das Rückenpostament bei u
in II. weiter hervortritt als in I. Der Kopf steht bei
II. mehr zwischen den Schultern (man sehe den
Halswinkel bei W), bei I. hebt er sich mehr heraus;
die ganze Gestalt scheint daher in I. den Kopf mehr
in die Höhe zu recken. Bei II. erscheint der Kopf
beinahe etwas nach vorn geneigt. Und doch stand die
Figur unbeweglich, die angewendeten Linsen waren
frei von Verzeichnung, die Sehrichtung und Höhe war
bei beiden genau dieselbe, nichts war verschieden als
die Distanz.
Verfasser hat neben diesen beiden Köpfen noch zwei
andere unter genau gleichen Verhältnissen in 60 bis

---

* In der Originalphotographie, wo die beiden Bü-
sten sich von einem schwarzen Hintergrunde abheben, tritt
diese Differenz noch viel greller hervor.

80 Zoll Entfernung gemacht, und legt man die so gewonnenen vier Köpfe nebeneinander, so sieht man, wie mit **wachsender Entfernung** die Gestalt dicker, voller, gedrungener wird, wie die Frisur sich mehr und mehr senkt, die Ellipsen des Postaments flacher und flacher werden, die Brust an Breite zunimmt und die Armstumpfe heraustreten.

So sehen wir also bei **verschiedener Distanz merklich verschiedene** Ansichten desselben Objects entstehen, gerade so wie ein verschiedener Lichteinfall einem und demselben Porträt einen ganz verschiedenen Charakter aufdrücken kann.

Viele werden einwenden, das seien alles nur Kleinigkeiten. Es sei gleichgültig, ob der Apollo ein wenig dicker aussehe oder schlanker. Für den Apollo mag es manchem gleichgültig erscheinen (die meisten Leute wissen gar nicht, wie er aussieht); ganz anders ist es aber in der Porträtphotographie, sobald es des Bestellers höchsteigene werthe Person gilt. Für diese ihre eigene Physiognomie haben selbst künstlerisch ungebildete Leute ein sehr scharfes Auge. Die grössten Kleinigkeiten, ein Zug, eine Falte, eine Contour, eine Haarlocke werden hier kritisirt; und solche Unterschiede, die sie an den Apollobildern gar nicht bemerken, fallen ihnen bei ihrem **eigenen** Conterfei nur zu sehr auf.

Es ist deshalb Sache des Photographen, auf die Wirkungen der Distanz genau zu achten.

Nun wird vielleicht mancher wissen wollen, welche Distanz ist die beste? welche gibt das richtigste Bild?

Das richtet sich nach der Individualität, könnten wir sagen. Im allgemeinen empfehlen die Maler für Zeichnung eines Objectes eine Distanz, die **mindestens** gleich ist der doppelten Länge desselben; für einen 5 Fuss hohen Menschen demnach circa 10 Fuss Abstand, für ein Brustbild (halbe Körperlänge) circa 5 Fuss.

Der Maler hat jedoch hier grössere Freiheit, er kann

zufügen, weglassen und ändern, was er will. In der Photographie ist das nur theilweise möglich.

Aehnlich wie erhabene Körper von verschiedener Entfernung verschieden aussehen, erscheinen auch Hohlräume in verschiedener Distanz verschieden.

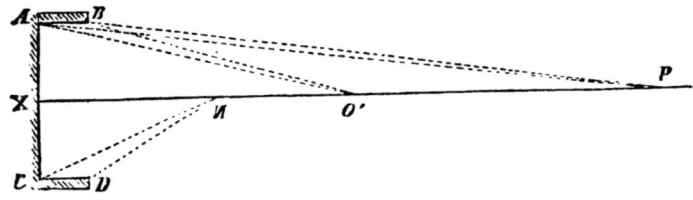

Fig. 58.

Ist *ABCD* (Fig. 58) das **Innere eines Kastens**, so sehen wir die Seitenwand *AB* von *P* aus viel mehr

Fig. 59.   *Fig. 60.*

in der Verkürzung als von *O'* und *N* aus, sie wird demnach unter gleichen Verhältnissen von nah und fern aufgenommen, im ersten Falle im Verhältniss zur

Höhe breiter erscheinen. Dieses Verhältniss tritt ein, wenn wir uns unter AC den Rumpf, unter CD den Schos oder die Füsse einer sitzenden Person denken. Der Schos erscheint alsdann im Verhältniss zum Rumpf viel breiter, die nach vorn gekehrten Füsse

Fig. 61.

einer stehenden Person länger von N aus. Man sehe z. B. den Fuss des Apollo in Fig. I, der viel weiter vortritt als in Fig. II. Man denke sich endlich unter CD den Teppich oder Fussboden, dieser wird breiter, d. h. höher ansteigend von N aus erscheinen. Nimmt man daher von zwei verschiedenen Standpunk-

ten P und O' dieselbe Person auf, sodass die Höhe
des Körpers in beiden Bildern dieselbe bleibt, so
werden bei Aufnahmen in kurzer Distanz ‚vorsprin-
gende Theile (Schos, Hände, Füsse) breiter erscheinen,
der Fussboden oder Stuhlsessel stärker geneigt (Fig. 59)
als in dem von P aus aufgenommenen Bilde (Fig. 60).

Fig. 62.

Sehr wesentliche Unterschiede ergeben sich nun
noch bei wechselnder Augenhöhe des Beschauers.

Sieht man eine stehende Person von unten auf an,
sodass der Kopf des Beschauers tiefer ist als der
Kopf des Objects, so erscheint das Haupt des Objects

zurückgeworfen. Steht der Kopf des Beschauers mit
dem Kopf des Objects auf gleicher Höhe, so erscheint
letzterer senkrecht; steht der Beschauer höher, so erscheint der Kopf des Objects nach vorn geneigt.

Beifolgende drei Bilder nach Photographien werden
dies versinnlichen. Die erste zeigt die Ansicht aus

Fig. 63.

gleicher Höhe, die zweite die Ansicht von oben, die
dritte die Ansicht von unten.

Gleiche Unterschiede ergeben sich in der Ansicht
einer Landschaft bei hohem und tiefem Standpunkt,
wie man aus den drei beifolgenden Holzschnitten ersieht.

Fig. 64.

Fig. 65.

Fig. 66.

Die punktirte Horizontallinie zeigt die Höhe des Auges des Beschauers (dessen „Horizont"). Das erste Bild gibt die Ansicht, wie sie ein am Boden Sitzender beobachtet. Der Meilenstein links erscheint hierbei ungewöhnlich hoch, er ragt in den Himmel, auch die Menschen erscheinen höher, der Boden aber erscheint zusammengeschrumpft („verkürzt"). Das zweite Bild gibt die Ansicht für einen stehenden Menschen. Hier erscheint der Boden bereits breiter, mehr ansteigend, der Meilenstein kleiner. Im dritten Bilde, eine Ansicht aus doppelter Mannshöhe, erscheinen die Figuren und der Meilenstein klein und gedrückt. Man sieht zu ihnen hinuter wie zu Personen, die kleiner als der Beschauer sind, der Boden dagegen ist breit und stark ansteigend. Diese Beispiele zeigen, wie wichtig die Wahl des Standpunktes in der Photographie und Malerei ist, und wie bei unrichtiger Wahl desselben ganz abnorme Ansichten der Sache sich ergeben. Häufig genug ist nun leider der Photograph zur Wahl eines Standpunktes genöthigt, der keine günstige Ansicht liefert, z. B. bei hohen Gebäuden, in engen Strassen (berliner Rathhaus, wiener Stephan), oder im Gebirge, wo oft ein Baumstamm im Vordergrunde, der den Beschauer nicht stört, dem Photographen sein Bild zerschneidet und ihn zur Wahl eines weniger günstigen, aber freien Platzes nöthigt.

VIERZEHNTES KAPITEL.

Anwendungen der Photographie.

Wir haben nunmehr die Schwierigkeiten kennen gelernt, welche sich der Erzielung eines wahren photographischen Bildes entgegenstellen, und jetzt wird uns
der Leser leichter verstehen, wenn wir die verschiedenen Aufgaben, deren Lösung die Photographie bisjetzt versucht hat, genauer betrachten.

Wir werden bei dieser Betrachtung nur so lange ver-
weilen, als nöthig ist zum Verständniss der Sache und
als allgemein interessant ist für jedermann.

Abschnitt I. Porträtphotographie.

Popularität des Porträtfachs. — Aesthetische Fehler. — Ab-
hängigkeit des Gelingens von der aufzunehmenden Person. —
Wirkung der Kleidung. — Wirkung der Farben. — Kinder-
und Gruppenbilder. — Wirkung der Bildgrösse. — Lebensgrosse Bilder. — Momentbilder. — Photographische Copien
nach Photographien.

Kaum dürfte ein anderer Zweig der Photographie
sich einer gleichen Popularität erfreuen, als das Porträtfach. 'Unter dem Worte Photograph denken sich
die meisten Leute nichts anderes als einen Porträtisten
mit der Camera, dass Photographie noch zu etwas anderm gut ist als zum Porträtiren, wissen nur wenige.

Das photographische Porträt verdankt seine grosse
Popularität seinem ausserordentlich billigen Preise, sei-
ner raschen Anfertigungsweise und seiner relativen
Aehnlichkeit verglichen mit Zeichnungen nach der

Natur. Die unvollkommene Photographie kann dieser
Umstände halber viel eher auf Beifall rechnen als die
Zeichnung eines unbeholfenen Porträtmalers, und um
so mehr, als der falsche Wahn existirt, dass Photographie unbedingt immer ähnlich sein müsse, was, wie wir
gezeigt haben, keineswegs der Fall ist.

Die Photographie hat die handwerksmässige Porträt-
malerei ganz aus dem Felde geschlagen, nur der wirk-
liche Künstler vermag sich mit seinen Porträts ihr
gegenüber siegreich zu behaupten. Bei der Porträtphotographie kommt mehr als bei jeder andern der
Geschmack des Photographen in Betracht, seine Fähigkeit, einer Person eine natürliche (oder wenigstens
eine natürlich aussehende) und dabei malerische, aber
ungesucht erscheinende Pose zu geben, die den Menschen von der besten Seite zeigt, seine etwaigen Kör-
perfehler verdeckt, die Vorzüge hervorhebt und durch
geschickte Beleuchtung die Hauptsachen, namentlich
das Gesicht zur Geltung bringt und durch theilweise
Absperrung des Lichts diejenigen Theile in das Halbdunkel zurücktreten lässt, die im Bilde störend wirken
könnten. Der Photograph hat hierbei die Freiheit, die
Umgebung der Person, sei dieselbe ein Zimmer oder
eine Landschaft, mit aufzunehmen oder durch Verstel-
lung mit Schirmen auszuschliessen.

In der ersten Zeit der Photographie überfüllte man
gewöhnlich die Bilder mit Nebensachen und beging in
Bezug auf Stellung und Beleuchtung unglaubliche
Sünden. Jetzt haben die vorgeschrittenern Photographen von den Künstlern gelernt, und seit der Zeit sieht
man Bilder, die trotz des Mechanischen, welches ihnen
von ihrer Erzeugung her anklebt, einen vollkommen
künstlerischen Eindruck machen.

Bei der Arbeit des Porträtphotographen hat das
Modell, d. h. die aufzunehmende Person einen se hr
wesentlichen Antheil. Nicht selten gehen Personen in
verdriesslicher Laune zum Photographen, oder sie werden dort verdriesslich durch langes Warten, ebenso

häufig sind Fälle, dass Leute mit einem mehr oder
weniger leichten Unwohlsein behaftet — mit Kopfweh
oder nach einer schlecht durchschlafenen Nacht zum
Photographen gehen. Das sind sehr grosse Fehler.
Die körperliche oder geistige Verstimmung prägt sich
unbedingt im Bilde aus und gibt diesem oft einen er-
staunlichen Grad von Unähnlichkeit, wenn auch der
Photograph alle seine Kunst darangesetzt hat. Ebenso
häufig passirt es, dass Leute im Moment des Photographirens eine gänzlich fremdartige Miene annehmen,
forcirt lachen, oder starren, den Mund hängen lassen,
oder sich von dem Kopfhalter stören lassen, der unbedingt nöthig ist, wenn man ein scharfes Bild erzielen will, der aber vom Publikum nur mit Protesten
acceptirt wird, indem jeder sich einbildet, ruhig zu
sitzen.

Alle diese Einflüsse kann der Photograph nicht pa-
ralysiren. Meistens sind ihm die Personen, welche sich
bei ihm porträtiren lassen, völlig unbekannt. Er hat
oft nur fünf Minuten Zeit, die Physiognomie der Person zu studiren, ihre beste Seite herauszufinden und
sie zu „posiren" und mit der Umgebung in Einklang
zu setzen. Er besorgt dieses vielleicht so gut als
irgend angeht, aber dennoch hat er über die Gesichtszüge des Originals keine Gewalt. Er hat auch keine
Ahnung, ob das Aussehen desselben sein gewöhnliches
oder 'ein durch Laune oder Unwohlsein afficirtes ist.
Im letztern Falle wird das Bild nimmermehr gefallen,
und wenn es noch so meisterhaft gemacht ist, und
doch trifft hier den Photographen nicht die Schuld,
sondern das Original.

Ein anderer Grund des Mislingens ist die Neigung
mancher Personen, sich selbst eine Stellung wählen zu
wollen, sei es ganz allein oder mit Hülfe von Freun-
den. Diese Versuche fallen in der Regel unglücklich
aus, weil die perspectivischen Fehler, die wir oben geschildert haben, nicht beachtet werden. Diese kennt
das Publikum nicht, wol aber der Photograph. Andere

Uebelstände ergeben sich aus der Natur der Photographie. Blaue Augen werden leicht zu hell und matt, blonde Haare leicht zu dunkel, ebenso gelber und rother Teint. Geschickte Negativretouche hilft über viele dieser Schwierigkeiten hinweg, jedoch keineswegs über alle. Grösser sind noch die Hindernisse, welche die Toilette und die wechselnden Moden bereiten. Es offenbaren sich in der Photographie die Geschmacksfehler der Person viel ärger als in der Natur. Damen ohne Geschmack pflegen nicht selten ihren ohnehin zu kurzen Hals durch Halskrausen noch kürzer und dicker erscheinen zu machen, sie verunstalten ihre vielleicht treffliche Taille durch eine kolossale Schleife, ihren Hinterkopf durch einen schlecht gewählten Chignon, ihren Haarputz durch schreiend helle grosse Schleifen. Solche Abnormitäten nimmt man im Leben gern hin, unangenehm werden sie aber, wenn sie im Bilde verewigt sind. Hier kann der Photograph durch seinen guten Rath viel nützen. Die Schwierigkeiten werden noch gesteigert, wenn es sich nicht um einzelne Personen, sondern um Gruppen oder Kinder handelt.

Letztere müssen gleichsam überlistet werden. Der Photograph muss, wenn er mit Kinderporträts reussiren will, es verstehen, sich die Kinder zum Freunde zu machen. Das ist die Ursache, dass manche Photographen in dieser Sphäre Grosses leisten, andere gar nichts. Natürlich muss die Aufnahme, da das Kind nie lange ruhig ist, so rasch wie möglich geschehen. Daher sind dergleichen Aufnahmen nur bei gutem Wetter möglich.

Aehnliches gilt für Gruppen mit vielen Personen. Kein Atelier hat 20 oder 30 Kopfhalter zur Disposition. Der Photograph muss daher wohl oder übel sich auf den guten Willen der Personen verlassen, stillzuhalten. Hässlich sind die Gruppen, die eine Reihe von Personen zeigen, welche wie Pagoden auf einer Bank nebeneinandersitzen. Der gebildete Photograph wird die Personen gern durch eine Thätigkeit, sei es Album besehen, Essen, Trinken, Kartenspiel, verbinden. Hierbei werden verschiedene Stellungen, einige Personen Face, andere Profil nothwendig, und unter Umständen wird hierbei sich mancher nicht von der vortheilhaftesten Seite zeigen. Andererseits bereiten bei Gruppenbildern die Unterschiede der Teints, der Kleidung Schwierigkeiten. Manches Gesicht von dunkelm Teint ist noch zu kurz belichtet, wenn ein anderes schon die hinreichende Belichtung erfahren hat. Da aber alle gleich lange belichtet werden, so ist es kein Wunder, wenn manche Theile des Bildes über-, manche unterexponirt erscheinen.

Insofern kann niemand darauf rechnen, in einem Gruppenbild ebenso vortheilhaft auszusehen wie in einem Einzelporträt. Geschieht es, so ist es mehr dem Zufall zu danken.

Gewöhnlich macht das Publikum an Gruppenphotographien einerseits zu hohe, andererseits auch zu niedrige Anforderungen. Der Mitphotographirte ist meist zufrieden, wenn er sein eigenes Ich in der Gruppe seiner Idee entsprechend wiedergegeben findet, darüber vergisst er gern ein unschönes Arrangement oder einige unscharfe Gesichter seiner Nachbarn, die ihn vielleicht nicht so sehr interessiren.

Herren sollten dunkle Kleider vorziehen. Helle Hosen und weisse Westen markiren sich oft im Bilde als auffallend weisse Flecke, die die Harmonie des Ganzen stören, denn das Hauptlicht soll nicht auf solche Nebensachen, sondern auf den Kopf concentrirt sein. Damen übersehen bei der Wahl ihrer Toilette gewöhnlich die abnorme Wirkung der Farben. Die berliner Ehrenjungfrauen des Jahres 1871 liessen sich in weissen, blau (also dunkel) garnirten Kleidern photographiren und staunten nicht wenig, dass die Garnitur im Bilde ebenso weiss wurde wie das Kleid. Blau wird in der Photographie oft weiss, eine Ausnahme macht nur das Blau des preussischen Infanterierocks. Gelb dagegen, namentlich Chamois Seide, wird in der Photographie oft schwarz, ebenso Roth. Bei einfarbigen Kleidern kann der Photograph durch geschickte Behandlung des Negativs den Fehler etwas ausgleichen. Bei den jetzt üblichen vielfarbigen Toiletten wirken aber solche Differenzen oft störend. Stoffe, deren Reiz in der Farbe liegt, z. B. türkische Muster, können natürlich in der schwarzen Photographie nicht den Eindruck machen, als wie in der Natur.

Personen von dunkelm Teint, ebenso auffallend starke Personen sollten dunkle Kleider vorziehen. Es ist eine bekannte Erfahrung, dass weisse Kleider die Figur stärker erscheinen lassen. Schlanken und blassen Personen sind dagegen helle Kleider anzurathen, da ein blasser Teint neben Schwarz noch bleicher erscheinen würde. Bei Kindern sind helle Kleider stets vorzuziehen. Unter den Stoffen wähle man solche, welche durch ihren Lustre einen reichen und malerischen Eindruck machen, z. B. Sammt, seidenen Rips, Taffet, auch halbseidene Stoffe. Wollkleider erscheinen meist stumpf und glanzlos, geben aber sehr schönen Faltenwurf. Personen von kurzem und dickem Hals werden gut thun, hochstehende Kragen, welche den Hals noch kürzer erscheinen lassen, zu vermeiden. Damen von gleicher Eigenschaft werden lieber aus gleichen Gründen Sammtbänder und ähnliche nm den Hals getragene Kleinigkeiten ablegen, während Personen von langem Hals gerade aus solchem Putz Vortheil ziehen können.

Nicht zu unterschätzende Schwierigkeiten bereitet in der Photographie das Wetter und die Tages- und Jahreszeit. Die Tage des Winters sind beträchtlich kürzer und lichtschwächer als die Tage des Sommers, ein grosser Uebelstand für Weihnachtsbestellungen. Regentage im Winter sind meist unbrauchbar zum Photographiren, im Sommer sind solche hell genug. Von den Tagesstunden sind die Mittagstunden am günstig-

sten, wie wir dieses bereits in dem Kapitel Optik erörterten.

Ausser der Helligkeit des Wetters spielt noch die
Lichtstärke des photographischen Instruments eine
Rolle. Je heller das Bild erscheint, welches eine Linse
liefert, desto rascher kann die Aufnahme erfolgen, d. h.
desto kürzer ist die nöthige Sitzungszeit. Eine Linse
ist um so lichtstärker, je grösser ihr Durchmesser und
je kleiner ihre Brennweite ist. Es ist jedoch keineswegs möglich, den Durchmesser bis ins Beliebige zu
steigern, die Brennweite bis ins Beliebige zu vermindern, indem hierbei Linsenfehler zum Vorschein kommen, die bisjetzt noch nicht überwunden worden sind.
Die bisjetzt construirten lichtstärksten Instrumente
(Porträtlinsen) liefern nur kleine Bilder von Visiten-
karten- oder höchstens Cabinetgrösse. Grössere Bilder
können nur mit lichtschwächern Instrumenten hergestellt
werden, sie erfordern daher eine längere Sitzungszeit,
ein Umstand, der ihre Anfertigung bei trübem Wetter
oder bei einem unruhigen Modell (Kinder) schwieriger
macht als die Anfertigung kleinerer Bilder.

Letztere zeigen daher im Durchschnitt eine grössere
technische Vollendung, und da auch ihr Preis ein billi-
gerer ist, so ist es natürlich, dass das kleine Visiten-
kartenformat, welches zuerst durch Disderi in Paris
eingeführt wurde (weniger das etwa dreimal so grosse
Cabinetformat) sich eines allgemeinen Beifalls erfreut
und eine ganz neue Art Albums, die photographischen
Albums, ins Leben gerufen hat, die statt des Album-
verses die Porträts der Freunde und Freundinnen enthalten und die das alte Stammbuch fast ganz verdrängt haben. Wir können das moderne Album mit
den vom Licht gezeichneten Contouren derer, die wir
lieben oder verehren, nur gutheissen. Weniger können wir uns mit dem Aufhängen von Visitenkarten-
bildern befreunden, sie sind zu klein, um an der Wand
wirkungsvoll zu sein, und die Rahmen meistens zu
dürftig.

Photographie ist wie der Kupferstich eine Kunst, die in kleinern Formaten ihr Bestes leistet. Mehr als viertellebensgrosse Bilder lassen sich nicht leicht direct nach der Natur aufnehmen. Nun werden aber auch lebensgrosse Bilder vom Publikum verlangt. Diese fertigt der Photograph nach einem kleinen Negativ mit Hülfe des Vergrösserungsapparats, den wir in dem Kapitel über Optik besprochen haben.

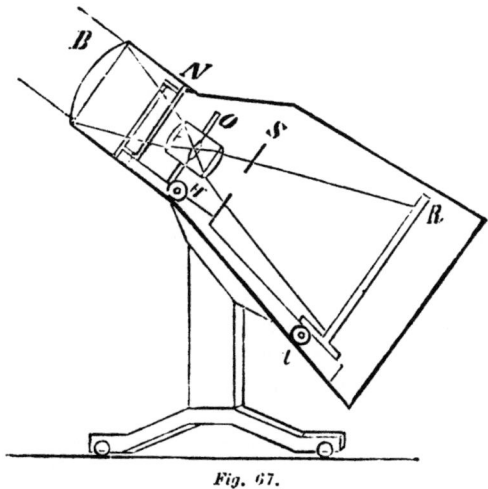

Fig. 67.

Für Anfertigung dieser Bilder bedarf er der Sonne, die ihn leider in unserm Klima oft genug im Stich lässt. Das kleine Negativ wird in den Apparat (Fig. 67) bei N eingesetzt und auf der Tafel bei R ein Bogen lichtempfindlichen Papieres aufgespannt, die Linse bei O entwirft alsdann ein vergrössertes Bild des kleinen Negativs auf dem Schirme R, und sobald man den Apparat den Sonnenstrahlen zukehrt, concentrirt das grosse Brennglas B Licht genug auf das Bild, um eine rasche Bräunung des Papieres zu veranlassen, und unter glücklichen Umständen erhält man bereits in 15 Minuten eine Copie in Lebensgrösse.

Man hat viel von Momentbildern gesprochen. Der
Abgeordnete Faucher sagte einst im preussischen Ab-
geordnetenhause: „Es gibt jetzt Momentbilder. Durch
dieses Verfahren können die Porträts gestohlen werden,
und man wird sich vielleicht dagegen verwahren müssen durch die ausserordentlichsten Vorsichtsmassregeln,
vielleicht wird man noch eine Maske anlegen müssen."
Diese Darstellung beruht auf einer Mystification.
Faucher ist das Opfer eines jener Photographen geworden, die durch unglaubliche Aufschneiderei und
Renommage zu imponiren suchen. Momentbilder sind
herstellbar, wenn der Gegenstand hell von der Sonne
beleuchtet ist. Daher ist es ein Leichtes, nach einer
hellen Landschaft ein Momentbild zu fertigen. Anders
ist es aber im Atelier gegenüber einem Porträt. Direc-
tes Sonnenlicht würde bei einem solchen unschöne
Glanzlichter und scharfe Schlagschatten erzeugen, die
Augen würden sich zusammenziehen und das Resultat
würde ein hässliches Bild sein. Man hat, wie wir oben
bemerkten, zwar sehr lichtstarke Linsen construirt, die
eine Abkürzung der Aufnahmezeit zulassen. Diese liefern jedoch nur sehr kleine Bilder und werden daher
nur angewendet kleinen unruhigen Gegenständen gegenüber, z. B. bei Kinderaufnahmen, bei denen man zufrieden ist, den Haupttheil, d. h. den Kopf, scharf im
Bilde zu erhalten.

Oft genug wünscht das Publikum von einem ältern
photographischen Bilde eine erneute Aufnahme. Hierzu
bemerken wir, dass solche Aufnahme wol möglich ist,
dass aber die Photographie nach einer Photographie niemals so schön wird wie das Originalbild. Die Ursache
liegt einerseits in dem braunen Ton der Photographie,
welcher photographisch sehr geringe Wirksamkeit besitzt, andererseits aber in der Mitwirkung der Papier-
unterlage. Diese ist entweder glänzend, und dann erzeugt sie falsche Lichter in dem zu reproducirenden
Bilde, oder rauh, und dann werfen die Fasern des Papiers leicht Schatten, diese bilden sich mit ab und

geben dem Bilde ein hässliches körniges Ansehen. Daher sind selbst für ungeübte Augen die Copien nach Photographien leicht von Originalphotographien zu unterscheiden. Man hat Gelegenheit genug, derartige Copien, die für einen wahren Spottpreis ausgeboten werden, in Marktbuden und Buchbinderläden zu sehen. In den meisten Staaten ist jedoch das Copiren von Originalphotographien als Nachdruck verboten, und dürfte auch in Deutschland dieses Verbot bald eintreten.

Man hat zwar bemerkt, der Nachdruck bringe dem Publikum Vortheil, indem er beliebte Bilder für einen billigen Preis zugänglich macht.* Dieser Vortheil wiegt aber den Nachtheil nicht auf, der dem Urheber der Originalphotographie zutheil wird. Solcher hat oft beträchtliche Kosten aufgewendet, um z. B. Photographien des Harzes, des Thüringer Waldes aufnehmen zu lassen, oder viele vergebliche Versuche machen müssen, um ein wahrhaft würdiges Bild · einer hervorragenden Persönlichkeit zu erhalten — denn selten glückt eine grosse Aufgabe auf den ersten Wurf —, und wenn seinem Producte nicht der Schutz der Gesetze zutheil wird, so wird er die Herstellung von solchen Originalbildern lieber aufgeben.

Abschnitt II. Landschaftsphotographie.

Aufgabe derselben. — Schwierigkeiten bei Landschaftsaufnahmen. — Das photographische Zelt. — Bedeutung der Landschaftsphotographie für Geographie. — Die Trockenplatten. — Stereoskopische Landschaften. — Transparentstereoskopen. — Panoramenbilder.

Die Landschaftsphotographie ist ein viel weniger gepflegtes Feld als die Porträtphotographie. Während Porträtphotographie meistens auf directe Bestellung

---

* Mit genau demselben Grunde kann man auch den Nachdruck von Büchern, der bekanntlich verboten ist, vertheidigen.

ausgeführt wird, gehört die Aufnahme einer Landschaft auf Bestellung zu den Seltenheiten. Man überlässt solche Aufnahmen dem Speculanten, der die Photographie als Mittel verwendet, beliebte Partien besuchter Gegenden bildlich darzustellen und damit bei den Touristen sein Geschäft zu machen. So durchschweifen denn die Photographen die Sehenswürdigkeiten unserer Hauptstädte und Gebirge, und da die Originale jedermann zugänglich sind, so sucht jeder seinen Concurrenten durch Billigkeit der Preise oder Güte seines Products auszustechen. Zu diesen Originalphotographen gesellt sich noch der Nachdrucker, der keine kostspieligen Reisen unternimmt, sondern die Herausgabe von Originalphotographien abwartet, um diese sofort zu copiren und für einen billigen Preis auf den Markt zu werfen. Die Neigung des Publikums kommt dem billigen Lieferanten hier entgegen. Selten wird ein Landschaftsbild seines Kunstwerths halber gekauft, sondern mehr als ein Souvenir an eine froh verlebte Stunde, oder als ein Erinnerungsblatt, welches noch nach Jahren uns irgendeinen interessanten Gegenstand, sei es eine Statue, eine Burg, in das Gedächtniss zurückrufen soll. Daher macht man an Landschafts- und Architekturbilder nur mässige Anforderungen, und das ist denn der Grund, dass sich jetzt die Landschaftsphotographie keineswegs auf einer sehr hohen Stufe der Vollkommenheit befindet. Das relativ Beste in dieser Branche leisten die Engländer, die für ihre Bilder gute Preise erzielen und gegen Nachdruck geschützt sind. Die Schweizerbilder von Mr. England besitzen einen Weltruf, in Deutschland sind ähnliche Blätter nur von Baldi und Würthle in Salzburg erzielt worden. Neben ihnen ist ehrenvoll Braun in Dornach zu nennen, der im Landschaftsgebiete Ausgezeichnetes geleistet hat und dessen Schweizerbilder allenthalben bekannt sind.

Oberflächliche Beobachter huldigen freilich dem Glauben, dass eine Landschaftsphotographie so gut wie die andere sein müsse, da der Gegenstand ja immer derselbe sei und alle mit demselben Verfahren gefertigt würden.

Beide Annahmen sind aber irrthümlich. Der Gegenstand ist nicht immer derselbe, eine Landschaft sieht ganz anders im Morgenlicht als im Abendlicht, ganz anders bei schönem als bei trübem Wetter aus. Wer diese Lichteffecte studirt, wird bald herausfinden, in welcher Stunde eine Landschaft am schönsten erscheint, und wählt er diese zur Aufnahme, so wird sein Bild weit das Bild eines flüchtig und eilig arbeitenden Photographen übertreffen, der die Landschaft aufnimmt, wie er sie eben findet. Ebenso wichtig ist die Wahl des Standpunktes. Einige Fuss höher oder tiefer, einige Schritte mehr rechts oder links ändern bei vielen Landschaften die ganze Scenerie (man vergleiche nur die in verschiedenen Höhen aufgenommenen Bilder S. 140), und wer hier mit Künstlerauge den besten Standpunkt aufzusuchen versteht, der wird unter allen Umständen auch das beste Bild liefern können.

Gleiches gilt für Architektur- und Sculpturaufnahmen. Natürlich muss ein Photograph, der solches unternimmt, einigermassen von Wind und Wetter begünstigt sein. Oft genug stört ein Windstoss, der die Bäume bewegt, seine Aufnahme, oft genug verderben ihm Nebel und Regen tagelang die Aussicht, oft genug gesellt sich zu diesen Feinden noch ein unliebenswürdiges Publikum, welches partout darauf besteht, mit aufgenommen zu sein, sich mitten in das Gesichtsfeld des photographischen Apparats stellt und manche Aufnahme dadurch geradezu unmöglich macht, eine Schwäche, die sich in Deutschland viel öfters findet als irgendwo anders, und um so unerklärlicher ist, als in den meisten Fällen das Publikum das betreffende Bild gar nicht zu sehen bekommt.

Besonders unangenehm für die Landschaftsphotographie ist der Umstand, dass sämmtliche Chemikalien, Schalen, Flaschen, Gläser, welche zur Ausübung des

Processes nöthig sind, mit auf die Reise genommen
werden müssen, ja noch mehr, der Photograph bedarf
eines transportabeln dunkeln Raumes, worin er seine
lichtempfindlichen Platten präpariren kann.

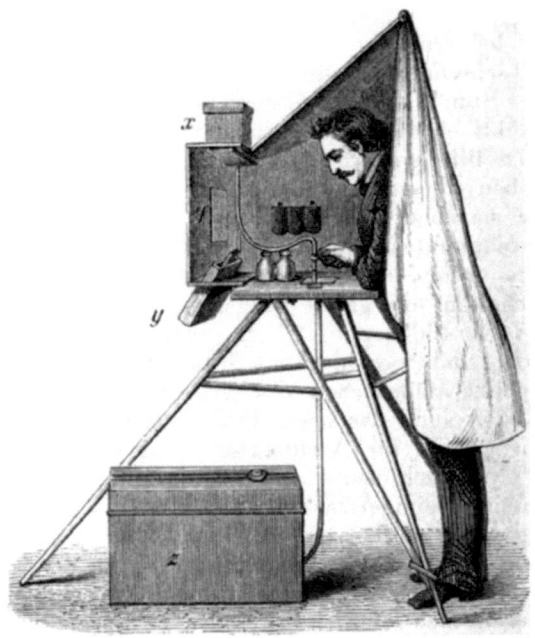

Fig. 68.

Beifolgende Figur stellt einen solchen transportabeln dunkeln Raum mit dem darin arbeitenden Photographen dar. Der Arbeiter befindet sich nur mit
seinem Oberkörper im Zelt, der Raum zwischen ihm
und dem Zelt ist aber durch die Draperie lichtdicht
verhüllt. Der Transportabilität wegen ist alles in solchem „Dunkelzelt" auf den kleinsten Raum concentrirt.
Ein gelbes Fenster q erleuchtet das Innere, das Silberbad steckt in einem Kasten bei y, das nöthige Wasser

befindet sich in der Cisterne x, von welcher ein Röhrchen nach dem Innern geht. Das ganze Zelt lässt sich zusammenklappen und bildet dann ein Kästchen von der Grösse der Figur z.

So klein und compendiös diese Einrichtungen auch sein mögen, sie repräsentiren in ihrer Gesammtheit doch ein beträchtliches Gewicht, welches schwierige Partien, z. B. Aufstieg auf das Finsteraarhorn, das Wetterhorn, die Jungfrau, ganz unmöglich machen kann.

Für Aufgaben solcher Art ist daher die Herstellung von Trockenplatten von Wichtigkeit, welche zu Hause präparirt und dann mit auf Reisen genommen werden können. Man hat dann kein Dunkelzelt, kein Collodion, kein Silberbad, kein Spülwasser u. s. w. mitzunehmen nöthig. Die Trockenplatte und der photographische Apparat genügt. Wir haben die Herstellung dieser Trockenplatten schon früher besprochen und bemerkt, dass sie hergestellt werden durch Abwaschen einer gewöhnlichen sensibilisirten Collodionplatte, Uebergiessen derselben mit irgendeiner iodabsorbirenden Substanz, z. B. Tannin, und Trocknenlassen. Leider sind die nach solchem Verfahren präparirten Platten wesentlich unempfindlicher als frische „nasse" Platten, und die Bilder, welche sie liefern, erscheinen weniger fein als die mit frischen Platten aufgenommenen. Dazu kommt, dass man seines Resultats nicht ganz gewiss ist. Viele Platten verderben nach längerer Zeit; ferner ist das gewonnene Bild nicht eher zu beurtheilen, als bis man es zu Hause „hervorgerufen" hat, und hierbei ergibt sich dann oft ein unvollkommenes Resultat, welches sich — weit vom Ort der Aufnahme entfernt — nicht so leicht durch eine zweite Aufnahme ersetzen lässt. Insofern hat vorläufig der nasse Process sich trotz seiner Unbequemlichkeit im Landschaftsfache behauptet, und nur einzelne Photographen arbeiten mit Trockenplatten.

Einer ganz besondern Beliebtheit unter den Land-

schaftsbildern erfreuen sich die Stereoskopenbilder.
Sie zeigen trotz des kleinen Formats die Gegenstände
mit einer so plastischen Täuschung, dass sie selbst die
Wirkung grösserer Bilder hinter sich lassen. Wir haben
schon früher die Aufnahme dieser Bilder beschrieben.
Ist das Licht hell, die Linse gross, so können mit
Hülfe des Stereoskopenapparats auch Augenblicksbilder
gefertigt werden, und solche sind denn auch vielfach
im Handel zu sehen.

Von wunderbarer Schönheit sind die transparenten
Stereoskopenbilder auf Glas, welche Ferrier & Soulier
geliefert haben. Diese sind auf einer Collodionschicht
erzeugt, indem das nach der Natur aufgenommene Glasnegativ auf eine Trockenplatte gelegt und so belichtet
wird. Es copirt dann das Negativ auf die lichtempfindliche Trockenplatte gerade in derselben Weise, wie auf
lichtempfindliches Papier. Nur muss der unsichtbare
Lichteindruck mit Anwendung von Pyrogallussäure
erst entwickelt werden. Insofern ist die Herstellung
solcher Glaspositivbilder umständlicher und zeitrauben-
der als die der Papierbilder, ihr Preis ein hoher.

Neuerdings ist es jedoch gelungen, diese transparenten Glasbilder mit Hülfe eines Druckverfahrens, des
Woodburydrucks, herzustellen, das eine erheblich bil-
ligere Lieferung dieser schönen Bilder ermöglicht.
Wir besprechen dieses Verfahren weiter unten.

So unwesentlich die Landschaftsphotographie auf
den ersten Blick erscheinen mag, von so enormem
Nutzen ist sie für den geographischen Unterricht.
Kein Hülfsmittel ist im Stande, dem Schüler ein so
treues Bild fremder Länder, Fels-, Pflanzen- und Thier-
formen zu liefern, als die Photographie. Für einen
Forschungsreisenden ist sie geradezu ein unentbehr-
liches Hülfsmittel geworden, welches allein im Stande
ist, das, was er gesehen hat, wahrheitsgetreu zu
erzählen. Die Unbequemlichkeit des Transports des
photographischen Gepäcks und die leichte Zersetzbarkeit der Chemikalien setzen freilich der Anwendung der

Photographie auf Entdeckungsreisen noch Schranken
entgegen und setzen einen sehr geübten Photographen
voraus. Dass aber diese Hindernisse sich überwinden
lassen, zeigen die vortrefflichen Aufnahmen, die unter
andern Graf Wilzek und Burger in Nowaja-Semlja,
Baron Stillfried in Japan, Burger und Lyons in Indien
und Dr. G. Fritsch in Südafrika gefertigt hat. Welche
Wichtigkeit für Messzwecke Landschaftsaufnahmen
haben, wird im nächsten Kapitel auseinandergesetzt
werden.

Eine ganz besondere Art Landschaftsbilder sind die
Panoramenbilder. Der bekannte Photograph Braun
in Dornach (Elsass) brachte vor mehrern Jahren Bilder in den Handel, die fast den halben Umkreis des
Panorama des Rigi, des Faulhorn, des Pilatus und
anderer bekannten Spitzen enthielten. Ein solches
Panorama auf einmal zu übersehen, ist für eine fest-
stehende Camera natürlich unmöglich. Auch das
menschliche Auge kann solches nicht, denn wir übersehen auf einmal höchstens 90°, und das ist nur ein
Viertel des ganzen Umkreises. Wollen wir den ganzen Umkreis sehen, so müssen wir uns drehen. Mar-
tens, ein in Paris lebender deutscher Kupferstecher,
kam auf die Idee, Panoramenbilder mit Hülfe einer
sich drehenden Camera oder einer sich in der Camera
drehenden Linse aufzunehmen. Man denke sich eine
Camera mit cylindrischer Hinterfläche (Fig. 69) $p\,p$ im
Grundriss dargestellt, ferner eine Linse bei o. Das Bild
irgendeines Punktes a liegt dann auf der Linie $a\,o\,b$,
welche von a durch den Mittelpunkt des Objectivs gezogen wird. Dreht sich die Linse um ihren Mittelpunkt, so bleibt das Bild unverändert an seinem Ort b.
Würde sie sich um einen andern Punkt drehen als
ihren Mittelpunkt, so würde sich das Bild verrücken.
Es ist daher ersichtlich, dass die Linse, wenn sie sich
um ihren Mittelpunkt dreht, auf der cylindrischen
Fläche den halben Horizont nach und nach abbilden
kann. Es kommt also nur darauf an, eine lichtempfind-

liche cylindrische Fläche herzustellen. Mit lichtempfindlichem Papier ist solches nicht schwer, viel schwerer aber
mit Glas, das in dieser Form äusserst zerbrechlich sein
würde. Brandon führte daher eine ebene Platte ein,
die sich auf dem Cylinder *pp* gleichsam abwälzt, d. h.

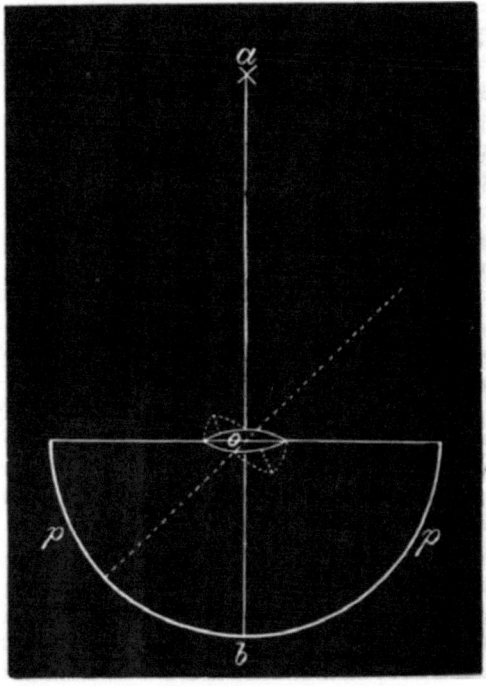

Fig. 69.

die während der Drehung der Linse durch ein Uhrwerk in der Art bewegt wird, dass sie immer senkrecht zur Achse *o b* der Linse bleibt. Der Mechanis-
mus solcher Camera ist ein wenig complicirt; dennoch
hat sie sich in der Praxis bewährt und sind damit
zahlreiche Panoramenbilder aufgenommen worden.

Wir können uns hier nur auf Andeutungen beschränken, wer sich für Details interessirt, den verweisen wir auf Vogel's Lehrbuch der Photographie.

Abschnitt III. Die Photogrammetrie oder photographische Feldmesskunst.

Verwendung der Photographie zu Messungen. — Princip der trigonometrischen Messung. — Entwerfen von Karten. — Photographische Höhenmessungen.

Ein photographisches Bild unterscheidet sich dadurch wesentlich von dem Bilde eines Malers, dass es nicht ein Product der Willkür des Herstellers ist, sondern dass es in seinen Umrissen und Linien festbestimmten Gesetzen gehorcht. Alle photographischen Bilder sind mittels Linsen erzeugt. Ein solches Linsenbild ist stets eine genaue „Centralperspective", d. h. jeder Bildpunkt liegt auf der geraden Linie, welche vom Gegenstand durch den optischen Mittelpunkt der Linse gezogen werden kann. Sind $a\,b\,c$ (Fig. 70) drei Gegenstände in der Natur, K ein Camera (die wir hier des leichtern Verständnisses halber im Grundriss abbilden), l die Linse derselben, so liegen die Bilder der betreffenden Gegenstände auf den verlängerten geraden Linien $a\,o$, $b\,o$, $c\,o$, d. h. in $a'\,b'\,c'$, sie haben daher im Bilde genau dieselbe Lage zueinander wie in der Natur. Ein gutes photographisches Bild kann daher dazu dienen, die Lage der Gegenstände in der Natur genau zu bestimmen, d. h. Karten des betreffenden aufgenommenen Terrains zu construiren.

Denkt man sich beispielsweise das Bild, welches in der im Grundriss sichtbaren Camera- senkrecht steht, flach auf das Papier heruntergeklappt, construirt man ferner im Mittelpunkte des Bildfeldes (hier bei dem Baume in b') eine senkrechte Linie, die man gleich der Brennweite $o\,b'$ macht, so braucht man nur, der Figur folgend, die Linien $c'\,o$ und $a'\,o$ $F^v\,o$ zu construiren, um sofort die Richtungen zu finden, in wel-

chen der Thurm, die Fahne und die Bäume von dem
Platze *P* aus gesehen werden. Macht man nun eine
zweite Aufnahme von einem Punkte *P'*, der in der
Richtung der Fahne *F* liegt, so bekommt man ein
zweites Bild *c'' b'' a''*, welches natürlich wegen Ver-

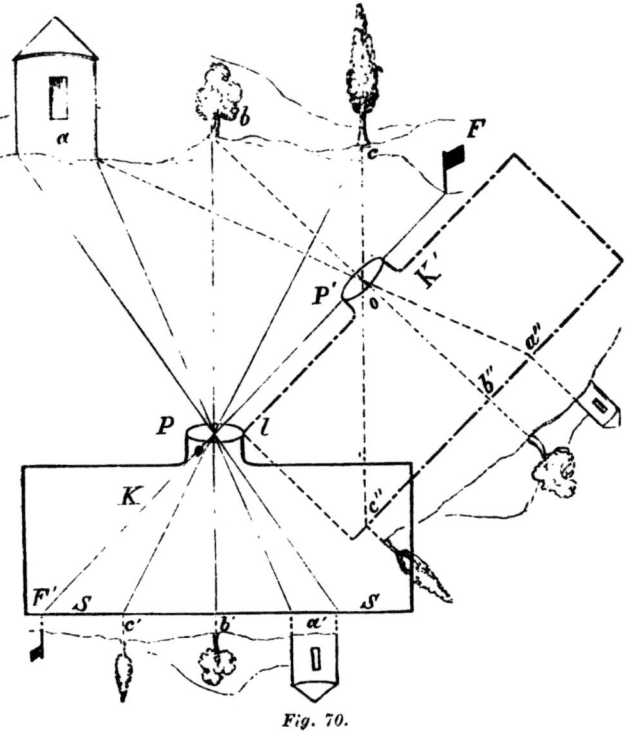

Fig. 70.

änderung des Standpunktes ganz anders aussieht wie
das erste. Klappt man dieses Bild an dem betreffenden Standpunkte ebenfalls herunter und trägt eine
Linie *b'' o'*, deren Länge gleich der Brennweite ist,
auf, so geben die Linien *c'' o* und *a'' o* wieder die
Richtungslinien von *a b c* an. Wenn diese Linien auf

dem Papier hinreichend verlängert werden, so schneiden sie sich in Punkten, deren Lage genau der Lage der Gegenstände entspricht, und somit hat man in zwei Aufnahmen von zwei Punkten ein Mittel, eine Karte zu construiren, in welcher die Lage aller Punkte, die in beiden Bildern enthalten sind, genau angegeben ist.

In der gewöhnlichen trigonometrischen Messmethode verfährt man anders. Hier misst man zuerst die Entfernung PP', dann stellt man in P ein Winkelmessinstrument auf und bestimmt den Winkel, welchen die Linien $a\,o$, $b\,o$, $c\,o$ mit der Linie PP' machen, dasselbe wiederholt man am andern Ende der sogenannten Standlinie PP'. Natürlich muss man an beiden Punkten so viele Messungen machen, als Gegenstände von Interesse vorhanden sind, während ein photographisches Bild mit einer einzigen Aufnahme alle Gegenstände in ihrer richtigen Lage zueinander fixirt. Wir haben demnach bei Anwendung der Photographie eine sehr erhebliche Zeitersparniss, die von hoher Bedeutung ist im Kriege, wo oft infolge der Beunruhigungen von Feindesseite nicht die nöthige Musse vorhanden ist, um Winkelmessungen auszuführen, oder auf Reisen, wo die Dauer des Aufenthalts an jedem einzelnen Punkte viel zu kurz ist, um lange dauernde Messungen zu machen.

Das Verfahren hat demnach nicht geringe Vortheile für den Forschungsreisenden, und dessen photographisch aufgenommene Landschaften haben einen doppelten Werth: sie geben nicht nur eine Ansicht der Gegend, sondern sie geben auch Grundlagen zur Entwerfung von Karten derselben. Freilich ist es hierbei nothwendig, zwei Aufnahmen zu haben, die vom Endpunkte einer gemessenen Standlinie PP' aus gefertigt sind. Ferner muss bei Herstellung dieser Aufnahmen mit mathematischer Sorgfalt zu Werke gegangen werden. Die Camera muss völlig horizonal stehen, die Linse derselben muss ein vollkommen correctes Bild geben,

die Platten genau eben sein u. s. w. Alle diese Bedingungen sind aber nicht leicht einzuhalten. Dazu
kommen noch einige Schwierigkeiten, die in der Natur der Photographie liegen. Letztere verlangt hei-
teres, klares Wetter, bei trübem Himmel oder wenn
die Luft etwas verschleiert ist (Luftperspective der
Landschaftsmaler) gibt sie oft die fernern Gegenstände
so undeutlich im Bilde, dass sich damit keine genaue
Messung machen lässt, obgleich der Feldmesser in der
Natur bei solchem Wetter noch alles deutlich erkennen
und messen kann. Dann bereitet die directe Sonne
der Photographie oft Hindernisse. Wenn diese vor der
Camera steht, d. h. wenn sie ins Objectiv hineinscheint,
so bringt sie oft Trübungen (Schleier) auf der Platte
hervor, die die Brauchbarkeit des gewonnenen Bildes
zu Messzwecken erheblich beeinflussen. Alle diese Umstände erschweren die Anwendung der Photogrammetrie,
wie diese photographische Feldmessmethode von seiten
Meydenbauer's, der sie längere Zeit gepflegt hat, genannt worden ist. Meydenbauer fertigte eine gute
Karte des Unstrutthales nach dieser Methode. Die Erfahrungen im Feldzuge 1870 ergaben jedoch weniger
gute Resultate. Der königlich preussische Generalstab
versuchte unter anderm das Verfahren vor Strassburg.
Vielleicht war die Unvollkommenheit der Apparate an
den mangelhaften Resultaten schuld. Es steht zu hoffen,
dass es fortgesetzten Versuchen gelingen wird, diese
wichtige Methode im Interesse der Geographie noch
praktisch zu machen.

Ebenso wie die Lage des Gegenstandes in der Ebene,
so kann man auch die Höhe von Bergen und Gebäuden aus der Photographie bestimmen. Man nehme an,
dass $a\,b$ ein Thurm sei, der sich in einem gegenüber-
gestellten photographischen Apparat abbildet und das
Bild $a'\,b'$ liefert. Das Bild wird natürlich viel kleiner
als der Gegenstand. Nach einem bekannten mathema-
tischen Lehrsatz verhält sich die Grösse des Bildes
$a'\,b'$ zu der Grösse des Thurmes $a\,b$, wie die Entfer-

nung des Bildes vom Objectiv ($o\,r$) zu der Entfernung des Thurmes vom Objectiv, das gibt die Proportion:

$$o\,r : E = a'\,b : x,$$

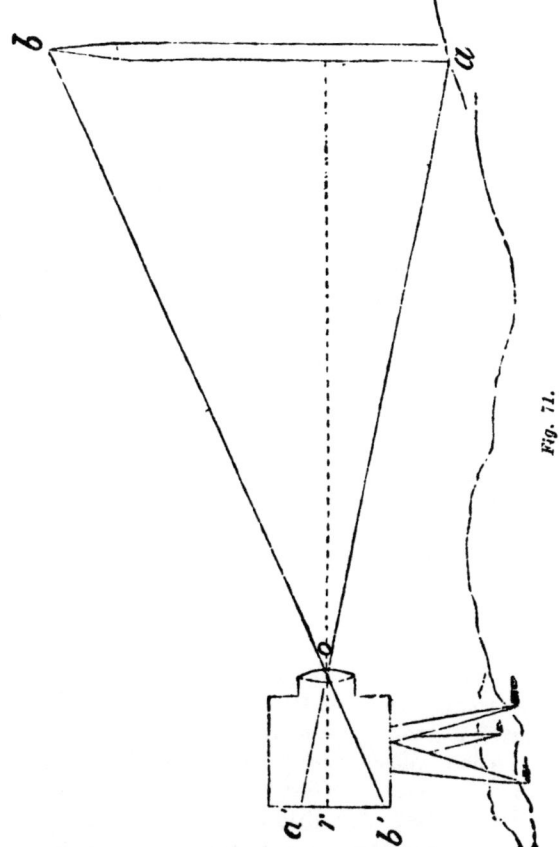

Fig. 71.

wo unter E die Entfernung des Thurmes von der Camera verstanden wird, die sich messen lässt. Aus der gedachten Proportion lässt sich die Höhe des Thurmes leicht berechnen.

11*

Meydenbauer hat aus der Photographie eines Hauses
sogar die Dimensionen desselben nach Grundriss und
Aufriss abgeleitet.

Abschnitt IV. Die astronomische Photographie.

Anwendung derselben. — Das photographische Teleskop. —
Aufnahmen der Sonnenfinsternisse. — Protuberanzen. —
Corona. — Sonnenflecke. — Vergrösserte Sonnenbilder. —
Rutherford's Arbeiten. — Sternphotographie. — Mondbilder. —
Spectralphotographie. — Photographie und Venusdurchgang.

Die Aufgaben der astronomischen Photographie
können zweierlei Art sein: sie soll entweder nur
eine treue Skizze gewisser Himmelserscheinungen geben,
die so rasch vorübergehen, dass der Zeichner ihnen
nicht folgen kann, z. B. das Phänomen der Sonnenfinsternisse, oder die unbequem nachzuzeichnen sind,
z. B. die Sonnenflecke, oder sie soll Bilder von Him-
melskörpern und Sternbildern liefern, die zu Messungen benutzt werden können. In beiden Aufgaben hat
sich die Photographie bereits mit Erfolg versucht, und
auf mehrern Sternwarten wird sie bereits als tägliches
Beobachtungshülfsmittel (Herstellung von Bildern der
Sonnenflecke) angewendet, in Deutschland z. B. auf
der Sternwarte des Kammerherrn von Bülow zu Both-
kamp bei Kiel.

Die Art und Weise der Anfertigung astronomischer
Bilder ist von der gewöhnlicher photographischer Bilder nur wenig verschieden. Man würde einen gewöhnlichen photographischen Kasten dazu nehmen
können, wenn dieser nicht von sehr weit entfernten
Gegenständen, wie die Gestirne, zu kleine Bilder lieferte. Die Grösse der Bilder steht im directen Verhältniss zur Brennweite der Linse. Man nimmt daher
zu astronomischen Aufnahmen astronomische Linsen,
deren Brennweite sehr lang ist, indem man ein astro-
nomisches Rohr in ein photographisches Instrument
umwandelt.

Beifolgende Figur zeigt ein solches zu photographischen Zwecken hergerichtetes Fernrohr. Das Objectiv O bleibt an seinem Ort, das Ocular (Augenglas), welches am andern Ende des Rohres sitzt, wird weggenommen und dafür eine Vorrichtung V (Fig. 72) angebracht, die vollständig mit dem Rückentheil einer photographischen Camera identisch ist, d. h. die eine matte Scheibe S enthält, welche sich nach der scharfen Einstellung wegnehmen und mit einer lichtempfindlichen Platte vertauschen lässt. Die scharfe Einstellung geschieht durch Bewegung des Triebes T.

Nun kommt freilich hier noch ein wichtiger Umstand in Betracht: die Gestirne bewegen sich, daher muss das Rohr der Bewegung derselben folgen, falls die

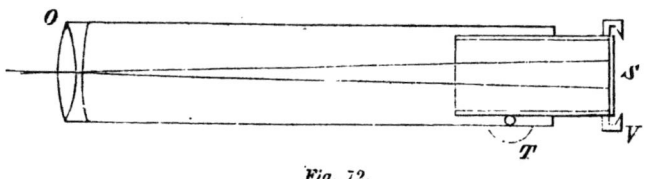

Fig. 72.

Bilder scharf werden sollen. Zu dem Zwecke ist das Lager des Rohrs $d\,d$ mit einem Uhrwerk versehen, welches dasselbe dem Laufe der Gestirne entsprechend dreht, das Fernrohr ist, wie man zu sagen pflegt, parallaktisch aufgestellt. Fig. 73 zeigt solche Aufstellung.*

Das auf dem Fusse a ruhende schiefe Hauptlager des Fernrohrs ist parallel der Erdachse. In diesem Lager dreht sich die „Polarachse" des Fernrohrs mit dem „Stundenkreis" $f\,i$ durch das Uhrwerk in 24 Stunden einmal herum.

---

* Wir verdanken diese Figur sowie zahlreiche andere dem vortrefflichen „Bilder-Atlas, Ikonographische Encyklopädie der Wissenschaften und Künste" (Leipzig, Brockhaus).

Das Fernrohr *d d* sitzt nicht unmittelbar auf der Polarachse, sondern an einer dazu senkrecht stehenden Achse *c*, um diese (die Declinationsachse) kann es

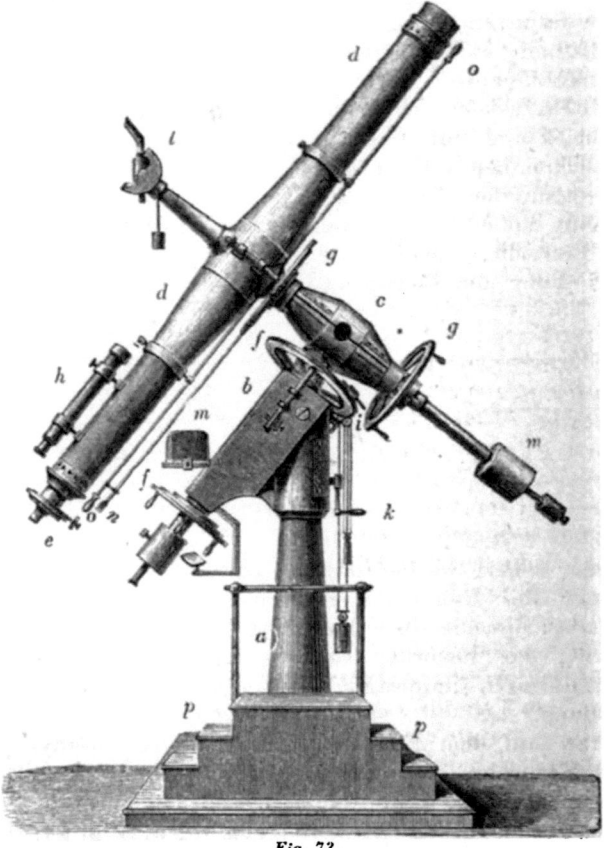

Fig. 73.

nach allen Richtungen senkrech zur Achse *c i* gedreht werden. Erst die Bewegung beider Achsen gestattet, jeden beliebigen Stern in das Gesichtsfeld des Rohrs zu bringen.

Den ersten Versuch, die Photographie zu astronomischen Aufnahmen zu benutzen, machte Berkowsky auf der königsberger Sternwarte im Jahre 1851 mit Hülfe des berühmten Bessel'schen Heliometers während einer totalen Sonnenfinsterniss. Er erhielt ein Daguerreotyp, dessen Schönheit sehr gerühmt wird und welches die merkwürdigen Phänomene, die bei totalen Sonnenfinsternissen hervortreten — flammenartige Gebilde, die über den verfinsterten Sonnenkörper hervortreten (die sogenannten Protuberanzen) — sehr gut zeigte. Im Jahre 1860 unternahmen Warren de la Rue aus England und Secchi aus Rom eine Expedition zur photographischen Beobachtung der Sonnenfinsterniss zu Rivabellosa in Spanien, und beide gewannen interessante Bilder auf Collodionplatten. 1868 rüstete die norddeutsche Regierung eine Expedition zur Beobachtung der Sonnenfinsterniss vom 18. August aus und sendete behufs der photographischen Aufnahme die Herren Dr. Fritsch, Zencker, Tiele und den Verfasser dieses Buches nach Aden. Ferner wurde eine zweite photographische Expedition von der englischen Regierung nach Indien entsendet. Neben diesen waren noch eine deutsche, englische, österreichische und französische astronomische Expedition mit der Ocularbeobachtung des Phänomens beschäftigt.

Diese Expeditionen wurden zwar unter vielen Schwierigkeiten unternommen, aber sie lieferten dennoch Ergebnisse, welche die Frage über die Natur der Protuberanzen endgültig lösten und zu gleicher Zeit Erfahrungen, die spätern photographischen Beobachtern ihre Aufgabe wesentlich erleichterten.

Wir lassen hiermit den Bericht der adener Expedition folgen; er gibt ein treues Bild der Hindernisse, welche mit einer scheinbar so einfachen Aufgabe verknüpft sind. Verfasser schrieb über die Ankunft in Aden und den Aufenthalt daselbst:

„Der Anblick von Aden ist keineswegs sehr erfreulich. Eine völlig kahle, wilde, zerrissene Felsenmasse, Reste

eines ausgebrannten Vulkans, dawischen einige Festungs-
werke, Lagerhäuser, Läden, Kohlenschuppen, Flaggen-
stangen; so ungefähr stellte sich uns der Ort dar, der
14 Tage unsern Aufenthalt bilden sollte. Die Farbe
Grün fehlte gänzlich in der Natur.

„Unter Schreien, Zanken und Toben des arabischen
Gesindels wurden unsere Gepäckstücke und wir selbst
ans Land gebracht. Hier erfuhren wir, dass unsere
vorausgegangenen Collegen von dem englischen Gouvernement in der zuvorkommendsten Weise aufgenommen worden und ihnen als Stationsort zwei indische
Hütten — sogenannte Bungalos, wie sie in diesem
Klima üblich sind — auf der Ostseite der Halbinsel
eingeräumt worden seien.

„Nach längerm Suchen fanden wir sie daselbst in Ge-
meinschaft mit den Mitgliedern der österreichischen
Expedition, den Herren Dr. Weiss, Oppolzer und Riha,
und zwar so vortrefflich einquartiert, als man es auf
dieser öden Küste nur wünschen konnte. Das englische Gouvernement spielte seine Rolle als unser Wirth
in der generösesten Weise. Eine ganze Dienerschaft,
ein Koch u. s. w. warteten uns auf, Wagen, Kamele,
Esel standen zu unserer Disposition, und jeder unserer
Wünsche wurde im Umsehen erfüllt. Insofern liess
unser leibliches Wohlbefinden wenig zu wünschen übrig;
die Temperatur (26° R.) war gegen die Hitze im
Rothen Meere niedrig zu nennen, ein frischer Wind
strich fortwährend über die Höhe des Marshagill, auf
welcher unser Bungalo stand, und trug wesentlich zur
Kühlung bei.

„Zehn Tage verblieben uns noch zu Vorbereitungen
für die Sonnenfinsterniss-Aufnahmen. Sie wurden verwendet zum Fundamentiren unserer photographischen
Fernröhre, Aufstellen der letztern und genauern Orien-
tirung. Als Observatorium diente uns ein Bungalo,
dessen Dach wir theilweise abdeckten, um mit dem
Fernrohr hindurchschauen zu können, und dessen übrigen Raum wir nothdürftig als Laboratorium, Putzraum

und Lager herrichteten. In diesem Rohrkäfig (denn
weiter war das Gebäude nichts) waren wir nothdürftig
gegen den Wind, weniger gegen den Staub geschützt.
Wasser wurde uns in Bocklederschläuchen auf Eseln
heraufgeschafft. Zwei Zelte, welche wir von Europa
mitgenommen hatten, vertraten die Stelle der Dunkel-
kammern. Extra mitgenommene Landschafts- und Por-
trätapparate gaben uns Stoff zu landschaftlichen und
anthropologischen Aufnahmen und zu gleicher Zeit ein
bequemes Hülfsmittel zur Prüfung unserer Chemikalien.

„Einige kleine Fehler der letztern wurden bald überwunden, schwieriger waren die Einflüsse des Staubes
und der körperlichen Ausdünstungen hinwegzuschaffen.
Bei der leichtesten Arbeit lief der Schweiss bei der
feuchten Luft stromweise vom Leibe, er rann aus den
Fingerspitzen, tropfte vom Gesicht, und oft genug wurde
eine frischgeputzte oder präparirte Platte beim Han-
tiren durch einen auffallenden Schweisstropfen ver-
dorben. Uebung verschaffte uns jedoch bald Vorsicht
diesem Hinderniss gegenüber; einige Probeaufnahmen
der Sonne u. s. w. gelangen glücklich; mit Ruhe konnten wir dem Finsternisstage entgegensehen. Nur eins
stimmte uns bedenklich, und zwar das Wetter. Alle
Berichte über Aden hatten uns früher übereinstimmend
einen völlig heitern Himmel in Aussicht gestellt; es
sollte nach Aussagen competenter Reisenden jährlich
dort höchstens dreimal regnen, Wolken sollten zu den
Ausnahmen gehören.

„Wir waren daher nicht wenig überrascht, als wir bei
unserer Ankunft die vulkanischen Höhen Adens in
Wolken gehüllt erblickten und am nächsten Morgen
von einem Regenschauer begrüsst wurden. Noch be-
denklicher aber wurden wir, als Tag für Tag die
Sonne hinter Wolken gehüllt aufging und dieser Wit-
terungszustand im Laufe der Zeit sich eher verschlech-
terte als verbesserte. Insofern waren für unsern Haupt-
zweck die Aussichten schlecht genug, und bald schwand
uns alle Hoffnung.

„Am Finsternisstage verliessen wir früh um vier Uhr
unser Lager. Neun Zehntel des Himmels waren bewölkt.
Resignirt machten wir uns an die Arbeit. Aufgabe der
Norddeutschen Expedition war die photographische
Aufnahme der Finsterniss während ihrer Totalität.
Hierzu diente ein langes Fernrohr mit einer sechs-
zölligen Linse ohne Focusdifferenz von 6 Fuss
Brennweite. Diese von Steinheil construirte Linse lieferte ein Sonnenbild von $^3/_4$ Zoll Durchmesser, welches
auf einer photographischen Platte mit Hülfe einer gewöhnlichen Schiebekassette zu zwei Bildern aufgenommen werden konnte. Da Sonne und Mond sich bewegen, würde natürlich solch ein Instrument, wenn es
stillstände, nur unscharfe Bilder liefern. Deshalb war
das Rohr mit einem Uhrwerk in Verbindung gesetzt,
welches demselben eine dem Laufe der Gestirne genau
entsprechende Bewegung ertheilte. Um jede Erschüt-
terung des Rohres zu vermeiden, war der Klappen-
schluss des Objectivs nicht unmittelbar am Fernrohr
angebracht, sondern an einem separaten Stativ, und
stand mit dem Fernrohr durch eine elastische Hülle in
Verbindung.

„Die Dauer der totalen Finsterniss betrug in Aden
nur drei Minuten (in Indien fünf Minuten). Dennoch
hatten wir Aden als Stationsort gewählt, weil in Indien
bereits photographische Beobachter vorhanden waren
und weil in Aden die Finsterniss zuerst und ungefähr
eine Stunde früher als in Indien eintrat. Es konnte
so durch Vergleichung unserer Beobachtungen mit den
indischen ein Kriterium gewonnen werden, ob jene
wunderbaren, bei der totalen Finsterniss hervortreten-
den Lichterscheinungen der Protuberanzen im Laufe
der Zeit sich änderten oder nicht.

„Unsere Aufgabe war es nun, innerhalb der drei Minuten eine möglichst grosse Zahl von Bildern des Phänomens zu erhalten. Für diesen Zweck hatten wir
uns förmlich an dem photographischen Fernrohr ein-
exercirt, gerade wie die Artilleristen an ihren Kanonen.

„Dr. Fritzsch machte die Platten in dem ersten Zelt,
Dr. Zenker schob die Kassetten in das Fernrohr, Dr.
Tiele exponirte und ich entwickelte in dem zwei-
ten Zelt.

„Wir hatten festgestellt, dass es in dieser Weise möglich sei, in drei Minuten sechs Bilder zu machen.

„Der entscheidende Moment kam immer näher; der
mit banger Sorge von uns betrachtete Wolkenhimmel
zeigte zu unserer Freude jetzt einige Lücken, durch
welche die bereits theilweise vom Monde bedeckte, als
Sichel erscheinende Sonnenscheibe sichtbar wurde. Die
Landschaft erschien in dem seltsamsten Lichte, beinahe ein Mittelding zwischen Sonnen- und Mondlicht.
Die chemische Lichtstärke erwies sich auffallend
schwach. Eine Probeplatte gab mit Steinheil-Aplanat,
Mittelblende, erst in 15 Secunden ein ausexponirtes Bild
der Wolken. Immer kleiner wurde die Sonnensichel,
die Wolkenlücke schien sich noch mehr zu öffnen, wir
schöpften Hoffnung.

„Die letzten Minuten vor der Totalität (welche um
6 Uhr 20 Minuten eintrat) vergingen im Fluge. Dr.
Fritzsch und ich krochen eiligst in unsere Zelte und
blieben daselbst, Platten präparirend und entwickelnd.
Von der Totalität haben wir beide unter diesen Umständen nichts gesehen. Unsere Arbeit begann. Die
erste Platte wurde probeweise 5 und 10 Secunden
exponirt, um zu sehen, welche Zeit ungefähr die richtige sei.

„Mohammed, unser schwarzer Diener, brachte mir die
erste Kassette ins Zelt. Ich goss den Eisenentwickeler
über die Platte, gespannt der Dinge harrend, die da
kommen sollten. — Da erlosch meine Lampe — Licht!
Licht! rief ich — Licht! aber niemand hörte, alle
hatten vollauf zu thun. Da griff ich selbst zum Zelt
mit der rechten Hand hinaus — in der linken die
Platte haltend — fasste glücklich eine kleine Oel-
lampe, die ich mir für alle Fälle brennend bereit gestellt hatte, und jetzt sah ich das Sonnenbildchen auf

meiner Platte erscheinen. Der dunkle Sonnenrand war
umgeben mit einer Reihe eigenthümlicher Erhebungen
auf der einen Seite, auf der andern zeigte sich ein seltsames Horn — beide Erscheinungen vollkommen analog in beiden Bildern. Meine Freude war nicht gering, doch es war keine Zeit zum Freuen; bald war
die zweite und eine Minute später auch die dritte
Platte in meinem Zelte. „Die Sonne kommt", rief
Zenker, die Totalität war vorüber. Alles dieses erschien aber als das Werk eines Augenblicks, so rasch
war uns die Zeit verflossen.

„Die zweite Platte zeigte bei der Entwickelung sonderbarerweise nur ganz schwache Spuren eines Bildes.
Vorüberziehende Wolkenschleier hatten im Augenblicke
der Exposition die photographische Wirkung fast gänzlich verhindert. Die dritte Platte zeigte wieder zwei
gelungene Bilder mit Protuberanzen am untern Rande.

„Froh des Erreichten wurden die Platten gewaschen,
fixirt, lackirt und sofort — freilich mit sehr unvoll-
kommenen Hülfsmitteln — einige Copien auf Glas genommen, die, um Verlusten zu begegnen, separat nach
Europa geschickt wurden.

„Wie wir bei unsern Arbeiten vom Glücke begünstigt
worden waren, geht am besten aus dem Umstande hervor, dass auf einem andern, nur eine halbe Stunde von
unserer Station entfernten Punkte wegen des Wolken-
schleiers von der Totalität nichts gesehen · werden
konnte.

„Nachdem wir diese unsere Hauptaufgabe glücklich
vollbracht, war unsers Bleibens in Aden nicht länger;
in drei Tagen ging der Dampfer nach Suez. Rasch
wurde das Fernrohr, das Uhrwerk und die Unzahl von
Instrumenten und Chemikalien verpackt, auf Kamele
verladen und nach dem Hafen transportirt. Am 21.
August sagten wir der öden, Felseninsel Lebewohl und
steuerten nach Suez."

Aden war einer der Punkte, an welchem die Finsterniss am frühesten sichtbar war. Wie oben erwähnt,

hatten die Engländer ebenfalls eine photographische
Expedition ausgerüstet, die in Guntoor in Indien Posto
fasste. Diese beobachtete die Finsterniss etwa eine
Stunde später als die Adenexpedition. In den in Indien gefertigten Photographien erscheinen dieselben
Protuberanzen als in den adener Bildern, aber sie zeigen wesentlich andere Gestalten, die darauf hindeuten,
dass die Protuberanzen keine festen Körper, sondern
veränderliche wolkenartige Gebilde sind, und diese
Vermuthung wurde zur Gewissheit erhoben durch die
gleichzeitig angestellten Spectralbeobachtungen Jansen's.
Dieser erkannte bei der totalen Finsterniss, dass die
Protuberanzen im Spectroskop helle Linien zeigen,
solches thun aber nur gasförmige Körper, und so war
die Frage über die Natur der Protuberanzen gelöst.
Gleichzeitig aber bestimmte Jansen genau die Lage der
hellen Linien im Spectrum und erkannte daraus die
Natur der gasförmigen Substanz als glühendes Wasserstoffgas. Später machte er die Entdeckung, dass zur
Erkennung dieser hellen Linien der Protuberanzen gar
keine Sonnenfinsterniss nöthig ist. Man sieht dieselben
bei hellem Tage, wenn man den Spalt 'eines Spectro-
skops auf den Sonnenrand einstellt, und an dem Erscheinen und Verschwinden dieser hellen Linien kann
man die veränderliche Natur der Protuberanzen täglich beobachten. Zöllner in Leipzig erkannte sogar
durch das Spectroskop das plötzliche Auflodern derselben, das Losreissen einzelner Gaswolken von ihrer
Unterlage und das Zusammenbrechen derselben, alles
in einem Zeitraume von nur wenigen Minuten.

Wir geben beifolgend eine treue Copie der Aden-
Photographien, die wir Herrn Schellen's trefflichem
Werke über Spectralanalyse (Braunschweig bei Wester-
mann) entnommen haben. Das erste Bild gibt uns
den östlichen Sonnenrand (der westliche war durch
Wolken verdeckt). Man erkennt die gewaltige horn-
förmige Protuberanz, die eine Höhe von 18000 deutschen
Meilen hat und ein Bild gibt, mit welcher ungeheuern

Gewalt Gasmassen auf der Sonnenoberfläche hinaus-
geschleudert werden, ferner die merkwürdige feuers-
brunstartige Protuberanz zur Linken, in der die
Gasmassen wie mächtige, vom Sturmwind seitwärts ge-
triebene Flammen erscheinen; ein die Protuberanzen

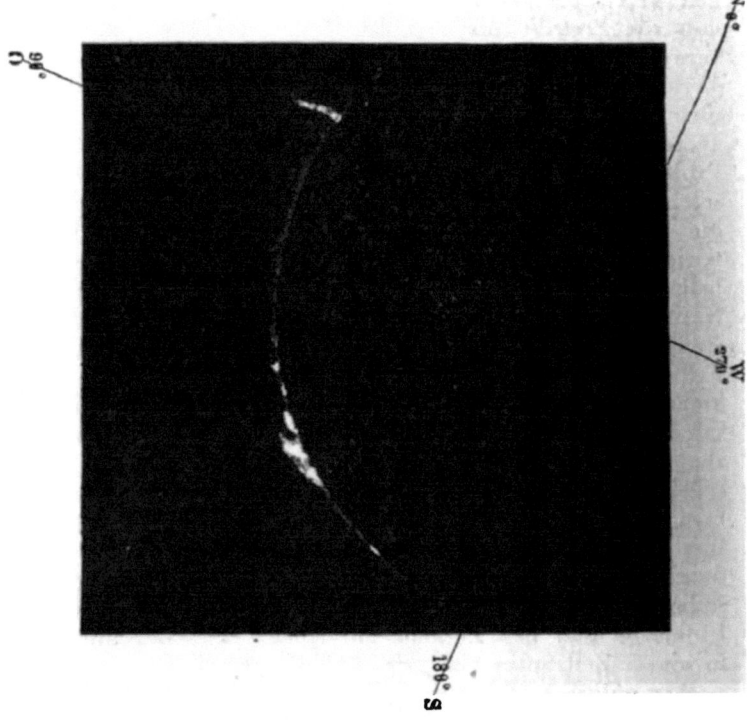

Fig. 74.

umgebender Lichthof bildet die permanent die Sonne
umgebende glühende Dampfschicht, Chromosphäre genannt.

Das zweite Bild zeigt nur eine Reihe punktartiger
Protuberanzen am westlichen Sonnenrand, Punkte

freilich von einer Grösse, dass unsere Erde fast darin
Platz finden könnte. Der östliche Sonnentheil war bei
Aufnahme dieses Bildes hinter den Wolken.

Das dritte Bild gibt endlich eine vollständige Darstellung der verfinsterten Sonne, wie sie in Indien beobachtet wurde. Es kommt ausser den in Aden gesehenen Protuberanzen noch eine am westlichen Sonnenrand vor, die in Aden ganz durch Wolken verdeckt war.

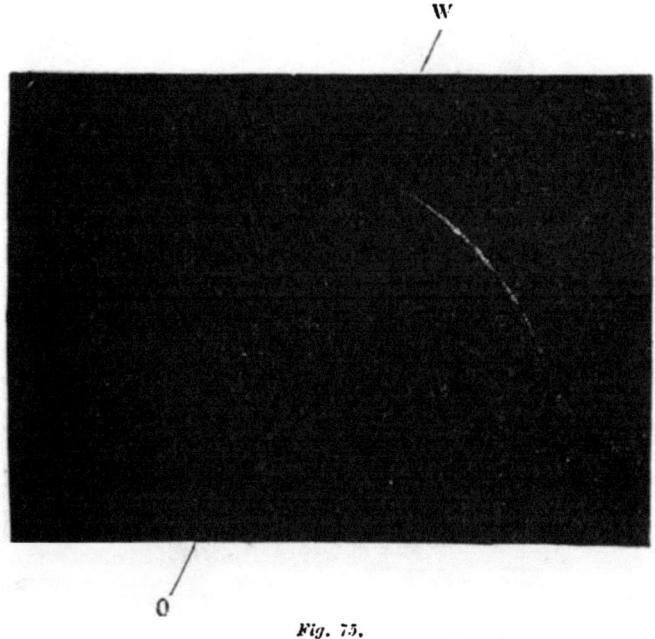

Fig. 75.

In viel grossartigerm Massstabe ist später die Photographie zur Beobachtung totaler Sonnenfinsternisse
angewendet worden. So wurden am 7. August 1869
wol Hunderte von Photographen zur Beobachtung der
totalen Sonnenfinsterniss in Jowa in Nordamerika in
Thätigkeit gesetzt, und mehr als 30 Fernröhre waren

an verschiedenen Punkten zur Fixirung des Phänomens
aufgestellt. Durch diese Beobachtungen wurde die
Frage über die Natur der Protuberanzen endgültig er-
ledigt und es blieb nur noch die Frage über die Na-

Fig. 76.

tur der Corona übrig. Unter Corona versteht man eine
Art Glorie von weisslichem Licht, welche viel weniger
hell als die Protuberanzen ist und die total verfinsterte
Sonne rings umgibt. Zu deren Lösung sind wiederum
zahlreiche Beobachtungen von totalen Finsternissen
unternommen worden.

Ein sehr schönes Bild der Corona wurde von Whipple in Shelbyville in Kentucky am 7. August 1869 gewonnen. Es gehört zur Erzielung eines solchen Bildes wegen der Lichtschwäche des Phänomens eine viel längere Expositionszeit als zur Aufnahme der Protuberanzen. In Shelbyville exponirte man für die Corona 42 Secunden, während zur Aufnahme der Protuberan-

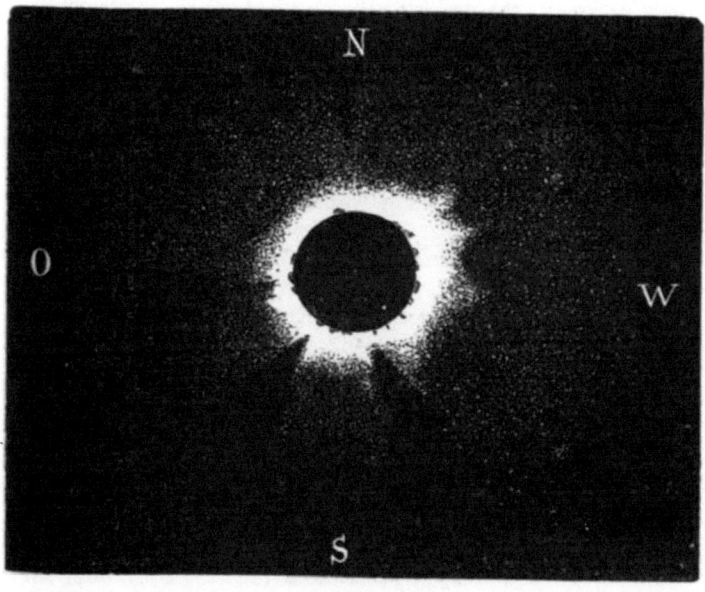

Fig. 77.

zen 5 Secunden hinreichten. Die Natur der Corona wurde dadurch freilich noch nicht aufgeklärt.

Im Jahre 1870 sandten die Engländer eine Expedition zur Coronabeobachtung unter Lockyer's Führung nach Catania, bei welcher der Verfasser dieses Werkes ebenfalls betheiligt war. Leider glückten die Beobachtungen infolge der Ungunst des Wetters nur theilweise. Doch gelang es der in Syrakus aufgestellten

Abtheilung der Expedition unter Brother's Leitung ein
gelungenes Bild der Corona zu gewinnen, und geben wir
dieses nach der Photographie in treuem Holzschnitt in
Fig. 77.

Die schwarzen Höcker rings um die Sonnenscheibe
geben zugleich die Lage der Protuberanzen, die am
Finsternisstage sichtbar waren. Wir betonen aber, dass
dieselben in der Photographie der Corona nicht sichtbar sind. Um ein Bild der Corona zu gewinnen,
braucht man eine achtmal so lange Belichtungszeit als
für Aufnahme der Protuberanzen. In dieser langen
Belichtungszeit findet aber eine „Ueberwirkung" der im
Bilde vorhandenen Protuberanzen statt, und diese werden dann nicht heller, sondern blässer, sodass ihre
Contouren mit denen der weniger hellen Theile zusam-
menlaufen.

Ausser zu Finsternissaufnahmen wird aber die Photographie noch zu andern wichtigen Zwecken in der
Astronomie verwendet. Man fertigt nämlich damit täg-
liche Aufnahmen des Sonnenkörpers. Jahrhundertlange
Beobachtungen haben ergeben, dass dieser sich in einer
ununterbrochenen Wandlung befindet, Flecke erscheinen,
vergrössern sich, verschwinden. Alle diese Erscheinungen wurden früher als Löcher in der wolkenartigen,
leuchtenden Sonnenatmosphäre, die einen dunkeln Kern
umgeben sollte, gedeutet. Jetzt sieht man sie als ungeheuere Wirbelstürme an, die in der Sonnenatmosphäre
toben (vgl. Schellen, „Spectralanalyse", S. 200), oder für
wolkenartige Condensationen. Vollkommen ist ihre Natur
noch nicht ergründet. Diese Sonnenflecke folgen der
Umdrehung des Sonnenkörpers um seine Achse und erleiden während dieser Zeit mannichfache Veränderungen.
Nur durch Hülfe dieser Flecke ist es möglich geworden, die Umdrehungszeit der Sonne festzustellen.
Neuere Beobachtungen haben ergeben, dass die Grösse
der Flecke, ihre grössere oder geringere Häufigkeit bestimmten Perioden unterliegt und dass diese im Zu-
sammenhange stehen mit den magnetischen Erschei-

nungen auf unserer Erde. Diese Umstände haben zu
einem immer eifrigern Studium der Fleckenbildungen
geführt, und ein schätzbares Hülfsmittel dazu liefert die
Photographie. Sie gibt im Moment das treue Bild der
Sonnenoberfläche, und täglich aufgenommene Photographien geben uns auf das genaueste die Gestalt ihrer
Flecke, ihre Grösse, Zahl, und die Vergleichung der
Bilder eines Monats liefert eine lehrreiche Uebersicht
über die Veränderungen auf der Sonnenoberfläche, sie
erzählen treuer als Worte die Geschichte des Central-
körpers unsers Planetensystems. Eine grosse Anzahl
solcher Aufnahmen hat der um die astronomische Photographie hochverdiente Amateur Lewis Rutherford in
Neuyork, der auf seine Kosten ein eigenes photographisches Observatorium gebaut hat, gefertigt.

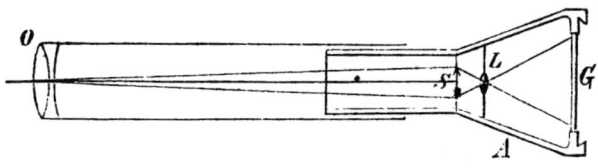

Fig. 78.

Man sieht in diesen an aufeinanderfolgenden Tagen
aufgenommenen Bildern vielfache interessante Flecken-
gruppen, oft von bedeutender Grösse, und man erkennt
genau die Aenderung ihrer Gestalt und ihrer Lage
(letztere infolge der Umdrehung des Sonnenkörpers).
Diese Aufnahmen werden nicht wie die Finsterniss-
bilder im Hauptfocus des Fernrohrs gefertigt, sondern
in einem Ansatz *A* (Fig. 78), der gleichsam ein Vergrösserungsapparat ist. Dieser enthält eine kleine Linse *L*,
die von dem kleinen Sonnenbildchen *S*, welches die
grosse Linse *O* entwirft, ein vergrössertes Bild auf dem
matten Glase *G* erzeugt.

In dieser Weise erhält Rutherford sofort ein Sonnenbild von etwa 2 Zoll Durchmesser. Für Aufnahmen

von Sonnenfinsternissen ist dieser Vergrösserungsapparat
nicht zu empfehlen. Die Helligkeit des optischen Bildes, welches die grosse Fernrohrlinse entwirft, wird
nämlich durch die Vergrösserung erheblich geschwächt,
bei doppelter Vergrösserung auf das Vierfache, bei
dreifacher auf das Neunfache u. s. w. Bei Aufnahmen
der hellen Sonne hat das nichts auf sich, denn deren
Licht ist so intensiv, dass es eine vielfache Vergrösserung erträgt und doch hell genug bleibt, um selbst
bei momentaner Exposition ein Bild zu liefern. Anders
ist es aber mit den Protuberanzen, die viel lichtschwächer sind und die bei Anwendung eines Ver-
grösserungssystems so lichtschwache Bilder liefern
würden, dass man länger exponiren müsste, als eine
Finsterniss dauert.

Man hat aber noch andere wichtige astronomische
Aufgaben mit Hülfe der Photographie zu lösen versucht, nämlich die Herstellung von Bildern des ge-
stirnten Himmels.

Der Zweck dieser Sternaufnahmen ist die Wiedergabe der Constellationen oder der relativen Stellungen
der Sterne. Die Bestimmung der Stellungen der Fixsterne war stets einer der Hauptgegenstände der Astronomie. Man glaubt vielleicht, die Sternkataloge seien
bereits complet und man sei mit dieser Sache im
Reinen, aber das ist nicht der Fall. Die Kataloge der
Sterne, soweit die Photographie zur Zeit darauf angewendet werden kann, das ist bis zur neunten Grösse,
sind nicht complet; ausserdem können die bereits
geschehenen Messungen infolge verbesserter und
verfeinerter Methoden noch Correctionen erfahren.
Der photographische Process hat für diesen Zweck eine
wissenschaftliche Wichtigkeit, weil er Vortheile hin-
sichtlich der Leichtigkeit und der Correctheit seiner
Resultate bietet. Mancher Leser wird fragen, weshalb
wir uns so grosse Mühe geben, mit der denkbar grössten Genauigkeit die Stellungen von Tausenden und
Millionen von Fixsternen zu erforschen. Die Antwort

ist, dass die Fixsterne nicht wie ihr Name anzeigt, feststehend sind. In der Natur gibt es keine Ruhe und keinen Stillstand, und so kommt man mit dem Studium derselben nie zu Ende. Allerdings verändern die Fixsterne ihre Stellung so langsam, dass die Erbauer der Pyramiden vor viertausend Jahren die Constellationen ziemlich ebenso erblickten wie wir jetzt. Nur die allerfeinsten astronomischen Messungen zeigen eine solche Veränderung innerhalb einer kurzen Reihe von Jahren. Das Studium der eigenen Bewegungen der Fixsterne hat aber jetzt begonnen und erfordert höchst genaue, ganze Lebensalter fortgesetzte Messungen.

Es kommt bei dieser Sache noch ein anderer interessanter Punkt in Betracht. Die Fixsterne sind einerseits nicht ohne Bewegung, andererseits sind ihre Entfernungen von der Erde sehr verschieden, und selbst die der nächsten sind erstaunlich gross. Der Photograph, welcher ein anschauliches Bild von einem Gegenstand haben will, wird immer suchen, den Gegenstand von verschiedenen Punkten aus aufzunehmen. Zwei Bilder eines mässig entfernten Gegenstandes von zwei Punkten aus aufgenommen, die nur ein paar Zoll weit auseinander sind, erscheinen dem Auge verschieden und erzeugen, in bekannter Weise betrachtet, den stereoskopischen Effect. Keine Entfernung auf der Erde ist gross genug, um verschiedene Bilder derselben Fixsternconstellation zu liefern. Jedoch innerhalb eines Jahres beschreiben wir um die Sonne herum einen Kreis von 40 Millionen Meilen Durchmesser, sodass wir nach einem halben Jahre 40 Millionen Meilen von unserm jetzigen Standpunkte aus entfernt sind. Diese enorme Entfernung ist in einigen Fällen gerade hinreichend (nicht etwa für das unbewaffnete Auge oder für das Stereoskop, sondern für die allerfeinsten astronomischen Messungen), um eine Veränderung in der Stellung einiger Sterne zueinander zu zeigen. Nach diesem Principe hat man die Ent-

fernungen der nächsten Fixsterne herausgefunden: es
sind Billionen von Meilen. Durch vergleichende genaue Messungen der Stellungen benachbarter Sterne, nachdem dieselben jahre-
und jahrhundertelang fortgesetzt worden sind, lässt
sich eine Veränderung nachweisen und die eigene
Bewegung der Sterne berechnen; durch eine genaue
Controle der periodischen alljährlich wiederkeh-
renden Veränderungen der Stellungen der Sterne
lässt sich die Entfernung der Sterne ableiten. Es ist
wol einleuchtend, dass die Fixirung der betreffenden
Stellungen durch die Photographie, welche die Vor-
nahme von Messungen zu jeder gelegenen Zeit gestattet, von dem grössten Werthe für diese beiden
astronomischen Probleme sein muss.

Das Photographiren der Sterne wurde zuerst vor
einigen zwanzig Jahren durch Professor Bond aus
Cambridge, Massachusetts, in die Wissenschaft eingeführt, doch Mr. Lewis Rutherford in Newyork war
es, der diese Methode vervollkommnete. Er construirte
ein photographisches Objectiv von 11 Zoll Durchmesser und etwa 13 Fuss Focus. Dasselbe zeigt eine
ziemlich bedeutende Focusdifferenz, d. h. die violetten
und blauen Strahlen haben einen andern Focus als die
gelben und rothen. Stellt man auf das helle Stern-
bildchen ein, so steht die empfindliche Platte im Focus
der gelben Strahlen, und die chemisch wirksamen blauen
liegen dann ausserhalb der empfindlichen Platte und
erzeugen „Unschärfe". Man muss daher die Platte in
den Focus der blauen Strahlen stellen. Dieser ist aber
nicht so leicht zu finden. Nachdem man denselben
annähernd bestimmt hat, corrigirt man ihn, indem man
einen Stern bei verschiedenen Stellungen der Platte
photographirt. Der Punkt, bei welchem man das beste und
schärfste Bild erhält, wird festgestellt, und indem man
die Versuche immer und immer wiederholt, kann man
den chemisch wirksamen Focus der Linse von 13 Fuss
Brennweite bis auf $1/150$ Zoll genau bestimmen. Die

Himmelskörper haben bekanntlich wegen ihrer grossen Entfernung alle denselben Focus.

Kein photographisches Objectiv gibt eine grosse Bildfläche mit vollständiger Correctheit. Bei einer Correctheit, wie sie die astronomische Photographie erfordert, kann daher die zu verwendende Bildfläche nur sehr klein sein, etwa $1^1/_2$ Grad im Durchmesser. Verzeichnungen, welche hierbei noch vorkommen sollten, controlirt und corrigirt man, indem man eine sehr genaue Scala photographirt und das Bild mit dem Originale vergleicht. Ein Feld von $1^1/_2$ Grad oder dreimal den Monddurchmesser umfasst das bekannte Sternbild der Plejaden.

Das Rutherford'sche photographische Fernrohr ist ebenso eingerichtet wie die Fig. 73, S. 166, anzeigt, es wird durch ein Uhrwerk getrieben, um dem Laufe der Sterne genau folgen zu können.

Die damit aufgenommenen Bilder grosser Sterne erscheinen bei kurzer Exposition als kleine runde Punkte, die nur mittels einer Lupe zu sehen sind. Bei längerer Exposition hängt ihre Grösse schliesslich von den mehr oder minder starken Vibrationen der Atmosphäre ab, welche das Flimmern der Sterne veranlasst. Mit acht Minuten Exposition photographiren sich die Sterne der neunten Grösse; diese sind zehnmal schwächer als die schwächsten, die man in einer klaren Nacht mit dem blossen Auge erblicken kann; ihre Bilder sind sehr kleine Punkte. Es würde sehr schwer sein, diese kleinen Punkte von Schmuzflecken auf der Platte zu unterscheiden. Um dieses zu bewerkstelligen, bedient sich Rutherford eines genialen Kunstgriffs. Er bringt das Teleskop nach der ersten Exposition von acht Minuten in eine etwas andere Richtung und macht eine zweite Exposition, wieder von acht Minuten, während das Uhrwerk im Gange bleibt und das Teleskop in dieser zweiten Richtung richtig leitet. Dadurch entstehen auf der Platte von jedem Stern zwei Bilder dicht nebeneinander; Entfer-

nung und relative Stellung ist bei allen dieselbe.
Diese Doppelbilder sind dann leicht auf der Platte
herauszufinden und als solche von Flecken leicht zu
unterscheiden.

Wenn das Teleskop stillsteht, so machen natürlich
die Bilder der Sterne auf der Platte eine Bewegung;
helle Sterne bringen dadurch einen Streifen hervor.
Dieser Streif ist von grosser Wichtigkeit, um die Richtung von Ost nach West auf der Platte festzustellen.
Für schwache Sterne, welche keinen Streifen hinter-
lassen, ist eine dritte Exposition erforderlich, um diese
Richtung zu bestimmen. Dieselbe geschieht, nachdem
man das Teleskop einige Minuten angehalten hat.

Rutherford hat zahlreiche Sternbilder der Art bereits aufgenommen und seine Bilder werden nach Hunderten von Jahren als wichtige Vergleichsobjecte dienen, um zu erkennen, inwieweit die Sterne des Himmels, die wir als Fixsterne (feste Sterne) bezeichnen,
ihren Platz gewechselt haben.*

Noch ein Himmelskörper ladet aber speciell zum
Studium mit Hülfe der Photographie ein; es ist der
nächste Nachbar unserer Erde, der Mond. Mit blossem
Auge schon erkennt man die Unebenheiten seiner Oberfläche (Mondberge), die ungleiche Färbung seines Bo-
dens (Mondflecke). Tausend Räthsel birgt seine Oberfläche, die als eine starre, fast glasig erscheinende,
wasser- und luftleere Oede erscheint.

Schon Warren de la Rue versuchte eine Aufnahme dieses seltsamen Weltkörpers, der unserer Erde so nahe
und doch so sehr von ihr verschieden ist. Er fertigte
mit Hülfe eines Fernrohrs in der That ein kleines
Mondbild, das er mit Hülfe eines Vergrösserungsapparats (s. S. 91) auf 24 Zoll vergrösserte.

Der Mond ist lichtschwächer als die Sonne, er wird

---

* Details über Rutherford's Observatorium enthalten die
„Photographischen Mittheilungen", Jahrg. 1870 (Berlin,
Oppenheim).

deshalb am besten im Hauptfocus des Fernrohrs aufgenommen (s. die Figur S. 165). Im günstigsten Falle
genügen $^3/_4$ Secunden Expositionszeit, selten aber erhält man scharfe Negative infolge der Unruhe der Atmosphäre. Die Erzielung eines scharfen Mondbildes ist
daher eine Geduldsprobe. Nach Warren de la Rue
hat sich Rutherford in Neuyork durch Aufnahme von
Mondbildern hervorgethan; sein vervollkommnetes, für
photographische Zwecke speciell hergerichtetes Fernrohr lieferte ein noch schärferes Mondbild als De la
Rue's, und wir geben in unserm Titelbilde eine verkleinerte Copie des vergrösserten Mondbildes nach
einem Original, das wir Rutherford selbst verdanken,
eine wahre Mondkarte, die von nicht geringer Wichtigkeit für die Astronomie ist.

Vor einigen Jahren behauptete Schmidt in Athen,
dass ein von Mädler angegebener erloschener Mond-
vulkan nicht mehr aufzufinden sei, er constatirte dadurch die Möglichkeit von Veränderungen auf der
scheinbar gänzlich starren Mondoberfläche. Hätte vor
40 Jahren, als Mädler den bewussten Vulkan beobachtete, eine Photographie der Mondoberfläche genommen
werden können, so würden wir jetzt Gewissheit haben
über diesen Punkt, der jetzt noch hypothetischer Natur ist.

Sonne und Sonnenfinsternisse, Mond und Sterne sind
aber nicht die einzigen Objecte der astronomischen
Photographie, ihre Aufgaben haben sich noch erweitert
seit Entdeckung der Spectralanalyse.

Als man erkannte, dass jene wunderbaren Linien,
welche das Sonnenspectrum durchziehen (s. das siebente
Kapitel, S. 59), durch glühende Stoffe verschiedener
Natur veranlasst werden und jedes Element unver-
änderlich dieselben Linien zeigt, sodass man aus der
Gegenwart gewisser Spectrallinien unzweifelhaft die
Gegenwart eines Stoffes erkennt, wurde es nothwendig,
eine genaue Zeichnung des Sonnenspectrums mit all
den zahllosen darin befindlichen Linien zu besitzen,

um aus der Vergleichung dieser Zeichnung mit dem
Spectrum einer Flamme oder eines Fixsterns sofort er-
sehen zu können, welche Stoffe diese Linien liefern.
Kirchhoff, der Mitentdecker der Spectralanalyse, und
Angström haben mit unendlicher Mühe eine solche de-
taillirte Zeichnung des Sonnenspectrums angefertigt.
Ihre Arbeit wäre wesentlich vereinfacht worden, hätte
Rutherford ein Jahr früher seine Photographie des
Spectrums herausgegeben.

Dieses photographische Spectrum von Rutherford
zeigt zwar nur die Linien des photographisch wirksamen Theils des Spectrums von Grün bis Violett, diese
aber in wunderbarer Deutlichkeit. Viele Linien, die
dem blossen Auge nur schwach erscheinen, zeigen sich
hier kräftig und scharf, ja man erkennt in dem photographirten Spectrum Linien, die Kirchhoff im Sonnenspectrum gar nicht gesehen hat.

Die Ursache dieser Erscheinung können zweierlei
Art sein, entweder ist das Auge für gewisse Lichtstrahlen, welche betreffende Linien liefern, unempfindlich, wie es ja auch unempfindlich ist für die photographisch stark wirksamen ultravioletten Strahlen (s.
S. 60), oder aber es liegt die Möglichkeit vor, dass
auf der Sonne selbst Veränderungen stattfinden, dass
zu gewissen Zeiten daselbst neue Stoffe an die Oberfläche treten und dadurch neue Linien sichtbar werden.

Die Aufnahme eines Spectrums erfolgt mit Hülfe
eines gewöhnlichen Spectralapparats, welcher in beifolgender Figur 79 abgebildet ist. Solcher besteht aus
dem Rohr A, welches bei F den feinen Spalt trägt,
durch welchen das Licht dringt. Am Ende des Rohrs
ist eine Linse, welche alle vom Spalt ausgehenden
Strahlen parallel macht und auf das Prisma P leitet.
Dieses bricht die Strahlen so, dass sie auf das Sehrohr
B fallen und durch das dünne Ende desselben beobachtet werden können. Will man das gesehene Spectrum photographiren, so setzt man eine photographische
Camera lichtdicht an das Sehrohr und zieht das Ocu-

lar desselben ein wenig aus, alsdann erscheint das Bild des Spectrums àuf der matten Scheibe.

Man hat noch andere wichtige Probleme mit Hülfe der Photographie zu lösen versucht. So hoffte Dr. Zencker dadurch die Bahnen der Sternschnuppen fixiren zu können. Leider erwiesen sich diese als zu lichtschwach, um während ihrer kurzen Dauer einen Eindruok auf die photographische Platte zu machen.

Eine neue und grossartige Aufgabe auf astronomi-

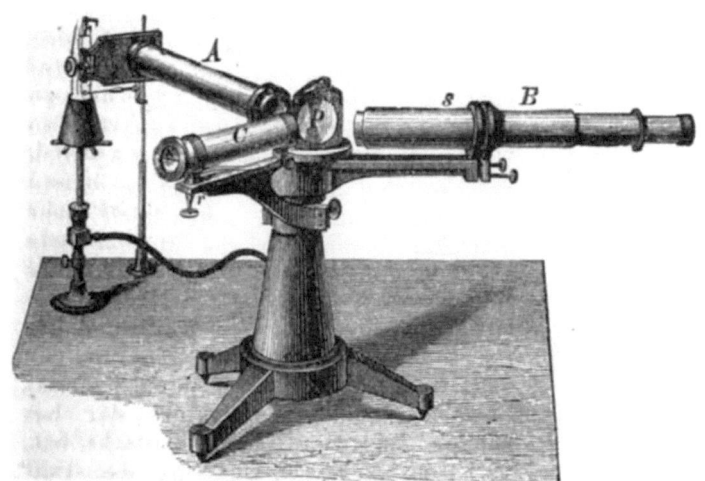

Fig. 79.

schem Gebiete steht der Photographie noch bevor, das ist die Beobachtung des Venusdurchgangs.

Bei Bestimmung der Entfernungen der Himmelskörper wird der Durchmesser der Erdbahn als Grundlinie angenommen. Die Kenntniss des genauen Masses dieser Grundlinie ist dabei vorausgesetzt. Nun ist dieses Mass bisher nur annähernd bestimmt worden, es beträgt in runder Zahl 40 Millionen Meilen.

Schon seit langer Zeit hat man sich bemüht, diese

Zahl genauer zu bestimmen, doch hat diese Bestimmung grosse Schwierigkeiten. Denkt man sich an zwei entgegengesetzten Punkten der Erde *a* und *b* (Fig. 80) zwei Beobachter, die mit Fernröhren nach einem Stern *x* sehen und die Winkel messen, die die Sehrichtung mit der Linie *a b* bildet, so kann man aus den beiden Winkeln und der Linie *a b* (die sich leicht ihrer Grösse und Lage nach bestimmen lässt) die Entfernung des Sterns von *a* oder *b* berechnen. Es ist dieses die trigonometrische (Dreiecks-) Messmethode. Diese gibt sichere Resultate, sobald die Entfernung des Sterns nicht zu gross ist. So ist z. B. die Entfernung des Mondes, der nur circa zehn Erddurchmesser von uns entfernt ist, leicht zu bestimmen. Ist der zu messende Stern sehr weit entfernt, so werden die Sehrichtungen nahezu parallel, zwischen den beiden Winkeln bei *a* und *b* existirt dann kein Unterschied mehr und die trigonometrische Messmethode ist dann unbrauchbar. Solches ist der Fall bei der 20 Millionen Meilen weit entfernten Sonne. Wir können daher nur auf einem Umweg zur Kenntniss der Entfernung derselben gelangen.

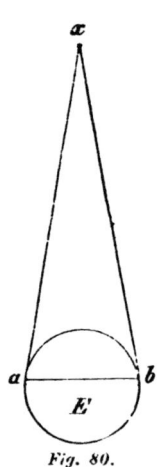

Fig. 80.

Nach einem Gesetze, das der berühmte Astronom Kepler entdeckt hat, verhalten sich die Quadrate der Umlaufszeiten der Planeten wie die Kuben der Entfernungen von der Sonne. Ist die Umlaufszeit der Erde *U*, die der Venus *u*, die Entfernung der Erde *E*, die der Venus *e*, so ist nach diesem Gesetze

$$U^2 : u^2 = E^3 : e^3.$$

Zieht man aus beiden die Kubikwurzel, so erhält man

$$\sqrt[3]{U^2} : \sqrt[3]{u^2} = E : e, \text{ daraus folgt}$$

$$\sqrt[3]{U^2} - \sqrt[3]{u^2} : \sqrt[3]{u^2} = E - e : e.$$

$E - e$ ist aber die Entfernung zwischen Erde und Venus. Wenn man diese durch Messung bestimmt hat, so sind drei Glieder der Proportion bekannt (denn die Umlaufszeiten von Venus und Erde sind schon auf das genaueste bestimmt), dann kann man mit einfacher Regeldetri das vierte unbekannte Glied e berechnen, d. h. die Entfernung der Venus von der Sonne; addirt man dazu die Entfernung der Erde von der Venus, so erhält man die Entfernung der Erde von der Sonne, welche man wünscht.

So kommt demnach die Bestimmung der Sonnenentfernung auf eine Bestimmung der Venusentfernung hinaus, die in dem Moment vorgenommen werden muss, wo Venus zwischen Erde und Sonne steht. In solchem Moment ist aber die Venus nur sichtbar, wenn sie gerade vor der Sonnenscheibe steht. Dieses ist nur ausnahmsweise (in jedem Jahrhundert zweimal) der Fall, und alsdann erscheint sie auf der Sonnenscheibe als kleiner schwarzer Punkt, der jedoch wegen der Bewegung der Erde und der Eigenbewegung fortwährend seinen Platz ändert. Dieser Umstand erschwert die Anstellung gleichzeitiger Messungen an zwei verschiedenen weit voneinander entfernten Punkten der Erde, und daher ist man auf den Gedanken gekommen, die Photographie als Beobachtungshülfsmittel anzuwenden. Nimmt man mit Hülfe derselben nach der Weise wie oben beschrieben wurde ein Sonnenbild während des Venusdurchgangs auf, so kann man auf demselben leicht den Abstand der Venus vom Sonnenmittelpunkt messen. Dieser Sonnenmittelpunkt ist ein fester Punkt, der als unverrückt angenommen werden kann.

Denkt man sich die Erde bei E (Fig. 81), die Venus bei V und die Sonne in S, so wird ein Beobachter in a die Venus unterhalb des Mittelpunktes der dahinterliegenden Sonne erblicken, ein Beobachter in b oberhalb desselben. Die Venus wird demnach auf Photographien, die auf verschiedenen Punkten der Erde auf-

genommen sind, eine verschiedene Lage zu dem Sonnenmittelpunkt zeigen.

Nun kennt man die Lage der Richtungslinie des
Sonnenmittelpunktes genau. Der Durchmesser der Sonne
entspricht einem Winkelwerth von etwa 30 Minuten.
Denkt man sich den Sonnendurchmesser in 60 Theile
getheilt, so entspricht jeder Theil einer Bogenminute.
Man braucht demnach nur zu messen, um wie viel
solcher Theile die Venus vom Sonnenmittelpunkt ab-
steht, und man erfährt sofort den Winkel, den die Richtung der Sehlinie der Venus, z. B. *a v*, mit der Richtung der Sehlinie des Sonnenmittelpunkts (*a m*) macht.
Zieht man diesen Winkel von dem Winkel ab, den die
Sehlinie des Sonnenmittelpunktes mit *a b* macht, so
erhält man den Winkel, den die Sehrichtung der Ve-

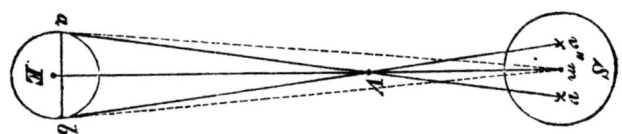

Fig. 81.

nus mit der Linie *a b* macht, und das gibt alle Mo-
mente in die Hand, um den Abstand der Venus zu
berechnen und daraus wiederum den Abstand des Cen-
tralkörpers, der das Fundament, die Standlinie aller
astronomischen Messungen bildet.*

Die Bestimmung des Winkels aus der Photographie
hat einen um so höhern Werth, als diese Messung mit

---

* Wir können uns hier aus Mangel an Raum nicht auf
die genauen Details der Bestimmung der Sonnenparallachse
einlassen. Es ist nur unsere Aufgabe, dem Leser eine allgemein verständliche Darstellung des Princips der Sache zu
geben. Wer sich specieller für den Gegenstand interessirt,
den verweisen wir auf Dr. Schorr's Werk: „Vorübergang der
Venus vor der Sonne" (Braunschweig, Vieweg, 1873.)

he und zu jeder beliebigen Zeit angestellt werden
in, während Messungen am Gestirn selbst nur im
ment der Sichtbarkeit des Phänomens gemacht wer-
ı können und dabei in der Aufregung des Augen-
ɔks manche Beobachtungsfehler unterlaufen. Natür-
ı gehören zu Messungen so feiner Natur auch vor-
ɡsweise genau construirte Apparate und die Beach-
ıg vieler Vorsichtsmassregeln. Daher hat man jetzt
ʻeits mit den Vorversuchen begonnen, um den Grad
ʻ Genauigkeit festzustellen, den eine Messung an der
otographie zulässt. Geben diese Vorversuche ein
ıstiges Resultat, so steht die Entsendung zahlreicher
ɔtographischer Expeditionen zur Beobachtung des
ıusdurchgangs bevor. Deutschland projectirt die
ɯesetzung von fünf Stationen: Tschifu in China, Mas-
kat am Persischen Meerbusen, Kerguelens-Land und
Aucklands-Inseln. Ausser diesem rüsten England, Frankreich, Russland, Amerika photographische Expeditionen
aus, die an verschiedenen Punkten Aufstellung nehmen,
und so können wir, selbst für den Fall, dass eine oder
die andere Station durch Ungunst des Wetters leiden
sollte, hoffen, zahlreiche Platten zu gewinnen, mit deren
Hülfe die grosse astronomische Aufgabe definitiv gelöst werden kann.

Abschnitt V. Die photographische Beobachtung wissenschaft-
licher Instrumente.

Thermometer- und Barometerbeobachtungen. — Neumeyer's
Apparat zur Bestimmung der Meerestiefen.

Die meteorologischen Beobachtungen erfordern ein
täglich wiederholtes Ablesen des Barometers und Thermometers. Um dieses Ablesen zu ersparen und um
dennoch eine ganz sichere Auskunft über den Stand
von Thermometer und Barometer in jeder Minute zu erhalten, hat man die Photographie angewendet. Man denke
sich hinter einem Thermometerrohr R (Fig. 82) oder Ba-

rometerrohr eine Trommel, welche sich durch ein Uhrwerk um die Achse *a* dreht. Um diese Trommel sei
lichtempfindliches Papier gewickelt und das Ganze
sei mit Ausnahme des Thermometers in einen Cylinder *S* eingeschlossen, der nur hinter dem Thermometer einen schmalen Spalt hat, durch welchen das
Licht dringen kann. Der obere Theil des Thermometers wird das Licht hindurchlassen, dagegen wird
der Quecksilberfaden das Licht zurückhalten. Daher
schwärzt sich der Papierstreifen oberhalb des Queck-
silbers, und mit diesem steigt und fällt die Grenze der
Schwärzung auf dem Papier. Nun kann man auf dem
Papier schon im voraus die Zeit
markiren. Da die Trommel sich in
24 Stunden einmal herumdreht,
braucht man nämlich den Streifen
nur in 24 Theile senkrecht abzu-
theilen und den ersten Strich vor
das Thermometer zu rücken, sobald die Uhr 12 schlägt, dann das
Ganze laufen zu lassen. Nachher
ergibt der gefärbte Streifen für jede
Zeit die Höhe des Thermometers.

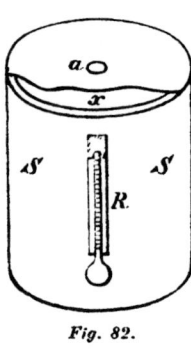

Fig. 82.

Ebenso kann man die Höhe des
Barometers photographisch regi-
striren.

Neuerdings hat Professor Neumeyer ein ähnliches
Instrument sogar zu Bestimmungen der Temperatur
in der Tiefe des Meeres benutzt. Dort unten ist nun
freilich kein chemisch wirksames Licht, und um dieses
zu gewinnen, sendet Dr. Neumeyer eine lichterzeugende
Vorrichtung mit hinunter. Diese besteht aus einer galvanischen Batterie und einer Geisler'schen Röhre, d. i.
eine Röhre, in welcher sehr verdünntes Stickgas eingeschlossen ist und durch welche der elektrische Strom
geleitet wird. Die Röhre leuchtet alsdann in schwachem
Licht. Dieses schwache Licht wirkt chemisch aber **sehr**
kräftig, weil es viele von den unsichtbaren ultravioletten

Strahlen enthält (s. S. 60), und bewirkt schon in drei
Minuten eine Schwärzung des Papiers. Auch die Richtung
der unterirdischen Meeresströmungen sucht Neumeyer
mit seinem Apparate festzustellen. Der Apparat hat zu
diesem Zwecke einen Ansatz nicht unähnlich einer
Wetterfahne, und da er sich, an einem Kabel hängend, bequem nach allen Richtungen drehen kann, so
wird er sich in der Tiefe, falls Meeresströmungen vorhanden sind, so stellen, dass die Fahne der Strom-
richtung parallel ist. Im Apparate selbst ist nun eine
Magnetnadel wasserdicht eingeschlossen, die sich über
eine Scheibe lichtempfindlichen Papiers bewegt. Diese
Magnetnadel zeigt natürlich immer nach Norden und
die darüber befindliche leuchtende Röhre markirt ihre
Lage genau auf dem lichtempfindlichen, fest mit der
Büchse verbundenen Papier. Man kann daher leicht
erkennen, welche Lage der Apparat in der Tiefe gegen
die Magnetnadel, d. h. gegen die Nordrichtung ein-
genommen hat.

Abschnitt VI. Photographie und medicinische Forschung.

Photographien des Innern des Auges, des Ohrs u. s. w. —
Stein's Heliopictor.

Die Anwendung der Photographie auf medicinischem
Gebiete beginnt bereits in umfangreichem Massstabe
platzzugreifen, nicht allein zur Aufnahme interessanter anatomischer Präparate und von solchen Krank-
heitserscheinungen, die von kurzer Dauer sind, sondern
auch zur Herstellung genauer anatomischer Abbildungen der verschiedenen Organe. Wie man mit dem
Augenspiegel, dem Ohrenspiegel, Kehlkopfspiegel in das
scheinbar unzugängliche Innere der lebenden Organe
eingedrungen ist, sodass dasselbe klar vor dem Auge
des Beobachters liegt, so hat man auch mit Erfolg das
dem Auge sichtbare Bild photographisch gefesselt.
Dr. Stein in Frankfurt a. M. hat in diesem Felde Be-

deutendes geleistet, nicht allein als praktischer Photograph, sondern auch durch Construction zweckmässiger Apparate. Es würde den Raum dieses Buchs überschreiten, wollten wir die hierzu nöthigen Apparate im Detail schildern. Wir begnügen uns, einen davon zu erläutern, den Apparat zur Aufnahme des Ohrs.

Der Apparat besteht aus drei Theilen: 1) dem Ohrentrichter *A*, 2) dem Beleuchtungsapparate *B* (Fig. 83), 3) dem photographischen Apparate *D* mit den Linsen *C*. Diese Theile sind, wie solches aus beifolgender Zeichnung ersichtlich ist, aneinandergefügt. Der Apparat ist mittels Kugelgelenk an ein entsprechendes Stativ befestigt, um ihm je nach dem Stande der Sonne die geeignete

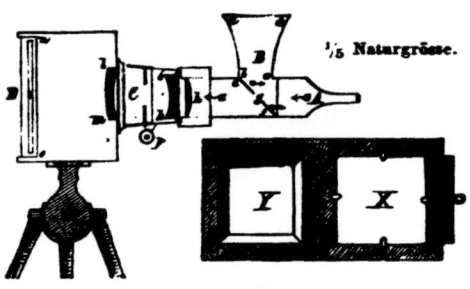

Fig. 83.

Richtung geben zu können. Der Ohrentrichter *A* ist ein circa 1 ½ Zoll langes konisches Röhrchen, welches in das Ohr eingeschoben wird, um die das Bild störenden, den Gehörgang bedeckenden kleinen Härchen beiseite zu schieben. Er ist von Hartkautschuk angefertigt. Der Beleuchtungsapparat *B*, welcher durch einen Deckel bei *a d* leicht verschliessbar ist, besteht aus zwei im rechten Winkel bei *b c* aufeinandergelötheten Metallröhren, deren eine mit parallelen Wänden, deren andere mit geschweiften Wänden versehen ist; an der Vereinigungstelle beider Röhren befindet sich ein durchbohrter, im Winkel von 45° geneigter Planmetallspiegel (*e g f*).

Der photographische Apparat c besteht aus einem zwölflinigen Doppelobjectiv (C) nebst kleiner Camera von 2 Zoll Tiefe. Matte Scheibe (X) und Kassette (Y) sind in einem leicht verschiebbaren Rechtecke (D) angebracht. Zwischen Objectiv und Beleuchtungsapparat, bei h, befindet sich eine vergrössernde planconvexe Linse. Je nach dem Stand der Sonne, einer hellen Wolke oder irgendeines andern Lichtpunktes, kann der Beleuchtungsapparat B durch Drehung um seine Achse verschoben werden, sodass im Verein mit dem kleinen Kugelgelenk des Stativs eine sehr leichte und dabei festzuhaltende Verschiebbarkeit des Apparats nach allen Richtungen gestattet ist.

Die Strahlen, welche in die Röhre B eindringen, werden durch den durchbohrten Planspiegel e f in der Richtung nach A auf das Trommelfell geworfen. Von hier reflectirt, passiren dieselben bei g den durchbohrten Planspiegel, und wird das Bild des Trommelfells durch die Linsencombination des Objectivs h i k l m auf die matte Scheibe bei n o geworfen. Die scharfe Einstellung geschieht theils durch die Stellschraube des Objectivs bei p, theils durch Verschiebung der Linse bei h, je nachdem man ein etwas vergrössertes oder der natürlichen Grösse entsprechendes Bild zu erhalten wünscht. Während der photographischen Procedur muss ein Assistent die Ohrmuschel etwas nach hinten und oben ziehen, um dem schwach gebogenen knorpeligen Gehörgang für das Einschieben des Ohrentrichterchens die nöthige gerade Richtung zu geben. Die Expositionszeit ist bei Sonnenlicht unter Anwendung eines guten Iodbromcollodions 1/2 Secunde, bei hellem Tageslicht, resp. dem Lichte einer hellen Wolke circa 5—10 Secunden, je nach der Beleuchtungsintensität. Die Oeffnung und Schliessung des Apparats zum Behufe des Wirkens der Lichtstrahlen wird bei a d vorgenommen.

Um Naturforschern und Aerzten die Ausübung der Photographie zu erleichtern, hat Dr. Stein ein sehr hübsches Instrument, den sogenannten Heliopictor,

construirt, der ohne Dunkelkammer Aufnahmen mit
nassen Platten gestattet. Der Heliopictor ist eine besondere Art Kassette, die an das Hintertheil jeder Camera
angesetzt werden kann. Dubroni in Paris construirte zuerst solche „Entwickelungskassette". Diese Kassette, die
in beifolgender Figur im Durchschnitt dargestellt ist, enthält einen Glaskasten K, in welchen Silberlösung
durch einen seitlich angebrachten, in der Figur nicht
sichtbaren Hahn gegossen werden kann. Die zu fer-
tigende Glasplatte wird mit Collodion überzogen, dann
durch die Thür T in die Kassette gebracht, an die
Oeffnung O des Glaskastens gelegt und die Thür ge-

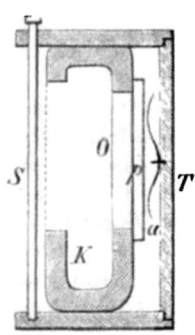

Fig. 84.

schlossen. Die Feder a drückt alsdann die Platte p wasserdicht gegen
den Glaskasten. Man kippt alsdann
die Kassette nach rechts um, die
Silberlösung fliesst über die Platte
und sensibilisirt sie. Das Fortschreiten
der Wirkung beobachtet man durch
einen gelben Glasschieber S, der kein
chemisches Licht durchlässt. Nachdem
die Platte fertig sensibilisirt ist, stellt
man die Kassette wieder senkrecht,
bringt sie in die Camera-obscura an
Stelle der matten Scheibe, zieht den
Schieber S auf und belichtet. Die
Silberlösung wird dann durch einen
Hahn abgezogen und dafür Eisenvitriollösung ein-
gefüllt. Durch Kippen der Kassette fliesst diese über
die Platte und „entwickelt" das Bild. Durch die gelbe
Scheibe S beobachtet man das „Kommen" desselben.
Das Bild wird nach der Entwickelung herausgenommen und fixirt.

Stein verbesserte die Entwickelungskassette insofern,
als er an Stelle des Glaskastens einen herausnehm-
baren und leicht zu reinigenden Hartgummikasten
brachte. Auch die Methode des Ein- und Ausfüllens
von Flüssigkeit mittels Hahn rührt von Stein her, Du-

broni wandte statt dessen Pipetten an. Details über beide Apparate findet man in den „Photographischen Mittheilungen", Jahrgang X, Nr. 117, 118.

Abschnitt VII. Die Photographie und das Mikroskop.

Ueber Mikroskope. — Herstellung mikroskopischer Aufnahmen. — Anwendungen derselben.

Nirgends hat sich die Photographie als Ersatzmittel oder als Hülfmittel der Zeichenkunst glänzender be-

Fig. 85.

währt als in der Wiedergabe mikroskopischer Objecte. Schon in den frühesten Zeiten der Kunst wurde gerade dieses Feld bearbeitet, denn Wedgewood und Davy suchten mit Hülfe lichtempfindlichen Silberpapiers die Bilder des Sonnenmikroskops zu fesseln. Dieses Sonnenmikroskop war in der That für photographische Zwecke wie geschaffen. Dasselbe besteht der Hauptsache nach aus einem mikroskopischen Objecte, welches bei *m* eingeschaltet wird und entweder ein Flüssigkeitstropfen ist, den man auf eine Glasplatte bringt, oder ein fester kleiner Körper, der zwischen zwei feine Glasplatten geklemmt wird. (Vgl. Fig. 85.)

Von diesem kleinen Object entwirft nun die kleine
Linse *L* ein vergrössertes Bild auf einen gegenüber-
liegenden Schirm oder eine weisse Wand genau in der
Weise, wie es nachfolgende Figur schematisch zeigt.
Die Schraube bei *D* (Fig. 85) dient dázu, die Linse dem
Object *m* zu nähern oder zu entfernen und dadurch das
Bild auf dem Schirme scharf einzustellen. *E* ist eine
Blende, durch die man die Ränder des runden Bildes
abschneiden kann. Der Hauptkörper *B C* des Instru-
ments enthält die `Erleuchtungslinsen. Jede starke
Vergrösserung schwächt nämlich das Licht des Bildes
sehr erheblich, bei dreifacher Vergrösserung vermindert
sich die Helligkeit bis auf $\frac{1}{9}$, bei vierfacher bis auf
$\frac{1}{16}$, bei fünffacher bis auf $\frac{1}{25}$, bei hundertfacher bis

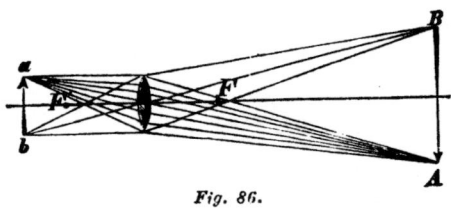

Fig. 86.

auf $\frac{1}{10000}$. Bei solcher verminderten Helligkeit würde
das Auge aber nichts mehr erkennen, wenn man nicht
dafür sorgt, dass das Object sehr intensiv erleuchtet
ist. Dazu dient eben das Linsensystem, welches im
Rohr *B C* eingeschlossen ist. Dieses concentrirt die
Sonnenstrahlen, welche durch den Spiegel *M* in die
Röhre *B* reflectirt werden, auf das mikroskopische
Object, und dieses wird dadurch so hell, dass es die
stärkste Vergrösserung erträgt. Das Zimmer, in welchem sich das Instrument befindet, ist dunkel, demnach
sind alle Bedingungen vorhanden, um sofort photographiren zu können. Man braucht nur eine lichtempfindliche Platte an die Stelle des Bildes zu bringen.

Ein Sonnenmikroskop ist jedoch nur in den Händen
weniger Beobachter. Zu gewöhnlichen Ocularunter-

suchungen verwendet man ein Mikroskop wie es beifolgende Figur zeigt. Dasselbe ent-
hält bei *o* ein Vergrösserungslinsen-
system, welches von dem kleinen Object *r s* in der Weise, wie es nachfolgende schematische Figur 88 darstellt,
ein vergrössertes Bild *S R* entwirft.
Dieses wird durch das Ocular *CD* betrachtet, welches bei *n* (Fig. 87) sitzt
und das bereits vergrösserte Bild *S R*
wiederum vergrössert, sodass ein noch
grösseres Bild *S' R'* (Fig. 88) entsteht.

Dieses wird unmittelbar vom Auge
des Beobachters wahrgenommen. Das
nöthige Licht wird auf das Object mit
Hülfe eines Hohlspiegels *s' s'* (Fig. 87)
geworfen.

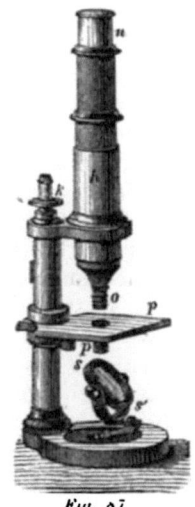

Fig. 87.

Um mit Hülfe eines solchen Mikroskops Photographien zu entwerfen, kann
man direct eine photographische Camera an das Ocular *n* (Fig. 87)
setzen, indem man solche mit
einem Dreifuss unterstützt. Diese
photographische Camera braucht
keine Linse zu besitzen, wie die
Camera S. 85, sondern nur eine
Oeffnung, durch welche das Rohr
n lichtdicht geht. Das Ocular *n*
(Fig. 87) wird dazu in einen ärmel-
artigen Ansatz gesteckt, der die
Oeffnung umgibt, und dann das
Rohr *h* ein wenig gehoben.

Dadurch wird das vergrösserte
Bild des Objects, welches bei *S R*
liegt, auf der matten Scheibe
der Camera sichtbar und kann
dann leicht photographirt werden.

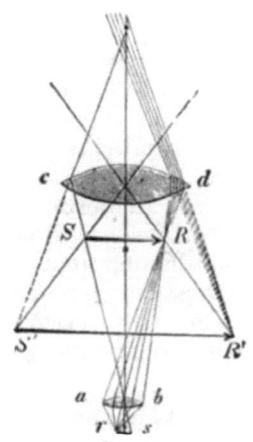

Fig. 88.

Nothwendig ist es hierbei, alles nicht vom Object ausstrahlende Licht auszuschliessen. Wenn der Spiegel s' s' (Fig. 87) das Object beleuchtet, so gehen neben dem Gegenstand noch eine Menge Lichtstrahlen vorbei, die auf die Linsen fallen und Reflexe veranlassen, welche die Reinheit des Bildes erheblich stören. Hier ist von Vortheil, ein Linsensystem zwischen Spiegel s' und Object einzuschalten, welches alle Lichtstrahlen auf das Object concentrirt.

Statt des Sonnenlichts nimmt man auch seine Zuflucht zu künstlichem Licht, z. B. elektrischem und Magnesiumlicht, welches den Beobachter unabhängig vom Wetter macht. Die Schönheit der erhaltenen Mikrophotographie ist wesentlich abhängig von der Schönheit des zu photographirenden Präparats. Dieses muss so hergerichtet sein, dass es alle charakteristischen Theile vollkommen klar zeigt, alle störenden Nebensachen, Staub u. s. w. müssen entfernt sein, denn sie werden ebenso gut mit vergrössert, als das Object. Ein geschickter Präparator ist daher nothwendig, um mikrophotographisch etwas zu leisten, dann aber ist die Güte der Mikrophotographie auch abhängig von der Güte des Instruments, der richtigen Einstellung und der richtigen Expositionszeit. Wichtig ist beim Instrument die Correctur der Linsen auf chemisch wirksame Strahlen. (Vgl. S. 182.)

Vortreffliches in Mikrophotographie haben Neyt in Gent, Girard und Lackerbauer in Paris, Fritzsch und Kellner in Berlin und Woodward in Amerika geleistet.[*]

Von ausserordentlichem Nutzen ist die mikroskopische Photographie bei anatomischen Präparaten, welche sich rasch verändern und bei chemischen Verbindungen, welche sich rasch zersetzen. Doch auch bei stabilen Körpern ist sie unschätzbar; so für die Kunde der mi-

---

[*] Sehr detaillirte Auskunft gibt „Die Photographie, als Hülfsmittel mikroskopischer Forschung" von Moitessier und Bennecke. (Braunschweig, Vieweg.)

kroskopischen Krystalle, welche in vielen Gesteinen eingeschlossen sind und sich bei dünngeschliffenen Platten deutlich zeigen. An den Bildern dieser Krystalle kann man die Winkel leicht mit Hülfe eines Transporteurs messen und daraus einen Schluss auf die Natur der Krystalle selbst machen. Professor Gustav Rose hat in seiner Abhandlung über Meteoriten zahlreiche vom Verfasser aufgenommene Mikrophotographien der Art in Stahlstich reproducirt.

Abschnitt VIII. Die mikroskopischen Photographien und die photographische Taubenpost.

Wesen der mikroskopischen Photographien. — Wichtigkeit derselben für Bibliotheken. — Anwendung der Taubenpost.

Vor mehrern Jahren kamen von Paris aus Bijouterien und Nippsachen in den Handel, die kleine Vergrösserungsgläser statt der Edelsteine gefasst enthielten. Hielt man diese vor das Auge, so sah man ein transparentes kleines Bild, theils Porträts, theils Schriften u. dgl. Dieses kleine Bild war eine sogenannte mikroskopische Photographie auf Glas. Eine solche ist keineswegs die Aufnahme eines mikroskopischen Gegenstandes, sondern eines grossen Objects. Nur das Bild ist von einer Kleinheit des Formats, dass zu seiner Betrachtung eben eine Mikroskoplinse gehört. Die Herstellung solcher Bilder ist nicht abweichend von der Herstellung anderer, sie erfordert nur ein Instrument, welches mikroskopisch kleine Bilder auf optischem Wege entwirft, und dieses geschieht mit Anwendung kleiner Linsen von sehr kurzer Brennweite. Man nimmt mit Hülfe derselben nicht die Natur direct auf, sondern man fertigt erst mit einer gewöhnlichen Camera nach dem erwählten Gegenstande ein photographisches Negativ. Nach diesem erhält man mit Hülfe der kleinen Linsen mikroskopisch kleine positive Bildchen auf Glas mit Hülfe des gewöhnlichen Collo-

dionprocesses. Diese Glasbildchen werden zugeschnitten oder geschliffen, eine kleine Linse darauf befestigt,
und dann in Metall gefasst. An sich sind solche Bildchen nicht viel mehr als eine Spielerei, die sogar aus-
arten kann, wenn, wie es geschehen ist, obscöne Su-
jets in solcher Art gefasst unbefangenen Personen in
die Hände gegeben werden, ein Factum, welches diese
Branche der Photographie rasch in Miscredit gebracht
hat. Es gibt aber Umstände, unter welchen solche
mikroskopische Photographie von ausserordentlichem
Nutzen werden kann. Simpson in England macht darauf aufmerksam, dass man mit Hülfe der Photographie
den Inhalt ganzer Folianten auf wenige Quadratzoll
concentriren könne, und dass der Inhalt von Büchern,
die ganze Säle füllen, mikroskopisch photographisch
reducirt, sich dann in einem einzigen Schubkasten unterbringen lassen, sicher ein Umstand, der bei dem
ungeheuern, stetig wachsenden Material, welches unsere
Bibliotheken aufspeichern müssen, noch von Wichtigkeit werden kann. Freilich bedarf man zum Lesen
eines solchen mikroskopischen Werkes entweder eines
Mikroskops oder aber einer vergrössernden Laterna-
magica.

Vorläufig hat man davon noch keine Anwendung
gemacht, obgleich Scamoni's heliographisches Verfahren,
das weiter unten beschrieben ist, die Herstellung solcher mikroskopischen Bibliotheken bedeutend erleichtern würde. Dagegen haben solche mikroskopische
Photographien grosse Wichtigkeit erlangt bei Beförde-
rung von Taubenpostdepeschen. Bei der Belagerung
von Paris im Jahre 1870 communicirte die eingeschlos-
sene Stadt mit der Aussenwelt nur durch Luftballons
und Brieftauben. Das erste Beförderungsmittel war
fast ausschliesslich für politische Zwecke in Anspruch
genommen, das zweite erlaubte nur den Transport einer
ganz leichten Schriftsendung. Geschriebene Briefe
hätte man, selbst auf das engste zusammengefaltet,
schwerlich mehr als zwei oder drei durch eine Taube

befördern können. Hier bot die mikroskopische Photographie ein unschätzbares Hülfsmittel dar, viele Seiten Geschriebenes auf ein nur quadratzollgrosses Collodionhäutchen zu concentriren und von solchen fast gewichtslosen Häutchen der Taube mehr als ein Dutzend zusammengerollt und in einem Federkiel verpackt mitzugeben. Dagron in Paris, der zuerst die mikroskopischen Photographien fertigte, hat die Anfertigung auch dieser Taubenpostdepeschen ins Werk gesetzt. Sämmtliche Depeschen, welche verkleinert werden sollten, wurden zunächst gesetzt und auf eine Folioseite gemeinschaftlich abgedruckt. Diese Folioseite wurde in der oben beschriebenen Weise mikroskopisch photographirt, sodass man ein Bildchen von etwa $1\frac{1}{2}$ Zoll Grösse erhielt. Die Collodionschicht mit dem Bilde wurde alsdann vom Glase abgezogen, indem sogenanntes Ledercollodion, d. h. ricinusölhaltiges Collodion aufgegossen wurde. Dieses Ledercollodion trocknet bald, löst sich dann leicht mit dem Bilde ab und bildet mit diesem ein durchsichtiges Häutchen. Ein solches Häutchen enthielt unter Umständen bis 1500 Depeschen. Am Orte der Ankunft wurden diese Häutchen aufgerollt und dann mit Hülfe einer Laternamagica vergrössert. Eine Anzahl Schreiber machten sich sofort daran, die vergrösserten Depeschen abzuschreiben und ihren Adressaten zuzustellen. So correspondirte Paris mit Hülfe der Photographie sechs Monate lang mit der Aussenwelt, und selbst Unbemittelten war es ermöglicht, draussen lebenden Verwandten eine kurze Notiz über ihre Existenz zukommen zu lassen.

Abschnitt IX. Pyrophotographie.

Ueber feuerfeste Bilder. — Herstellung derselben durch Photographie. — Grüne's Methode. — Anwendung derselben zur Decoration an Glas und Porzellan.

Das gewöhnliche photographische Bild ist als Papier leicht entzündlich und durch ätzende Substanzen

verletzbar. Die im Feuer eingebrannten Bilder auf
Porzellan und Glas theilen diese Vergänglichkeit nicht,
und daher hat man sich bemüht, auch feuerfeste Photographien zu fertigen, namentlich zur Decoration von
Glas und Porzellan. Dieses ist in mehr als einer Weise
gelungen. Eine der einfachsten Processe der Art rührt
von W. Grüne in Berlin her.

Grüne fand, dass das Collodionbild, welches, wie wir
S. 107 gesehen haben, aus Silbertheilchen besteht,
mannichfacher Umwandlungen fähig ist, dass dasselbe
ferner mit der elastischen Collodionhaut leicht auf andere
Körper übertragen werden kann. Man kann die Häute
mit dem Bilde vom Glase herunterziehen, sie in verschiedene Lösungen bringen, dann auf krumme Flächen
übertragen u. s. w. Legt man das Collodionbildchen
in Metalllösungen, so geht eine chemische Veränderung
damit vor. Angenommen die Metalllösung enthalte
Chlorgold, so geht das Chlor an das Silber, aus welchem das Bild besteht. Es bildet sich Chlorsilber, und
Gold schlägt sich als feines blaues Pulver metallisch
an den Bildcontouren nieder; so erhält man ein
Goldbild.

Dieses kann man vorsichtig auf Porzellan übertragen und einbrennen. Man erhält dadurch ein mattes
Goldbild, welches aber durch Drücken mit dem Polir-
stahl metallglänzend wird. Grüne hat dieses benutzt
zur Anbringung von Goldornamenten auf Glas und
Porzellan. Zeichnungen und Muster verschiedener Art
werden photographirt, das gewonnene Bild in ein Goldbild verwandelt und eingebrannt, so kann man die
schönsten und complicirtesten Decorationen ohne Hülfe
des Porzellanmalers herstellen.

Taucht man ein Silberbild statt in Goldlösung in
Platinalösung ein, so erhält man ein Platinabild. Die-
ses brennt sich mit schwarzer Farbe in Porzellan ein.
In dieser Manier hat man schwarze Porträtbilder,
Landschaften u. dgl. auf Porzellan gebracht.

Man kann dergleichen Bilder auch in andern Tönen

als Schwarz herstellen. Taucht man z. B. das Bild in
eine Lösung von Platina und Gold zugleich, so schlägt
sich Gold und Platina im Bilde nieder. Das so erhaltene Bild brennt sich mit einer violett tingirten sehr
angenehmen Farbe ein.

Auch Uranlösungen, Eisenlösungen, Manganlösungen
bewirken Niederschläge in einem Collodionbilde, die
auf die Farbe desselben modificirend wirken und beim
Einbrennen verschiedene bräunliche oder schwärzliche
Töne ergeben. Wir werden später sehen, dass es noch
ganz andere Mittel gibt, solche „Pyrophotographien" herzustellen. Specielleres darüber in dem Kapitel über
Photochemie der Chromverbindungen.

Abschnitt X. Die Zauberphotographie.

Unsichtbare Photographien. — Entwickelung derselben. —
Zauberbilder und Zaubercigarrenspitzen.

Nahe verwandt mit Grüne's Processen zur Herstellung der Porzellanbilder ist die sogenannte Zauberphotographie. Vor einigen Jahren kamen unter diesem
Titel weisse Blättchen Papier in den Handel, die mit
beigelegtem Löschpapier bedeckt und mit Wasser be-
sprengt ein Bild wie durch Zauber zum Vorschein
kommen liessen. Die weissen Blättchen Papier, welche
anscheinend kein Bild enthielten, waren Photographien,
welche durch Eintauchen in Quecksilberchlorid gebleicht worden waren. Taucht man eine nicht goldhal-
tige Photographie (die gewöhnlichen Papierphotographien enthalten alle Gold) in Quecksilberchloridlösung,
so geht ein Theil des Chlors des Chlorquecksilbers an
das Silber im Bilde und verwandelt diese braune
Masse in weisses Chlorsilber, welches natürlich auf
dem weissen Papiere unsichtbar ist. Zugleich schlägt
sich ein chlorärmeres Chlorquecksilber (Quecksilber-
chlorür), welches ebenfalls weiss, also auf dem weissen
Papiere nicht sichtbar ist, nieder. Nun gibt es ver-

schiedene Substanzen, welche dieses weisse Queck-
silberchlorür schwarz färben, dahin gehört unter andern
das unterschwefligsaure Natron, ferner Ammoniak.
Befeuchtet man daher das unsichtbare Bild mit einer
dieser Substanzen, so färbt es sich schwarz und wird
dadurch sichtbar. Bei den ehemaligen Zauberphotographien des Handels befand sich unterschwefligsaures
Natron in dem beigegebenen Löschpapier, dieses löste
sich beim Befeuchten des Papiers mit Wasser auf,
drang in das unterliegende Zauberbild und machte es
sichtbar.

Eine ganz andere Art Zauberbilder kamen einige
Jahre nach den Zauberphotographien in Handel: die
Zauber-Cigarrenspitzen. Diese enthielten ein kleines Blättchen Papier zwischen Cigarre und Mundstück,
an welchem der Tabacksrauch vorbeistrich. Bei fort-
gesetztem Rauchen wurde auf dem Papierblättchen ein
Bild sichtbar. Dieses Papierblättchen enthielt ebenfalls
eine Zauberphotographie von ganz derselben Art wie
oben beschrieben ist. Das Sichtbarmachen des Bildes
erfolgte aber durch den Ammoniakdampf, der sich im
Cigarrenrauch vorfindet und der ebenfalls die Eigenschaft hat, die Zauberphotographien schwarz zu färben.

Die Zauberphotographien der Neuzeit wurden durch
Grüne in Berlin eingeführt, sie waren im Princip jedoch schon bekannt, indem J. Herschel dergleichen
bereits 1840 dargestellt hatte.

Abschnitt XI.   Scamoni's heliographisches Verfahren.

Fehler des Silberpositivprocesses. — Vortheile des Pressen-
drucks. — Relief des photographischen Negativs. — Abklatsch
desselben in Kupfer.

Bereits früher wurde auseinandergesetzt, dass der
photographische Positivprocess den Fehler habe, sehr
langsam zu arbeiten. Jedes Bild, welches nach einem
Negativ copirt werden soll, muss mehr oder weniger
lange dem Lichte ausgesetzt werden. Dazu gehört um

so mehr Zeit, je schlechter das Licht ist. Für Lieferung von einem Dutzend Porträts spielt dieser Zeitauf-
wand keine Rolle, wenn es aber gilt Hunderte, ja Tausende von Copien zu fertigen, so kommt der Zeitauf-
wand sehr in Betracht.

Ein anderer Uebelstand der Silbercopie ist ihr hoher
Preis und ihre zweifelhafte Haltbarkeit. Man hat daher seit der Erfindung der Photographie danach ge-
strebt, diese beiden Uebelstände dadurch zu umgehen,
dass man Photographie mit reinem Pressendruckver-
fahren —. mit Steindruck oder Metalldruck — combi-
nirte. Zur Ausübung des Metalldrucks benutzt man
eine gravirte Platte, d. h. eine Metallplatte, in der
die Zeichnung vertieft eingegraben ist. Diese wird
mit Schwärze überfahren; die Schwärze dringt in die
Tiefen der Striche und geht bei sehr starker Pressung
unter einer Walze an Papier über. So entsteht ein
Stahldruck oder Kupferdruck. Natürlich können derartige Drucke ohne Hülfe des Lichtes und ohne Anwendung kostbarer Silbersalze in kurzer Zeit in grosser Quantität geliefert werden. Bereits im ersten
Kapitel (S. 9) deuteten wir an, dass eine vertiefte
Zeichnung auf einer Metallplatte auch mit Hülfe der
Photographie herstellbar ist. Dort erwähnten wir den
Asphalt als eines Hülfsmittels zu gedachtem Zwecke.
Man kann dieses Ziel jedoch noch auf ganz anderm
Wege erreichen, und eine der originellsten Verfahrungsweisen ist die von dem trefflichen Heliographen
der kaiserlich russischen Expedition zur Anfertigung
der Staatspapiere, Herrn G. Scamoni in Petersburg.

Derselbe beobachtete, dass ein gewöhnliches photographisches Negativ keine ebene Fläche bildet, sondern reliefartig erscheint, die durchsichtigen Stellen
(Schatten) sind tief, die Lichter hoch. Dieses Relief
ist aber sehr schwach. Scamoni versuchte nun, dasselbe zu erhöhen, indem er das frisch aufgenommene
und entwickelte Bild mit Pyrogalluslösung und Silberlösung behandelte. Es schlug sich dadurch neues

Silberpulver auf die Bildstellen nieder, indem diese die Eigenschaft besitzen, chemisch ausgeschiedenes Silber anzuziehen und festzuhalten. Durch diese Verstärkung wurde das Relief bedeutend höher. Die Erhöhung kann noch weiter getrieben werden durch Behandlung mit Quecksilberchloridlösung und Iodkaliumlösung, welche das metallische Silber der Bilder in voluminöse Verbindungen überführen. Schliesslich gelangt man zu einem Relief, welches nahezu so hoch ist wie die Vertiefungen einer gravirten Kupferplatte. Hat man z. B. in dieser Weise eine lineare Zeichnung aufgenommen und nach dem erhaltenen Negativ durch Wiederholung des Collodionprocesses in der Cameraobscura ein Positiv gefertigt und dieses durch Verstärken hinreichend erhöht, so hat man alle Mittel an der Hand, nach dem so erhaltenen Bilde eine gravirte Kupferplatte zu gewinnen. Man bringt nämlich die reliefartige photographische Platte in einen galvanoplastischen Apparat, über den wir weiter unten reden werden. Dieser bewirkt auf der Platte einen zusammenhängenden Kupferniederschlag, der natürlich dort vertieft ist, wo die Platte Erhabenheit zeigt, d. h. dort wo Striche oder Bildcontouren sind; so entsteht eine Kupferplatte, die ebenso gut wie eine gravirte abgedruckt werden kann.

Dieses Verfahren wird nur benutzt, um Zeichnungen per Kupferdruck zu reproduciren. Man fertigt in dieser Weise Karten (wobei die Zeichnung photographisch vergrössert oder verkleinert werden kann), ferner Schriften in vergrössertem und verkleinertem Massstabe. Scamoni hat in dieser Weise eine Seite der illustrirten Zeitung „Ueber Land und Meer" auf ein kleines Blättchen von 1 Zoll Breite reducirt, auf welchem unter dem Mikroskop die Schrift noch vollkommen lesbar ist. Dergleichen Leistungen sind keine Spielereien, sondern sie haben grosse Bedeutung für Anfertigung von Werthpapieren und für Bibliotheken, wie wir schon S. 11 und S. 202 andeuteten.

Abschnitt XII. Photographie und Gerichtswesen.

Photographische Legitimationskarten. — Photographie von
Verbrechern, von Eisenbahnunfällen, Brandruinen, Docu-
menten u. s. w.

Von besonderm Interesse ist die Anwendung der
Photographie im gerichtlichen Verfahren. Die treue
Abbildung eines Menschen oder eines Gegenstandes
macht das Wiedererkennen desselben sicherer als die
umständlichste Beschreibung in Worten; eine solche
treue Abbildung liefert uns die Photographie. Man
hat daher zu wiederholten malen dieselbe mit Erfolg
im Passwesen und bei Anfertigung von Legitimationskarten benutzt. Zuerst geschah dies im Jahre 1865,
wo die für die photographische Ausstellung in Berlin
ausgegebenen Saisonkarten, damit sie nicht von einem
Unberufenen benutzt werden konnten, das Porträt des
Inhabers trugen. Jetzt wird dasselbe Verfahren bei
den Saisonkarten des zoologischen Gartens von Berlin
benutzt. Noch wichtiger aber ist sie zur Wieder-
erkennung von Verbrechern. Vielfach bestrafte Per-
sönlichkeiten werden jetzt in Zuchthäusern photographirt, theils um ihrer leichter wieder habhaft zu werden im Entweichungsfalle, theils um sie zu recogno-
sciren, falls sie unter falschem Namen wieder einge-
bracht werden.

Der Justizrath Odebrecht empfiehlt in einer juridi-
schen Abhandlung das photographische Aufnehmen auf-
gefundener Leichen, bei einem Mord die Aufnahme des
Getödteten sowie der Umgebung, zur Information der
Richter. Dieses ist bereits wiederholt geschehen.
Ferner wurden verunglückte Eisenbahnzüge, durch
Feuer, Naturgewalten zertrümmerte Baulichkeiten photographirt zur Information der Eisenbahn oder Ver-
sicherungsgesellschaften oder des Richters, der darüber befinden soll. Grossen Vortheil gewährt hierbei
die Photographie durch die Raschheit ihrer Arbeit,

sie vollendet das Werk in wenigen Minuten und kann dann unmittelbar mit Wiederherstellung des Bahnkörpers oder Gebäudes vorgegangen werden. Ferner ist sie im Gerichtswesen von Bedeutung zur Feststellung von Urkundenfälschungen. Sehr häufig werden gefälschte Wechsel photographirt, um die Copie zur Information an einen Interessenten zu senden. Gestohlene und wieder aufgefundene Sachen werden ebenfalls häufig photographirt, um ihren Eigenthümer zu ermitteln. In verschiedenen grossen Städten lässt die Polizei die als Taschendiebe und Bauernfänger bekannten Personen aufnehmen und pflegt dann das so zusammengestellte Album den Personen vorzulegen, die von solchen Leuten bestohlen sind.

Abschnitt XIII.   Photographie, Industrie und Kunst.

Photographie als Kunstbildungsmittel. — Photographie als Erweiterung der Zeichenkunst. — Musterkarten. — Anwendung zur Controle von Bauten. — Entnehmung von Massen aus Photographien.

Der Bedeutung der Photographie für Reproductionen von Kunstwerken haben wir schon früher hervorgehoben, sie macht in der That jedes Kunstwerk für einen billigen Preis dem Unbemittelten zugänglich, und dadurch ist sie ein ebenso wichtiges Hülfsmittel zur Bildung des Volks im Bereich der Kunst, wie es die Buchdruckerkunst ist für die Wissenschaft.

Ebenso wichtig ist aber die Photographie für diejenigen Zweige der Industrie, denen bildliche Darstellungen unentbehrlich sind, z. B. Baukunst und Maschinenbau. Für diese bildet die Photographie eine wichtige Erweiterung der Zeichenkunst, die das in wenigen Minuten verrichtet, was der Zeichner nur in mehrern Stunden oder Tagen ausführen könnte, und welche dabei so treu reproducirt, wie es kein Zeichner vermag. Wir haben bereits den technisch wichtigen

Lichtpausprocess in unserm zweiten Kapitel beschrieben. Er ist die leichteste Art der Photographie,
er liefert aber nur Copien in Originalgrösse. Der Negativprocess gestattet aber, von jeder Zeichnung nach
Belieben eine vergrösserte oder verkleinerte Copie zu
nehmen. Zu diesen Reproductionen wird Photographie
bereits sehr allgemein verwendet. Ebenso wichtig ist
sie auch für Aufnahmen direct nach der Natur, seien
es Maschinen oder Maschinentheile, Gebäude oder Ge-
bäudetheile. Dergleichen Bilder gewähren nicht nur
ein anschauliches Bild, sondern sie dienen auch zur
Instruction und zur Demonstration in Vorlesungen.
Ja man kann sogar, wenn an einem zu photographirenden Hause nach Längen-, Breiten- und Tiefenrichtung
Massstäbe aufgestellt sind, unter Beachtung der perspectivischen Verkürzungen Dimensionen der einzelnen
Theile aus der Photographie entnehmen. Sehr allgemein werden Bilder in kleinem Format als Musterkarten versendet. Eisengiessereien, Bronzewaarenfabri-
ken, Porzellanfabriken haben zum Theil sogar schon
photographisch illustrirte Preiscourante, deren Bilder
nach Originalnegativen durch Lichtdruck (s. das folgende Kapitel) vervielfältigt werden.

Eine originelle Anwendung der Photographie ist
ferner die zur Controlirung von Bauten. Baumeister
lassen von einem ihnen untergebenen Bau, der weit
von ihnen entfernt ist, allwöchentlich Photographien
aufnehmen, welche ihnen ein übersichtliches Bild des
Fortschreitens des Baues liefern. Was Photographie
in der Porzellanfabrikation, ferner in der Combination
mit vervielfältigenden Künsten zu leisten vermag, das
haben wir bereits angedeutet. Im folgenden Kapitel
werden wir noch mehr darüber erfahren.

FUNFZEHNTES KAPITEL.
Die Chromphotographie.

Wir haben in dem vorliegenden ersten Theile unsers Buches die chemischen und physikalischen Principien der Photographie mit Silbersalzen und ihre Anwendung in Kunst und Wissenschaft, Leben und Industrie ausführlich erörtert.

Man hat nun zahlreiche Versuche gemacht, das theuere Silbersalz durch andere lichtempfindliche Materialien zu ersetzen, und diese Versuche sind zum Theil von Erfolg gekrönt worden. Freilich gelang es bisher nicht, einen Stoff zu finden, der mit der gleichen Leichtigkeit wie Iodsilber ein negatives Bild in der Camera-obscura anzufertigen erlaubt. In Bezug auf Herstellung von Camerabildern nach der Natur sind wir bisher einzig und allein auf Iodsilber und Bromsilber angewiesen. Anders ist es aber mit der Herstellung von positiven Bildern nach vorhandenen Negativen. Diese sind nicht blos mit Hülfe von Silbersalzen, sondern auch mit Hülfe anderer Metallverbindungen mit Erfolg dargestellt worden. Die erreichten Resultate stehen zwar den Silberbildern an Schönheit nach, aber sie gestatten, wie wir später sehen werden, eine Vervielfältigung durch Combination mit Pressendruck ohne Hülfe des Lichts. Wir werden die wichtigsten derartigen Verfahren nunmehr besprechen.

I. Abschnitt. Die Chromverbindungen.

Oxyde (Sauerstoffverbindungen des Chroms). — Chromoxyd-salze. — Chromalaun. — Chromsuperoxyd. — Chromsäure. — Chromsaure Salze im Licht. — Ponton's Entdeckung.

In der Natur kommt (namentlich in Schweden und Amerika) ein schwarzes Mineral vor, Chromeisenstein genannt. Schmilzt man dieses mit kohlensaurem Kali und Salpeter zusammen, so bekommt man eine sehr schön gelbroth gefärbte Salzmasse, die sich im Wasser auflöst und beim Abdampfen in Krystallen erhalten werden kann. Dieses rothe Salz ist das doppelchromsaure Kali. Es besteht, wie schon sein Name sagt, aus Chromsäure und Kali. Letzteres ist der Hauptbestandtheil unserer Seifensiederlauge, erstere besteht aus einem dem Eisen ähnlichen Metall und Sauerstoff. Chrom und Sauerstoff können sehr verschiedene Verbindungen miteinander bilden, so verbinden sich

28 Theile Chrom mit   8 Theilen Sauerstoff zu Chromoxydul,
28   „   „   „   12   „   „   „ Chromoxyd,
28   „   „   „   96   „   „   „ Chromsuperoxyd,
28   „   „   „   24   „   „   „ Chromsäure.

Letztere Verbindung der Chromsäure ist die bekannteste von allen, sie scheidet sich bei Zusatz von Schwefelsäure zu chromsaurem Kali aus und krystallisirt in rothen Nadeln, die sehr leicht einen Theil ihres Sauerstoffs verlieren. Tröpfelt man z. B. auf Chromsäure Alkohol, so entflammt dieser, indem er augenblicklich der Chromsäure Sauerstoff entzieht und diese in einen grünen Körper, das ist Chromoxyd, verwandelt. Chromoxyd bildet mit Säure Salze, z. B. schwefelsaures Chromoxyd. Dieses wiederum verbindet sich gern mit schwefelsaurem Kali zu einem Doppelsalz, welches unter dem Namen Chromalaun bekannt ist und in sehr schönen dunkelvioletten Octaëdern (s. Fig. 89) krystallisirt in den Handel kommt. Es wird hauptsächlich gemeinschaftlich mit dem chromsauren Kali in der Färberei angewendet.

Versetzt man chromsaures Kali mit einer Eisenvitriollösung, so nimmt der Eisenvitriol einen Theil des
Sauerstoffs des chromsauren Kalis auf und es schlägt
sich dann braunes Chromsuperoxyd nieder.

Dieses bildet sich öfter bei Einwirkung Sauerstoff
absorbirender Substanzen auf Chromsäure oder deren
Salze.

Für unsern Gegenstand hat die Chromsäure dadurch
besonderes Interesse, dass sie sowol als auch ihre Salze
lichtempfindlich ist. Reine Chromsäure sowol als
chromsaures Kali verändern sich zwar im Lichte nicht.
Man kann sie jahrelang dem Sonnenlicht aussetzen,
ohne eine Zersetzung wahrzunehmen. Sobald aber ein
Körper gegenwärtig ist, der
sich mit Sauerstoff verbinden
kann, z. B. Holzfaser, Papier
u. s. w., übt das Licht sofort seine Wirkung aus. Diese
Thatsache wurde bereits im
Jahre der Entdeckung der
Photographie, das ist 1839,
von Mungo Ponton beobach-
tet und in dem „New Philo-
sophical Journal" bekannt gemacht. Mungo Ponton schreibt:

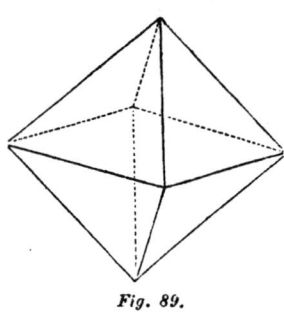

Fig. 89.

„Wird Papier mit einer Auflösung von chromsaurem
Kali getränkt, so wird es empfindlich gegen Sonnenstrahlen. Legt man auf dasselbe einen Gegenstand, so
nimmt der dem Lichte ausgesetzte Theil schnell eine
braungelbe Färbung an, die je nach der Stärke des
Lichts mehr oder weniger tief in Orange übergeht.
Der von dem Gegenstand bedeckte Theil behält seine
ursprüngliche hellgelbe Farbe bei und der Gegenstand
ist somit als helle Silhouette auf dunklerm Grund abgebildet, und zwar mit verschiedenen Farbenabstufun-
gen, je nachdem er in seinen einzelnen Theilen mehr
oder weniger durchsichtig war. In diesem Zustande
ist das Bild, obgleich sehr schön, doch nicht dauer-

haft. Um es zu fixiren, genügt es, dasselbe in Wasser zu tauchen, wobei alle Theile des Salzes, die von dem Lichte nicht berührt wurden, schnell aufgelöst werden, während diejenigen, auf welche das Licht wirken konnte, vollständig auf dem Papiere fixirt sind. Durch letztern Process erhält man das Bild weiss auf Orange und vollständig dauerhaft. Wird es viele Stunden lang dem Sonnenlicht ausgesetzt, so verliert die Grundfarbe an Tiefe, jedoch nicht mehr als dies bei andern Farbstoffen der Fall ist."

Man sieht, dass Mungo Ponton in derselben Weise experimentirte wie Talbot in den ersten Zeiten der Silberphotographie. Möglicherweise hat auch er Blätter copirt. (Vgl. S. 5.) Die Copien, die in gedachter Manier auf chromsaurem Kali erzeugt werden, sind jedoch unendlich viel blässer als die Copien auf Silberpapier.

Man kann sie jederzeit leicht anfertigen, wenn man ein Stück weisses Papier in chromsaure Kalilösung eintaucht (im Dunkeln bei Lampenlicht), nach einer Minute herauszieht und trocknen lässt (am besten hängend) und die trockene Fläche in einem Copirrahmen unter getrockneten Blättern oder einer Zeichnung oder einem Negativ dem Lichte aussetzt.

Die Chromsäure wird alsdann zu braunem Chromsuperoxyd reducirt, dauert aber die Belichtung sehr lange, so geht der Reductionsprocess weiter und es bildet sich grünes Chromoxyd. Das Bild erscheint dann blässer.

Ponton's Experiment blieb somit eine Curiosität, bis der Erfinder der Siberpapierphotographie eine andere Eigenschaft des chromsauren Kalis entdeckte, die zu den weitgreifendsten Anwendungen führte.

Diese Eigenschaft besteht in der Wirkung der Chromverbindungen auf Leim.

II. Abschnitt. Die Heliographie mit Chromsalzen.

Eigenschaften der Gelatine. — Chromsaures Kali und Leim. —
Talbot's Entdeckung. — Wirkung des Lichts auf die Lös-
lichkeit von Leim. — Der photographische Stahldruck. —
Pretsch's Photogalvanographie. — Hochdrucke und Tiefdrucke.
— Bedeutung der erstern. — Schwierigkeiten der Herstel-
lung von Halbtönen auf heliographischem Wege.

Leim im reinsten Zustande, bekannt unter dem Namen Gelatine, ist in kaltem Wasser unauflöslich, er
saugt aber wie ein Schwamm kaltes Wasser auf und
schwillt dadurch an. Erwärmt man ihn mit Wasser, so löst er sich auf, beim Erkalten aber erstarrt
die Lösung zu einer Gallerte. Diese Eigenschaft wird
ja zur Bildung von Sülze in Küchen benutzt. Setzt
man zu der warmen Lösung des Leims Alaun oder ein
Chromoxydsalz oder den obenerwähnten Chromalaun, so wird der Leim unauflöslich in Wasser und
schlägt sich nieder, darauf beruht die bekannte Weiss-
gerberei, denn beim Gerben eines Stückes Leder verbindet sich der Alaun mit dem in dem Leder enthal-
tenen Leimstoff (Chondrin) und dieser wird dadurch
unlöslich und zugleich dauerhaft.

Chromsaures Kali und Leim kann man gemeinschaftlich im warmen Wasser im Dunkeln auflösen, ohne
dass der Leim durch das chromsaure Salz leidet.
Ueberzieht man mit solcher chromsauren Kalileim-
lösung eine Platte oder einen Bogen Papier und lässt
die Schicht trocken werden, so wird sie fest, bleibt
aber, solange sie im Dunkeln aufbewahrt wird, im
Wasser auflöslich. Sobald aber die Schicht vom Licht
getroffen wird, wird das chromsaure Kali zu Chromoxyd reducirt, und dieses gerbt die Leimschicht, d. h.
es macht sie unlöslich im Wasser.

Diese Beobachtung machte Fox Talbot 1852, und
als aufmerksamer Beobachter wusste er sofort Nutzen
davon zu ziehen. Er überzog mit der Chromleimlösung
eine Stahlplatte, liess diese im Dunkeln trocknen und

belichtete sie alsdann unter einer Zeichnung oder einem positiven Glasbilde. Die schwarzen Striche hielten das Licht zurück. . An diesen Stellen blieb die Gelatine daher löslich, unter den weissen Stellen aber wurde sie unlöslich durch Wirkung des Lichts. Er wusch dann die Platte nach der Belichtung im Dunkeln mit warmem Wasser. Dadurch lösten sich die löslich gebliebenen Stellen, die unter den schwarzen Strichen gelegen hatten, die andern blieben auf der Platte zurück. So erhielt Talbot eine Zeichnung im nackten Metall auf bräunlichem Grunde. Diese ist an und für sich werthlos, sie gibt aber ein Mittel an die Hand zur Herstellung einer Stahldruckplatte.

Wir haben bereits früher, auf S. 207, das Wesen des Stahldrucks und Kupferdrucks kennen gelernt. Beide Verfahren gehen aus auf Herstellung einer Metallplatte, welche die zu reproducirende Zeichnung in vertieften Linien enthält. Diese Linien nehmen beim Einschwärzen Farbe auf und geben sie beim Drucken an Papier ab. Die harten Stahlplatten haben den Vortheil, viel mehr Abdrücke auszuhalten als die weichern Kupferplatten, nur stehen die Stahldrucke an künstlerischer Schönheit den Kupferdrucken erheblich nach, und daher hat sich der Geschmack für erstere rasch wieder verloren. Desto wichtiger ist der Stahldruck für Fertigung von technischen und wissenschaftlichen Abbildungen, Werthpapieren und dergleichen, wo es auf künstlerische Schönheit weniger ankommt. Solche Stahldruckplatten waren es nun, welche Talbot mit Hülfe des Lichts erzeugte.

Er nahm seine mit der unlöslichen Leimschicht überzogene belichtete Stahlplatte, deren Metall, wie wir sahen, an allen Stellen, wo das Licht nicht gewirkt hatte, unbedeckt war. Er goss darauf eine Flüssigkeit, welche den Stahl anfrass, z. B. eine Mischung von Essigsäure und Salpetersäure. Diese Mischung wirkte natürlich nur da, wo der Stahl blosslag, und erzeugte so eine vertiefte Zeichnung in der

Stahlplatte, sodass diese nach der Reinigung ebenso
gut einen Stahldruck liefert, als wäre sie vom Stecher
behandelt.

So war ein neues Verfahren gefunden, die schwierige Arbeit des Kupferstechers zu ersetzen durch die
chemische Wirkung des Lichts.

Wir haben bereits früher (vgl. das erste Kapitel)
ein ähnliches Verfahren der Art kennen gelernt, welches
sich auf Anwendung des Asphalts gründet, ferner ein
anderes davon abweichendes von Scamoni. (Vgl. S. 207.)
Dieser Entdeckung von Talbot folgte bald eine wei-
tergehende auf demselben Gebiete.

Ein Deutsch-Oesterreicher, Paul Pretsch, fertigte
1854 nach einem ähnlichen Verfahren mit Zuhülfe-
nahme der Galvanoplastik Kupferdruckplatten. Er
nahm ebenfalls eine Schicht von Leim, welche chromsaures Kali enthielt, belichtete diese unter einem negativen oder positiven Bilde und wusch sie dann in
heissem Wasser.

Hierbei blieben ebenfalls alle Stellen zurück, die
durch das Licht unlöslich geworden waren, und nach
dem Waschen und Trocknen traten diese erhöht hervor. Beim Copiren unter einem Positiv erschienen
demnach die Linien, welche im Original schwarz waren,
vertieft, die weissen Partien erhöht.

Diese reliefartige Schicht wurde nun in einen galvanoplastischen Apparat gebracht. Dieser hat die
Fähigkeit, auf eine Fläche Kupfer oder andere Metalle
niederzuschlagen. Er besteht aus einem galvanischen
Element, wie wir dieses S. 67 beschrieben haben, mit
dessen Polen man einen Trog mit Kupfervitriollösung T
verbindet. An dem Zinkpol hängt man mittels der
Stange B die Reliefs auf, welche man abformen will,
nachdem man sie durch Graphitüberzug leitend gemacht hat, an das Kupferende D hängt man eine
Kupferplatte. Sobald der galvanische Strom circulirt,
wird die Flüssigkeit zersetzt, Kupfer scheidet sich
metallisch an dem Relief aus und die Schicht des

Kupfers wird um so dicker, je länger man die Strom-
wirkung dauern lässt, und man kann demnach Platten
beliebiger Stärke erzeugen.

War die Originalform vertieft, so wird der galvano-
plastische Abklatsch erhaben, und umgekehrt. Im vorliegenden Falle erhält man daher einen Abklatsch mit
erhabenen Linien.

Diese Art Platte ist nun ebenfalls zum Abdrucken
geeignet, jedoch in etwas anderer Weise als eine vertiefte Kupferdruckplatte.

Bei einer vertieften Kupferdruckplatte wird die
Schwärze in die vertieften Striche eingerieben und
dann unter starkem Druck auf Papier übertragen.

Fig. 90.

Bei einer Platte mit erhabener Zeichnung geschieht
der Abdruck nach Art des Buchdrucks; die erhabenen
Stellen werden mit Hülfe eines Lederballens mit Farbe
betupft und dann auf Papier abgedruckt. In dieser
Art wird der Buchdruck ausgeführt. Alle Lettern in
demselben sind erhaben, ebenso alle Holzschnitte, welche
mit im Text abgedruckt werden.

Der Buchdruck ist nun die einfachste und billigste
Vervielfältigungsmanier. Er erlaubt die Anwendung
eines billigen Papiers (der Kupferdruck verlangt ein
dickes weiches Kupferdruckpapier); der Buchdruck gestattet ferner Holzschnitte mit im Text abzudrucken,

der Kupferdruck verlangt für seine Abbildungen besondere Tafeln; der Buchdruck arbeitet endlich mit
enormer Schnelligkeit (Schnellpressendruck), der Kupferdruck erfordert viel mehr Zeit; der Buchdruck nutzt
endlich die Druckformen nur wenig ab, da er mit
schwacher Pressung arbeitet, der Kupferdruck dagegen,
der starker Pressung bedarf, greift die Platte erheblich an, sodass sie nach einem Tausend Abdrücken nicht
mehr so gute Drucke liefert als vorher.

Insofern hat die Herstellung von Platten für den
Buchdruck eine ausserordentliche Wichtigkeit, und
Pretsch hat hierzu den ersten Schritt gethan. Freilich
lieferte sein Verfahren nicht die vollkommensten Resultate. Die vertiefte Platte, welche er auf der Leimschicht mit Hülfe des Lichts erzielte, war nicht tief
genug, um ein hohes Relief mit galvanischem Abklatsch zu erzeugen, solches ist aber nothwendig, denn
sonst dringt die Schwärze auch in die vertieften Theile,
welche weiss bleiben sollen, andererseits lösen sich beim
Waschen des erzielten Leimchrombildes mit heissem
Wasser leicht feinere Partikel des Bildes los und dadurch verlieren die Copien erheblich, ferner hat auch
das Abklatschen mit Hülfe der Galvanoplastik seine
Schwierigkeiten. Die Leimschicht quillt darin zum
Theil, sie verliert ihre Form, kurz die Sache ist nicht
so einfach wie sie erscheint, es sind kleine Schwierigkeiten vorhanden und diese veranlassen Fehler, die der
Laie kaum bemerkt, die aber dennoch der Wirkung
des fertigen Bildes erheblich Eintrag thun.

Schon früh erkannte man, dass diese Verfahren eine
Hauptschwierigkeit darbieten, nämlich die Wiedergabe
der Uebergänge von Licht in Schatten, die Halbtöne.
Diese waren so gänzlich unvollkommen, dass man die
Abbildung natürlicher Gegenstände (Porträts und Landschaften) nach diesem Verfahren bald aufgab und sich
damit begnügte, Zeichnungen, Karten und dergleichen
in vergrössertem oder verkleinertem Massstabe zu reproduciren und dadurch Clichés für den Kupferdruck und

Buchdruck herzustellen. Diese Anwendung ist von nicht geringer Bedeutung, denn sie fertigt eine druckbare Metallplatte mit Hülfe des Lichts in so viel Stunden als ein Stecher vielleicht Tage braucht, und mit viel geringern Kosten.

Wir geben diesem Werkchen zwei Tafeln bei, welche beide mit Hülfe von Leim und Chromsalz nach einer Modification des hier beschriebenen Verfahrens von Scamoni in Petersburg ausgeführt sind. Beide sind Abdrücke heliographischer Platten; die eine, kleinere (Taf. III: Am Rhein), eine Hochdruckplatte, die in der Buchdruckerpresse gedruckt ist, die andere (Taf. IV: Johannisfest) ein Tiefdruck in Kupferdruckmanier.

Abschnitt III. Die Erzielung von Photoreliefs.

Die Photosculptur. — Der Storchschnabel (Pantograph). — Der Quellprocess. — Das Chromgelatinrelief. — Das durch kaltes Wasser erhaltene Quellrelief. — Relief durch heisses Wasser. — Schwierigkeiten bei der Herstellung desselben. — Der Uebertragsprocess.

Vor mehr als zehn Jahren kam von Paris aus die Kunde einer ganz neuen Entdeckung, der Photosculptur, die die Herstellung von Statuen mit Hülfe des Lichts erzielen sollte. Nach der Beschreibung geschah dieses freilich auf einem Umwege. Man setzte eine Person in die Mitte eines Kreises. Rings um dieselbe standen 20 photographische Apparate, die in einem gegebenen Moment 20 Bilder der Person aufnahmen und dieselbe von den verschiedensten Seiten abbildeten. Diese Photographien wurden nun mit ihren Umrissen in Thon übertragen vermittels eines Instruments, das man gewöhnlich Storchschnabel oder Pantograph nennt. Dieses besteht aus einem Stangensystem $a\,b\,c\,d$ (Fig. 91). Von diesem sitzt eine Stange a an einem festen Drehpunkt x, die andern sind an der Nietstelle beweglich. m und n sind zwei Stifte. Führt man den

einen Stift *m* an einer Zeichnung entlang, so macht
der andere Stift *n* dieselbe Bewegung, und legt man
ein Stück Papier unter, so zeichnet der Stift *n* genau
dieselbe Linie, welche der erste Stift *m* beschreibt.
Denkt man sich nun statt des Stifts *n* ein Messer,
welches die Contour, welche der erste Stift *m* beschreibt,
in Thon eingräbt, so erhält man ein Profil in Thon,
wenn man den Stift *m* an einem Bildumriss entlang
bewegt, und in dieser Weise kann man sämmtliche
Profile der aufgenommenen Person in Thon übersetzen.
Diese sogenannte Photosculptur ist freilich in dieser

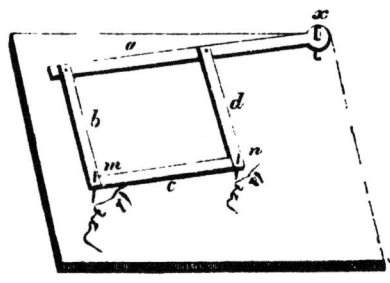

Fig. 91.

Weise nur unvollständig auszuführen. Eine sorgfältige
Durcharbeitung von sehr geschickter künstlerischer
Hand bleibt hierbei noch nothwendig, und genau ge-
nommen ist diese die Hauptsache. Soweit Verfasser
die Sache durchschaut hat, ist bei der ganzen Arbeit
der Storchschnabel nur Vorwand; ein geschickter
Künstler modellirt die Büste nach den vorhandenen
Photographien.

Dennoch gibt es Reliefs durch das Licht erzeugt,
und diese Reliefs sind keine Erfindung der Reclame,
sie sind sogar sehr leicht herzustellen, und verwun-
derlich ist es, dass das Verfahren bisjetzt noch keinen
Boden gefunden hat.

Wir haben oben die Eigenschaften des Leims erörtert und bemerkt, dass dieser die Fähigkeit habe, im kalten Wasser aufzuquellen. Diese Fähigkeit geht nun verloren, wenn man Leim mit chromsaurem Kali tränkt und belichtet. Nimmt man diese Belichtung unter einem negativen Bilde vor, so verlieren alle Stellen, die unter den durchsichtigen Partien liegen, ihre Quellfähigkeit, die andern, vom Licht nicht afficirten Stellen, behalten sie. Wirft man demnach die belichtete Schicht in Wasser, so schwellen die Stellen, welche nicht vom Licht afficirt sind, auf, während die vom Licht afficirten vertieft bleiben. Das Resultat ist ein wirkliches Relief: die Lichter sind hoch, die Schatten sind tief, und dieses Relief ist so stark, dass man es in Gips abgiessen kann. Man trocknet zu diesem Zweck das Relief mit Fliesspapier ab, bestreicht es mit Oel und giesst Gipsbrei darüber. Dieser erstarrt alsbald und liefert jetzt einen Abklatsch des Gelatinreliefs, der dort erhaben ist, wo das

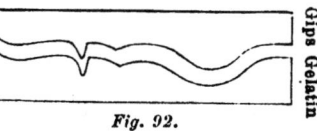

Fig. 92.

Gelatinrelief vertieft ist, und umgekehrt. (Fig. 92.)

Es scheint, als wenn von einem solchen Gelatinrelief eine Druckplatte für den Buchdruck leicht gewonnen werden könne. Man denke sich die Gelatinschicht unter einer Zeichnung belichtet. Die schwarzen Striche halten dann das Licht zurück. An diesen Stellen kommen demnach die Gelatinpartikel durch Quellen im Wasser erhaben heraus. Man hat also die Zeichnung erhaben dargestellt, das ist es gerade, was der Buchdruck braucht. Man würde nun nichts weiter nöthig haben, als Abguss des Reliefs in Gips und Abguss der Gipsform in Metall, wie solches täglich beim Clichiren von Holzschnitten geschieht. Aber leider scheitert auch dieses Verfahren an einer Kleinigkeit. Die Striche sind nämlich in dem gequollenen Relief ungleich hoch. Der Buchdruck verlangt aber die Striche der Form vollständig in einer Ebene, sonst lassen sie sich nicht gleichmässig einschwärzen und abdrucken.

Dagegen ist der Abguss sehr gut als Reliefbild verwendbar, wenn man daran zweckmässige Retouchen anbringt. Es wurden vor mehrern Jahren solche Reliefs mit Porträts als Petschaft in den Handel gebracht, doch war die Ausführung eine zu unvollkommene, und dadurch verloren diese Reliefs sehr bald wieder die anfänglich erlangte Gunst.

Nun kann man noch auf andere Weise Reliefs aus einer belichteten Leimschicht erzielen, nämlich durch heisses Wasser. Solches löst, wie wir oben gesehen haben, die nicht vom Licht getroffenen Theile, welche löslich geblieben sind, auf und lässt die vom Licht getroffenen, also unlöslich gewordenen, zurück. Diese unlöslich gebliebenen bleiben als Hervorragungen stehen.

Hierbei ist jedoch noch eine Vorsichtsmassregel nöthig. Ist z. B. N Fig. 93 a ein photographisches Negativ, $c\,c$ die undurchsichtigen Theile desselben, b die halbdurchsichtigen (die sogenannten Halbtöne), und belichtet man unter demselben eine Chromsalzleimschicht g (Fig. 93 b), so dringt das Licht je nach seiner Stärke verschieden tief in dasselbe ein, am tiefsten unter den durchsichtigen Stellen, weniger tief unter den halbdurchsichtigen, gar nicht unter den undurchsichtigen.

Es werden sich demnach unter dem Negativ unlösliche Schichten verschiedener Dicke bilden, wie dieses in Fig. 93 b dargestellt ist; die schraffirten Theile in der Figur bedeuten die unlöslich gewordenen Partien.

Taucht man nun die Leimschicht (Fig. 93 b) in heisses Wasser, so lösen sich alle in der Figur weiss gelassenen Stellen auf, dadurch verlieren aber die nicht an der Unterlage P (z. B. Papier) haftenden Halbtöne ihren Halt und reissen ab, es bleibt demnach ein Relief von der Gestalt Fig. 93 d zurück. Die Halbtöne $y\,y$ fehlen. Um diese Störung zu umgehen, muss man der belichteten Fläche eine neue Unterlage geben, welche

die Halbtöne festhält. Zu dem Zwecke presst man
auf die belichtete Fläche ein Stück Albuminpapier,
welches sehr fest an der Oberfläche der Leimschicht
haftet. Taucht man alsdann den Bogen (Fig. 93 b) in
heisses Wasser, so löst sich das Pagier P von g ab.
Die Leimtheilchen bleiben an dem Eiweisspapier hängen,
die weissen Stellen in der Fig. 93 b lösen sich auf und
alle Halbtöne yy hängen fest an der neuen Unterlage,
wie in Fig. 93 e, und bilden ein Relief.

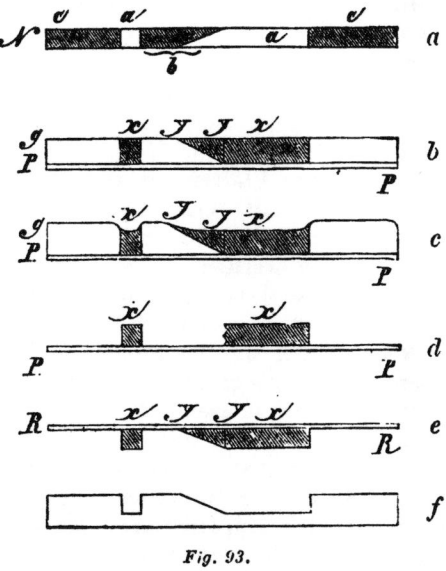

Fig. 93.

Man nennt solchen Process den Uebertragsprocess.
Vergleicht man das S. 223 beschriebene, mit kaltem
Wasser durch Quellen erzielte Relief (Fig. 93 c) mit dem
durch heisses Wasser erzielten (Fig. 93 e), so sieht man
sofort den Unterschied. Bei dem erstern quellen die
nicht belichteten Stellen auf und treten reliefartig
hervor, bei dem letztern die belichteten.

Abschnitt IV. Der Reliefdruck.

Erzielung von photographischen Halbtönen. — Herstellung
einer Reliefdruckplatte nach einem Gelatinrelief. — Woodbury's. Druckverfahren. — Bedeutung desselben. — Reliefdruck auf Glas und Laterna-magica-Bilder.

Die Erzielung von Reliefs mit kaltem, resp. mit
warmem Wasser, welche wir im vorigen Abschnitt besprochen haben, hat zwar nicht zu einer Art Photosculptur geführt, wohl aber zu einem Druckverfahren
ganz eigenthümlicher Art, das nach seiner Erzeugung
Reliefdruck heisst und von Woodbury in England 1865
erfunden wurde.

Die bereits beschriebenen heliographischen
Druckmethoden scheinen sehr einfach zu sein. Dennoch sind sie nicht im Stande, alle Gegenstände bildlich in druckfähigen Platten zu reproduciren. Eine
lineare Zeichnung, z. B. eine Landkarte oder eine
Druckschrift, kann nach diesem Verfahren ziemlich
leicht wiedergegeben werden, sowol in vergrössertem
als in verkleinertem Massstabe, und dieser Umstand
sichert diesem Verfahren seinen Werth. Viel schwieriger ist es aber, Bilder mit Halbtönen, z. B. getuschte
Zeichnungen oder Photographien, nach der Natur in
dieser Weise zu reproduciren. Die zarten Halbtöne
werden rauh und hart, und das Bild erscheint dadurch
unglaublich hässlich. Nach Osborne liegt dieses hauptsächlich in der Natur der Halbtöne in Kupferdrucken.
Der Halbton wird bei Kupferdrucken dadurch hervorgebracht, dass man schwarze Striche mehr oder weniger dicht nebeneinanderlegt, wie man dieses bei den
gravirten Kupferplatten und gewöhnlichen Holzschnitten
leicht erkennen kann, oder indem man die Kupferplatte körnt, d. h. sie rauh macht, sie bildet dann
eine Reihe von Punkten, die, je nachdem sie mehr
oder weniger dicht stehen, mehr oder weniger grau
oder schwarz erscheinen und so den Halbton bilden.
Ganz verschieden davon ist der Halbton getuschter

Zeichnungen und Photographien. Derselbe bildet nicht Striche oder Punkte, sondern eine homogene helle oder dunkle Farbe.

Der photographische Halbton müsste daher erst in einer Reihe von Strichen oder Punkten gleichsam aufgelöst werden, um ein Kupferdruckhalbton zu werden, und darin liegen die Schwierigkeiten.

Woodbury kam nun darauf, homogene Halbtöne, die denen der Photographien oder getuschten Zeichnungen völlig gleich sind, durch ein neues Druckverfahren zu erzeugen.

Er stellte ein Relief dar durch Belichten von Chromgelatin unter einem Negativ und Behandeln desselben mit heissem Wasser. Dieses Relief zeigt die Schwärzen des Originals hoch, die Lichter tief. (Denn das Negativ ist da durchsichtig, wo das Original schwarz ist, an jenen Stellen geht daher das Licht ungehindert durch.) Die Halbtöne bilden sich ab durch Uebergänge zwischen Höhen und Tiefen, sie sind gleichsam die Abhänge der Höhen. (Vgl. Fig. 93 c.)

Wenn man dieses Gelatinrelief trocknen lässt, so wird es ausserordentlich hart und fest. Man kann es alsdann mit einer Bleiplatte in eine starke Presse legen und dadurch einen Abdruck des Reliefs in Blei erzielen. Natürlich erscheinen in dem Blei die Erhöhungen des Gelatinreliefs vertieft, die Vertiefungen erhöht, wie dieses Fig. 93 d darstellt.

Dieses Bleirelief benutzt Woodbury als Druckplatte. Er druckt es jedoch keineswegs mit fetter Druckschwärze, denn diese ist zu undurchsichtig, sondern mit einer halbdurchsichtigen Gelatinschwärze. Diese wird warm auf die horizontal gelegte Platte gegossen, sie dringt in die Vertiefungen ein, und legt man jetzt ein Stück Papier auf und presst es leise an, so erstarrt die Gelatine alsbald und man hat alsdann auf dem Papier einen reliefartigen Abdruck. Da nun die Schwärze durchscheinend ist, so erscheint sie in ihren dünnen Lagen bedeutend weniger schwarz wie

15*

in den dicken, und an Stellen, wo ihre Dicke stetig
abnimmt, entsteht ein Uebergang von Schwarz in Weiss,
ein vollkommen homogener Halbton. Sobald die Schicht
trocknet, schrumpft das Relief erheblich zusammen,
die Halbdurchsichtigkeit aber bleibt, und so ist man
im Stande, die schönsten Halbtöne der Photographie
durch Druck wiederzugeben.

Dieser Reliefdruck von Woodbury hat bereits
eine hohe Bedeutung erlangt, er kann mit beliebigen
Farben arbeiten und er ermöglicht die Vervielfältigung
photographischer Negative nach einer einzigen Druck-
form ohne Hülfe des Lichts. Er ist deshalb überall
von Bedeutung, wo es sich um eine grosse Anzahl von
Bildern handelt, z. B. bei Reproductionen nach Oelgemälden und Handzeichungen.

Daher wird er in Kunstanstalten grossen Stils, z. B.
Goupil in Paris, Bruckmann in München, vielfach angewendet. Für das Porträtfach benutzen ihn Photographen nicht, weil die Herstellung eines tadellosen
Gelatinreliefs und der Abklatsch desselben in Blei sehr
grosse Routine und kostspielige Apparate erfordert,
die bei dem Kleinbetrieb eines Porträtgeschäfts nicht
lohnen würden.

Das unserm Buche beigegebene Titelbild, den Mond
darstellend, nach einer photographischen Aufnahme von
Rutherford, von der wir bereits S. 185 gesprochen
haben, ist ein Reliefdruck, ausgeführt von der Relief
Printing Company in London.

Ein ganz besonderer Vorzug des Reliefdruckverfah-
rens liegt darin, dass es auch Druck auf Glas zu fertigen erlaubt. Man erhält so wundervolle Transparent-
bilder, die als Fenstervorsetzer einen ausserordentlich
schönen Effect machen. Goupil hat Copien nach Oelgemälden in solcher Reliefmanier gefertigt, und sieht
man diese vielfach in den Schaufenstern der Kunst-
handlungen. Ebenso reizend sind aber die schönen
Transparentstereoskopenbilder auf Glas, welche nach
diesem Verfahren dargestellt sind; sie übertreffen an

Weichheit und Schärfe fast gewöhnliche Silbercopien. Neuerdings sind eine Reihe sehr schöner Laterna-magica-Bilder von wahrhaft magischer Wirkung in Woodburydruck in den Handel gekommen, die einst berufen sein dürften, als wichtiges Unterrichtshülfmittel an Lehranstalten eine Rolle zu spielen. Verfasser hat bereits eine Collection amerikanischer Landschaften in dieser Art, deren Vergrösserungen durch die Laterna belehrender sind als das breiteste geographische Handbuch.

Bilder der Art können viel billiger geliefert werden als gewöhnliche Transparentstereoskopen-Photographien (s. das Kapitel Landschaftsphotographie, S. 156).

Abschnitt V. Der Pigmentdruck oder die Herstellung der Kohlebilder.

Poitevin's Verfahren. — Herstellung von Bildern in beliebigen Pigmenten. — Schwierigkeiten derselben. — Verkehrte Drucke. — Uebertragsprocess. — Vergleichung des Pigmentdrucks mit Silberdruck. — Braun's Facsimile nach Handzeichnungen. — Uebertragung eines Lichteindrucks durch Pressung.

Oben haben wir gesehen, dass Leim mit chromsaurem Kali gemischt im Lichte unauflöslich wird. Diese Thatsache wurde durch ihren Entdecker Talbot die Grundlage der Heliographie, d. h. des photographischen Stahldrucks. Poitevin, ein um die Photographie sehr verdienter Franzose, gründete auf denselben Process ein anderes Verfahren; er stellte nämlich damit Bilder in verschiedenen Pigmenten (Farbstoffen) her. Zunächst benutzte er als Pigment Kohle, und so erhielt er die Kohlebilder.

Das Verfahren ist einfach: Poitevin nahm Leim, den er mit Schwärze färbte, überzog damit Papier und belichtete dieses unter einem Negativ, alsdann wusch er die Leimschicht mit heissem Wasser, dadurch gingen die löslich gebliebenen Gelatintheile herunter, die un-

löslich gewordenen blieben zurück und hielten natürlich die beigemischte Schwärze fest. Dadurch entstand
ein Kohlebild. So einfach dieses Verfahren aussieht,
so hat es doch seine Schwierigkeiten.

Wie oben bei Besprechung der Photoreliefs bemerkt
wurde, dringt die Wirkung des Lichts oft nicht bis
zur Unterlage der Gelatinschicht. Die unlöslich gewordenen Halbtöne hängen daher nicht fest und
reissen beim Waschen ab, wie in Fig. 93 e, S. 225.
Daher müssen die Bilder, ehe man sie in heisses Wasser legt, übertragen werden. Dieses geschieht wie
in dem Kapitel über Photoreliefs am Schluss erörtert
worden ist. Man presst im Dunkeln einen Eiweiss-
bogen auf die Gelatinfarbeschicht und taucht dann das
Ganze in heisses Wasser; die Halbtöne bleiben alsdann
an dem aufgepressten Papier hängen und das Bild erscheint auf demselben unverletzt, wie in Fig. 93 e.

Freilich ist die Stellung desselben jetzt verkehrt,
d. h. was in dem untern Bilde ursprünglich rechts
lag, kommt jetzt links. Dass dieses so sein muss,
kann man leicht nachweisen. Man schreibe mit dicker
Tinte ein Wort in grossen Buchstaben auf Papier und
lege ein Stück Löschpapier auf die frische Schrift,
dann hebe man letzteres ab. Die Tintenschrift hat
sich dann verkehrt abgedruckt. In der Briefcopir-
presse geschieht dasselbe. Man druckt daher die Briefe
auf ganz dünnes Papier, damit man sie auch von der
Rückseite lesen kann, von dieser gesehen erscheinen
sie wieder richtig. Pigmentdrucke können nun nicht
auf so dünnes Papier gedruckt werden, daher muss
man, falls die verkehrte Stellung schadet, noch zu
einem zweiten Uebertragsprocesse greifen, indem man
das Bild von der ersten Unterlage auf eine zweite
bringt. Neuerdings geht man zu diesem Zwecke in
folgender Weise vor:

Man legt die belichteten Leimflächen feucht auf eine
glatte Zinktafel und lässt sie hierauf trocken werden;
sie klebt dann sehr fest an. Die so auf Zink geleimte

Copie taucht man in warmes Wasser, sie entwickelt
sich dann, das Papier löst sich ab und das Bild liegt
auf der Zinktafel. Jetzt nimmt man ein Stück weisses
Leimpapier, leimt dieses auf die Zinktafel und lässt
es wieder trocken werden. Das Bild haftet dann fest
am Leimpapier, und beim vorsichtigen Ablösen desselben lässt es die Zinktafel los und bleibt am Papier
sitzen. Auf dem Papier erscheint es dann in richtiger
Stellung. In dieser neuern Form wird der Process
namentlich in England, im Arsenal von Woolwich,
ausgeübt.

Die so erhaltenen Pigmentdrucke sind den Wood-
burybildern äusserst ähnlich, übertreffen sie aber in
Feinheit und Leichtigkeit der Herstellung. Das Verfahren hat aber den Silberdruck noch nicht zu ver-
drängen vermocht, denn der Preis an Material stellte
sich wegen des doppelten Papierverbrauchs ebenso
hoch als in der Silberphotographie, und die Arbeit ist
noch etwas complicirter und daher theuerer.

Einen grossen Vortheil haben die Pigmentdrucke
durch die beliebige Wahl der Farbe, man kann dazu
echte Tusche nehmen und erhält dann absolut dauer-
hafte Bilder, die nicht vergilben und nicht verbleichen
können.

Ebenso kann man englisch Roth, Sepia, Blau u. s. w.
mit der Gelatine mengen und dadurch Bilder in gedachten Farben herstellen. Dieser Umstand hat Wichtigkeit, wenn es sich um Reproduction von Handzeichnungen handelt, die in farbigen Stiften ausgeführt sind.
Solche Handzeichnungen, Skizzen alter Meister, finden
sich massenhaft in verschiedenen Museen. Braun in
Dornach (Elsass), derselbe Photograph, der sich durch
seine schönen Schweizeransichten bekannt gemacht hat,
hat es unternommen, diese Handzeichnungen in der
Originalfarbe durch Pigmentdruck zu reproduciren,
indem er davon zunächst ein Silbernegativ auf gewöhnlichem Wege fertigte und dieses auf farbige Leim-
schichten copirte. In dieser Weise hat er viele Zeich-

nungen, die nur als Unicum existirten, allen Kunst-
jüngern und Liebhabern in treuen Facsimiles für einen
billigen Preis zugänglich gemacht.

Neuerdings ist auf dem Gebiete des Pigmentdrucks
eine sehr interessante Beobachtung von Abney in England gemacht worden. Er bemerkte, dass wenn eine
belichtete Leimschicht längere Zeit im Dunkeln liegen
bleibt, die Unlöslichkeit zunimmt. Eine solche Schicht,
die frisch entwickelt nur ein schwaches Bild geben
würde, gibt daher nach mehrstündigem Liegen ein
kräftiges Bild. Diese Thatsache erlaubt, die Belichtungszeit der Pigmentbilder erheblich zu reduciren,
d. h. in derselben Zeit mehr Bilder zu machen.

Noch interessanter ist eine Beobachtung von Marion
in Paris. Dieser belichtete ein Stück gewöhnlichen
Papieres, welches durch Eintauchen in Chromlösung
lichtempfindlich gemacht worden war, alsdann presste
er es im Dunkeln mit einem feuchten, mit chromsaurem Kali getränkten Pigmentbogen zusammen.
Die Pigmentschicht wurde dadurch unlöslich an allen
Stellen, wo sie mit den belichteten Theilen des
Chrompapiers in Berührung war, sie blieb an diesen
Stellen des Chrompapiers fest haften, und beim Entwickeln mit warmem Wasser erhielt er ein Pigmentbild auf dem Chrompapier.

Inwieweit dieses Verfahren praktisch brauchbar ist
(denn bei der praktischen Ausübung ergeben sich stets
Schwierigkeiten, deren Ueberwindung lange Experimente erfordert), muss noch die Zukunft lehren.

Abschnitt VI.   Der Lichtdruck.

Empfänglichkeit belichteter Chromgelatine für fette Schwärze.
— Poitevin's und Tessié de Mothay's Verdienste. — Albert-
typie oder Lichtdruck. — Ausführung desselben. — Leistungs-
fähigkeit und Vergleich mit Reliefdruck.

Wir haben gesehen, dass die Leimchromatschicht
im Licht unlöslich wird und ihre Quellfähigkeit ver-

liert. Zugleich nehmen die belichteten Stellen eine merkwürdige Eigenschaft an, sie werden nämlich empfänglich für fette Schwärze. Ueberfährt man einen belichteten Leimchromatbogen mit einem nassen Schwamm, so saugt er das Wasser nur an den vom Lichte verschont gebliebenen Stellen auf; überfährt man ihn dann mit fetter Schwärze, so bleibt diese merkwürdigerweise nur an den vom Licht getroffenen Stellen hängen. Diese Thatsache entdeckte bereits Poitevin, der um die photographische Chemie wohlverdiente Forscher. Legt man auf eine solche eingeschwärzte Leimschicht ein Stück Papier und presst es, so bleibt die Schwärze am Papier haften und man erhält einen Abdruck des Bildes, unter dessen Negativ die Leimschicht belichtet worden war.

In dieser Weise entsteht ein sogenannter Lichtdruck. Dieses eigenthümliche Druckverfahren lieferte anfangs sehr unvollkommene Resultate. Die leichte Verletzbarkeit der Leimschicht, die Schwierigkeit, die richtige Belichtungsdauer festzustellen, die passendste Consistenz der fetten Schwärze auszufinden, und andere Hindernisse machten das Verfahren unproductiv. Schon nach hundert Abdrücken war in der Regel die Leimschicht durch den Druck so verletzt, dass sie nicht mehr brauchbar war. Tessié de Mothay in Metz brachte es bei Ausübung des Processes zu einer gewissen Virtuosität, aber erst Albert in München gelang es, dasselbe so auszubilden, dass es jetzt in der That lebensfähig und praktisch bedeutsam geworden ist.

Die Experimentatoren vor Albert hatten die Leimschicht auf Metall getragen. Auf diesem haftete sie aber nur unvollkommen. Albert aber goss die mit chromsaurem Kali versetzte Leimlösung im Dunkeln auf Glas und belichtete sie nach dem Trocknen einen Moment von der Rückseite. Dabei übte das Licht eine oberflächliche Wirkung aus, die unmittelbar am Glase haftende Partie des Leims wurde unlöslich und hielt dadurch ausserordentlich fest am Glase. Dann wurde die Leimschicht auf ihrer Vorderseite mit einem Negativ bedeckt und dem Lichte ausgesetzt. Es kommt dadurch ein schwach grünliches Bild zum Vorschein. Die belichtete Schicht wird alsdann in Wasser gewaschen, bis alles Chromsalz fortgewaschen ist, und nachher trocknen gelassen.

Behufs des Druckens feuchtet man einen Schwamm mit glycerinhaltigem Wasser an und überfährt damit die Schicht vorsichtig. Das Wasser dringt ein an allen Stellen, wo das Licht nicht gewirkt hat. Jetzt nimmt man eine Lederwalze und schwärzt sie ein, d. h. man breitet auf ein Stück Marmor etwas fette Druckerschwärze aus, indem man mit der Lederwalze darüber rollt, bis sie gleichmässig überzogen ist, dann rollt man mit der geschwärzten Walze unter leisem Druck über die Leimschicht hinweg und wiederholt dieses öfters. Alle Stellen, welche vom Licht getroffen worden sind, nehmen dabei Farbe von der Walze auf, die übrigen nicht, und schliesslich entsteht ein kräftiges Bild auf der anfangs fast farblosen Fläche. Sobald dieses hinreichend eingeschwärzt ist, legt man ein Stück Papier darauf und lässt es mit der Platte auf einer Gummiunterlage zwischen mit Gummi überzogenen Walzen hindurchgehen. Hierbei geht die Schwärze des Bildes an das Papier über und erzeugt so einen Abdruck mit allen Halbtönen. Natürlich kann das Einschwärzen und Abdrucken nachher beliebig oft wiederholt und können so Hunderte, ja, wenn die Platte sehr fest ist, Tausende von Abzügen gefertigt werden.

Diese Alberttypien oder Lichtdrucke, wie sie neuerdings genannt wurden, kommen an Schönheit den Silbercopien wol nahe, erreichen sie aber noch nicht. Sehr schön eignet sich das Verfahren zur Wiedergabe von Bleistift- und Kreidezeichnungen (Cartons). Diese werden fast naturgetreu reproducirt. Herr Albert hat Schwind's Märchen von den sieben Raben, ferner mehrere Kaulbachcartons in Lichtdruck reproducirt und herausgegeben. Ebenso sind die Aufnahmen des pho-

tographischen Detachements des preussischen General-
stabs im französischen Kriege in Lichtdruck von Obernetter reproducirt worden. Auch die Aufnahmen der
Wiener Weltausstellung, welche im Austellungsgebäude
verkauft und die von vielen für gewöhnliche Photographien gehalten wurden, sind Lichtdrucke von
Obernetter in München, der sich nächst Albert um
dieses Verfahren am meisten verdient gemacht hat.
Wir geben in dem beigehefteten Doppelbild von Fräulein Artot (Taf. II) unsern Lesern eine Probe eines
Lichtdrucks von Obernetter in München.

Der Glanz dieser Bilder wird durch einen nachträglich aufgebrachten Lacküberzug hervorgebracht.

Vergleicht man die Leistungen des Woodburydrucks
mit denen des Lichtdrucks, so stellt sich heraus, dass
der Reliefdruck die Schatten und schwarzen Theile
des Bildes schöner wiedergibt, dass aber die hellen
Partien (die Weissen) leicht unrein erscheinen. Auf
der andern Seite aber erscheinen die Reliefdrucke viel
photographieähnlicher als die Lichtdrucke, letztere
haben eher einen lithographieartigen Ton. Nur durch
Ueberziehen mit Lack werden sie der Photographie
ähnlicher. Genau genommen bleiben aber die Proben
beider Verfahrungsweisen gegen die gewöhnliche Silberphotographie etwas zurück. Diese ist in Bezug auf
Gleichförmigkeit der Halbtöne, Schönheit der Lichter
und Tiefe der Schatten noch unübertroffen, und sie hat
vor Lichtdruck und Woodburydruck namentlich eins
voraus, das ist die leichte Herstellung. Zur Fertigung
von Relief- und Lichtdrucken bedarf man erst einer
Druckplatte, deren Herstellung complicirtere Vorrichtungen voraussetzt als der photographische Positivprocess, ferner aber noch eines geschickten Druckers.
Der Silberdruck gibt aber auch mit sehr einfachen
Hülfsmitteln selbst in Händen Ungeübter gute Resultate. Man wird ihn daher in der Porträtpraxis, wo
es sich zuweilen nur um Herstellung von einem Dutzend

Bilder handelt, stets vorziehen. Lichtdruck und Reliefdruck sind aber von Bedeutung, wenn es gilt, in kurzer
Zeit **grosse Auflagen** von Bildern zu liefern.

Abschnitt VII. Der Anilindruck.

Anilinfarben und ihre Entstehung. — Wirkung der Chromsäure auf Anilin. — Benutzung desselben in der Photographie. — Willis' Druckprocess. — Anwendung desselben.

Jedermann kennt die in neuerer Zeit in Aufnahme
gekommenen hochfeurigen Anilinfarben: Hofmann's
Violett, Magentaroth, Anilingrün und wie sie alle heissen.
Diese wundervollen, alle frühern Pigmente an Brillanz,
Tiefe und Leuchtkraft übertreffenden Farben verdanken
wir vorzugsweise dem berühmten Chemiker A. W. Hofmann. Die Farben entstehen durch Wirkung verschiedener sauerstoffabgebender Körper auf das Anilin.

Anilin ist ein Stoff, der in seinem chemischen Verhalten Aehnlichkeit mit Ammoniak (Salmiakgeist) hat,
er riecht nur anders wie dieser und hat auch eine
andere Zusammensetzung. Man gewinnt den Stoff als
eine braune Masse aus dem Steinkohlentheer durch
Destillation.

Wird diese braune Flüssigkeit mit Chlor oder Salpetersäure, oder Braunstein und Schwefelsäure, oder
Arseniksäure u. s. w. behandelt, so entstehen die ver-
schiedenartigsten Farbennuancen. Eine davon interessirt uns speciell, das ist die Farbe, welche entsteht,
wenn Anilin mit chromsaurem Kali und Schwefelsäure
zusammen erhitzt werden. Hierbei entsteht ein eigenthümlicher violetter Stoff, das Anilinviolett. Chromsaures Kali ist ein Körper, der in unsern photochemi-
schen Processen eine Rolle spielt, wie wir gesehen
haben, und darauf gründet sich der von Willis erfun-
dene **Anilindruck.**

Willis badet ein Stück Papier im Dunkelzimmer in einer Auflösung von chromsaurem Kali und Schwefelsäure und trocknet es. Das Papier beleuchtet er unter einem positiven Bilde, z. B. einer Zeichnung, einem Kupferstich. Das Licht scheint dann durch das weisse Papier hindurch, und an diesen Stellen wird die Chromsäure zu Chromoxyd reducirt, welches auf Anilinfarbe keine Wirkung hat. Unter den schwarzen Strichen dagegen, welche das Licht zurückhalten, bleibt die Chromsäure unverändert. Nach der Belichtung sieht man ein äusserst blasses Bild von unveränderter gelber Chromsäure. Wenn dieses so erhaltene blasse Bild Anilindämpfen ausgesetzt wird, so bildet sich an den Stellen, wo sich die gelben Striche befinden, Anilinbraun, und dadurch wird die anfangs blasse gelbe Copie kräftig sichtbar.

Man nimmt diese Räucherung mit Anilindämpfen in der Art vor, dass man die Copien in eine Kiste legt und einen Deckel auf dieselbe deckt, der an seiner untern Fläche eine Lage Löschpapier enthält, welches man mit einer Auflösung von Anilin in Benzin befeuchtet. Dieser Process gibt nach einem positiven Bilde wieder ein positives Bild, und dadurch ist er von ausserordentlichem Werth zur Herstellung naturtreuer Copien nach Zeichnungen. Freilich sind solche Copien in der Stellung verkehrt, wie Spiegelbilder im Vergleich mit dem Original. Dieser Umstand beeinträchtigt die Brauchbarkeit solcher Copien in manchen Fällen. Der Grund, dass solche Copie verkehrt werden muss, ist leicht ersichtlich, wir haben denselben bereits S. 230 auseinandergesetzt. Man kann jedoch auch Copien in richtiger Stellung erhalten, falls die Originalzeichnung sehr dünn ist. Man legt alsdann die Rückseite der Zeichnung mit dem Chromsäurepapier zusammen und lässt das Licht von der Vorderseite darauf scheinen.

Ein anderer Uebelstand dieses Processes ist, dass

das chromsaure Papier immer frisch präparirt werden
muss, da es sehr rasch verdirbt, dass man ferner die
Dauer des Copirens sehr schwer richtig abmessen kann.
Copirt man zu kurze Zeit, so bleibt überall im Papier
noch unveränderte Chromsäure zurück, und dann
schwärzt sich das ganze Papier im Anilindampf; copirt
man zu lange, so wirkt auch das Licht durch die
schwarzen Striche der Zeichnung allmählich hindurch,
reducirt die Chromsäure und das Papier bleibt alsdann
im Anilindampf völlig weiss, da keine Chromsäure
mehr vorhanden ist, um Anilinfarbe zu bilden. Diese
Umstände beeinträchtigen die Brauchbarkeit des Processes und sind die Veranlassung, dass der sichere
Lichtpausprocess (s. S. 21) ihm vorgezogen wird. In
England wird der Anilindruck vom Erfinder praktisch
ausgeübt, und fertigt derselbe Copien auf Bestellung.

Abschnitt VIII.   Die Photolithographie.

Wesen der Lithographie. — Der lithographische Farben-
druck. — Die Zinkographie. — Poitevin's Entdeckung. —
Die Photolithographie. — Anwendung derselben zur raschen
Vervielfältigung von Karten. — Bedeutung für das Kriegs-
wesen. — Schwierigkeiten. — Das anastatische Verfahren. —
Photolithographie mit Asphalt.

Unter Lithographie versteht man den Abdruck von
einem bezeichneten oder bemalten Stein.

In der Nähe des bairischen Städtchens Solenhofen
findet sich ein thoniger, etwas poröser Kalkstein, der
sich mit Leichtigkeit schleifen und bearbeiten lässt.
Diese Kalksteine sind die Drucksteine der Lithographie.
Der lithographische Druck ist aber dadurch sehr erheblich von dem Kupferdruck und Buchdruck verschieden, dass die Zeichnung auf Stein weder erhaben noch
vertieft liegt. Der lithographische Stein bildet in der
That mit seinem zum Druck bestimmten Bilde eine
ebene Fläche, und das Wesen des Druckprocesses ist

demnach ein eigenthümliches, von allen andern Druckverfahren abweichendes. Macht man auf einem lithographischen Stein eine Zeichnung mit Kreide oder
Tinte, welche aus Farbe und einem fetten Körper (Oel,
Firniss) besteht, und überfährt den Stein mit Wasser,
so dringt dieses nur da in den porösen Stein, wo sich
keine Fettfarbe befindet, denn Fett stösst ja das Wasser ab. Bringt man nachher mit einer Lederwalze
fette Schwärze (Buchdruckerschwärze) auf den Stein,
so wird diese wiederum vom Wasser abgestossen, und
sie haftet nur da, wo sich fette Schwärze befindet,
d. h. an der Zeichnung.

Presst man, nachdem der Stein in gedachter Weise
„eingeschwärzt" worden ist, ein Stück Papier auf denselben, so geht die Schwärze auf dieses über und man
erhält einen lithographischen Abdruck. Man kann
das Einschwärzen und Abdrucken des Steins natürlich
beliebig oft wiederholen und dadurch Tausende von
Abzügen von einem Stein herstellen. Dieses Druckverfahren hat vor dem Kupferdruck viele Vortheile
voraus. Die Bearbeitung einer Kupferplatte ist eine
schwierige Sache, sie erfordert oft eine jahrelange
Gravirarbeit; die Bearbeitung eines Steines ist dagegen
viel leichter, sie ist fast ebenso leicht als das Entwerfen einer Zeichnung auf Papier. Ebenso macht der
Abdruck einer Steinplatte nicht so viel Schwierigkeiten als der Abdruck einer Kupferplatte, der Stein
erlaubt leichter Correcturen fehlerhafter Zeichnungen
und ist nach Herunterschleifen der ersten Zeichnung
wieder brauchbar zum Entwerfen einer neuen, sodass
derselbe Stein oft Jahrzehnte hindurch benutzt werden
kann. Alle diese Umstände haben der Lithographie
eine sehr allgemeine Verbreitung verschafft. Technische
Zeichnungen, Weinetiketten, Heiligenbilder, Noten, Visitenkarten, Preiscourante, Kalenderbilder, Buchillustra-
tionen, Atlanten, naturwissenschaftliche Bilder und
tausend andere Dinge werden mit Hülfe von Lithographie hergestellt, und neuerdings hat ein besonderes

Feld derselben, der sogenannte Oeldruck, eine grossartige Entwickelung erlangt. Er ist das wichtigste
der jetzt existirenden Verfahren, bunte Bilder auf
mechanischem Wege herzustellen. Der Oeldruck, oder
besser gesagt Farbendruck, ist etwas complicirterer
Natur als der gewöhnliche lithographische Druck. Will
man ein Farbenbild durch Steindruck reproduciren, so
genügt nicht ein Stein, sondern man muss fast für jede
Farbe einen besondern Stein präpariren. Hat man
z. B. ein Object, in welchem die Farbentöne Blau,
Roth und Gelb vorkommen, so zeichnet man erst einen
Stein, der die blauen Stellen enthält, und druckt diesen
mit blauer Farbe ab, gleicherweise verfährt man mit
einem zweiten und dritten Stein mit Bezug auf die
gelben und rothen Stellen. Alle drei Steine werden
in gleicher Position auf dasselbe Stück Papier abgedruckt, sie liefern den Farbendruck, der, wenn er
Oelfarbendruck heissen soll, nachträglich mit einer
glänzenden Lackschicht überzogen wird. So grosse
Vortheile der Farbendruck für Kartenwerke, Ornamente
u. dgl. darbietet, so treffliche Leistungen selbst in
künstlerischer Beziehung derselbe aufzuweisen hat
(wir erinnern an die Chromolithographien nach Hildebrandt's Aquarellen), so absprechend müssen wir uns
über den sogenannten Oeldruck äussern, der mit wenigen rühmlichen Ausnahmen (wir nennen Prang in Bo-
ston, Korn in Berlin und Seitz in Hamburg) Bilder
von sehr untergeordneter künstlerischer Qualität liefert,
die zum Verderben des Geschmacks im Publikum erheblich beigetragen haben.

Zur Ausübung des Farbendrucks gehört Farbensinn
und Kunstgefühl, und solches besitzen eben nicht alle
Drucker.

Sehr nahe verwandt der Lithographie ist die Zinkographie, die wir hier gleich abhandeln werden, ehe wir
zur Besprechung der Photolithographie übergehen
wollen.

Das Zink hat merkwürdigerweise ähnliche Eigen-

schaften wie der lithographische Stein, es nimmt Zeichnungen mit fetter Kreide leicht an, und nach dem An-
feuchten mit Gummiwasser kann man es ebenso wie
einen Stein mit Fettfarbe einwalzen, die Farbe haftet
dann nur an den gezeichneten Stellen. Das Abdrucken
liefert alsdann ein der Lithographie ähnliches Resultat.
Vorläufig bietet jedoch der Zinkdruck mehr Schwierigkeiten als der Steindruck, sodass die Anwendung des
Zinks eine beschränkte ist.

Wir haben hier nur eine Uebersicht der Hauptprin-
cipien des Stein- und Zinkdrucks gegeben, soweit es
zum Verständniss des Nachfolgenden nöthig ist. Unsere
Leser werden bemerken, dass die beiden Verfahren in
vielen Stücken dem Lichtdruck ähneln. Auch die
Lichtdruckfläche hat die Eigenthümlichkeit, an gewissen Stellen Fettfarbe anzunehmen, an andern abzu-
stossen. Der Lichtdruck ist aber neuern Datums, der
Steindruck existirt bereits länger als 70. Jahre. Als
die Photographie erfunden wurde, nahm diese dem
Steindruck ein sehr erhebliches Arbeitsfeld weg, so
ging das Porträtfach ganz auf die Photographie über.
Noch im Jahre 1850 wurden zahlreiche lithographische
Porträts von Privatpersonen gefertigt. Dann begann
die Einführung der photographischen Visitenkarte; seit
jener Zeit ist die Porträtlithographie sehr zurückge-
gangen und wird nur noch benutzt zur Herstellung
von billigen Porträtbildern berühmter Personen. Auch
die Lithographie nach Oelbildern hat durch die
Photographie Einbusse erlitten. Unter solchen Umständen trat die Photographie als eine Concurrentin
der Lithographie auf. Poitevin war es, der in der
Erfindung der Photolithographie zwischen beiden ein
Bündniss schloss. Poitevin's Ziel ging dahin, die Arbeit
des lithographischen Zeichners gänzlich zu ersparen
und sie zu ersetzen durch die chemische Wirkung des
Lichts. Er überzog lithographische Steine mit chromsaurem Kali und Leim und belichtete sie unter einem
photographischen Negativ. Das so erhaltene Chrom-

bild wurde dann gewaschen und eingewalzt. Alle vom
Licht getroffenen Stellen nahmen dabei die Farbe an
und lieferten einen Abdruck in der Presse. Die ersten
Versuche der Art fielen äusserst unvollkommen aus.
Es fehlten den Bildern namentlich die Halbtöne, diese
gingen beim Waschen verloren in ähnlicher Weise
wie bei Herstellung der Pigmentdrucke (s. S. 229).
Asser und Osborne versuchten deshalb eine andere
Manier, den sogenannten Umdruck. Sie copirten ihre
Negative auf Chrompapier, das zum Theil mit Gummi
oder Leim oder Eiweiss überzogen war, und walzten
dieses ein. Chrompapier hat die Eigenthümlichkeit,
nach dem Belichten an den belichteten Stellen fette
Schwärze aufzunehmen. Das Chrompapier wurde nach
dem Einschwärzen vorsichtig gewaschen und dann auf
einen lithographischen Stein gepresst. Dieser saugte die
fette Farbe auf, und so wurde das Bild vollständig auf
den Stein übertragen. Der so erhaltene Stein lieferte
in gewöhnlicher lithographischer Manier treffliche Abdrücke. Obgleich es gelang, in dieser Weise Halbtöne
herzustellen, so blieb der so erhaltene Abdruck sehr
erheblich in Qualität hinter einer Photographie zurück.
Der lithographische Halbton ist von dem photographischen wesentlich verschieden; der photographische bildet stets eine homogene Fläche, der lithographische
dagegen erscheint als ein Haufwerk mehr oder weniger dicht stehender schwarzer Punkte. Die körnige
Structur des Steines erlaubt nicht die Zartheiten wiederzugeben, die der Photographie innewohnen. Man
verwendet daher die Photolithographie in Halbtönen
nur da, wo es mehr auf billige Herstellung vieler Drucke
als auf Zartheit ankommt.

So sind namentlich in neuerer Zeit Fluss- und Gebirgskarten von Kellner & Co. in Weimar in den Handel gekommen, welche dadurch hergestellt sind, dass
Gipsreliefs photographirt und die erhaltenen Negative
photolithographisch copirt wurden. Hierdurch gelang
es, treue Gebirgskarten ohne die sehr kostspielige

Hülfe eines Zeichners zu liefern, und konnten diese für einen erstaunlich billigen Preis, der ihre Anschaffung auch unbemittelten Schülern möglich macht, abgegeben werden.

Für das Kunstfeld genügen solche Photolithographien freilich nicht. Hier macht der Lichtdruck, welcher treffliche Halbtöne liefert, der Halbtonlithographie erhebliche Concurrenz, obgleich die Photolithographie den grossen Vortheil bietet, eine sehr grosse Zahl von sehr gleichartigen Abdrücken von derselben Druckplatte zu liefern, während die Zahl der Lichtdrucke, welche eine Gelatinplatte liefert, immer eine beschränkte ist und solche obenein etwas ungleich ausfallen.

In einer Branche aber ist die Photolithographie beinahe allen andern reproducirenden Künsten voraus, das ist die Wiedergabe von Karten, die als Strichzeichnungen ausgeführt sind. Herstellung geographischer Karten ist ein Feld, welches viele Mühe und Aufmerksamkeit erfordert. Mit der grössten Sorgfalt müssen die einzelnen Contouren der Berge, Flüsse, Länder den Messungen entsprechend eingetragen werden; oft treten dabei verschiedene Zeichner oder Stecher in Thätigkeit, ein Schriftzeichner, ein Bergzeichner u. s. w., und wenn dieselben noch so gewissenhaft arbeiten, so sind doch Abweichungen unausbleiblich, die dann wieder Correcturen nöthig machen. Alles dieses erfordert Zeit und Mühe. Gilt es nun, nach einer gewonnenen Karte eine vergrösserte oder verkleinerte Copie zu nehmen, so treten dieselben Schwierigkeiten wieder hervor, namentlich ist die Arbeit der Verkleinerung eine sehr mühevolle. Der Pantograph ist hierbei ein sehr willkommenes Hülfsmittel, aber auch er schliesst Flüchtigkeitsfehler des Zeichners nicht aus. Insofern ist die Photographie in Verbindung mit Lithographie für das Kartenfach ganz unschätzbar. Mit leichtester Mühe liefert die Photographie nach einem Original eine vergrösserte oder verkleinerte Copie. Binnen wenigen Stunden ist diese auf Stein copirt und innerhalb eines Tages kann die Photolithographie Tausende von ver-

16*

grösserten oder verkleinerten oder originalgrossen Abzügen liefern.

Wollte man einen solchen Druckstein durch Hand-
zeichnung herrichten, man würde mehrere Tage nöthig
haben und nicht entfernt dieselbe Genauigkeit erzielen.
So rasch wie die Photolithographie ist kein anderes
photographisches Druckverfahren zu liefern im Stande,
und daher hat die Kartographie davon den wesent-
lichsten Nutzen gezogen, namentlich wenn es galt,
schleunig eine grosse Zahl von Copien nach einem
Original zu beschaffen. In dem französischen Kriege
bedurften die vorrückenden Truppen vor allen Karten
zur Kenntniss des zu besetzenden Terrains. Special-
karten von Frankreich waren aber bei weitem nicht
in erforderlicher Zahl vorhanden, um ganze Armee-
corps damit versorgen zu können. Es geht auch nicht
an, solche schon vor dem Kriege in Vorrath zu fertigen, da niemand im voraus wissen kann, welchen Weg
der Feldzug einschlägt. Hier trat nun die Photolithographie als Hülfsmittel ein, sie lieferte mit „affenarti-
ger Geschwindigkeit" nach einem einzigen Original
Tausende von Karten, und dadurch hat sie wesentlich
beigetragen zu dem erfolgreichen Vorrücken unserer
Armee, die mit ihren Karten in der Hand sich in
Feindesland ortskundiger erwies, als die Truppen des
Feindes selbst. Namentlich war es das photolitho-
graphische Institut der Gebrüder Burchard in Berlin,
welches in dieser Sphäre eine grossartige Thätigkeit
entfaltet hat und an 500000 Karten innerhalb der
Kriegszeit von 1870—71 geliefert hat. Unsere Beilage
(Taf. V) gibt eine Probe der Arbeiten gedachten Instituts.

Neben diesen Leistungen müssen wir noch der photolithographischen Arbeiten des Herrn Korn in Berlin
gedenken, die sich mehr auf dem Kunstgebiete bewegen. Bewundernswerth in dieser Branche sind die
photolithographischen Copien der Berg'schen Federzeichnungen von der japanischen Expedition. Diese
sind mit solcher Treue wiedergegeben, dass man Ori-

ginal und Copie nicht zu unterscheiden vermag. Der
Charakter der Originale war freilich der photolithographischen Reproduction sehr günstig. Blasse Zeichnungen machen der photographischen Reproduction
Schwierigkeiten, namentlich wenn die Farbe derselben
ins Bläuliche geht. Daher sind Bleistiftzeichnungen
so schwer zu photographiren. Von einem unvollkom-
menen photographischen Negativ lässt sich aber keine
vollkommene Photolithographie fertigen. Insofern hat
also die Beschaffenheit des Originals sehr wesentlichen
Einfluss. Berg's Federzeichnungen sind in kräftiger
schwarzer Tusche ausgeführt und daher leicht zu reproduciren. In dem österreichischen militärgeographi-
schen Institut werden die Kartenzeichnungen, welche
photolithographisch copirt werden sollen, von vornherein so ausgeführt, dass sie günstig photographisch
wirken, oder, wie der Künstausdruck lautet, gut
kommen. Namentlich sind es bräunliche Töne wie
Umbra und Zinnober, die, der Tusche beigemischt,
die photographische Wiedergabe der Zeichnung ausserordentlich begünstigen. Auf der andern Seite muss
sehr auf Reinheit des Papiers gehalten werden. Gelbliche Flecke, die das Auge kaum sieht, wirken in der
Photographie ähnlich wie schwarze. Wir erlebten einen
Fall in der Kron'schen Druckerei, wo eine reine Kar-
tenzeichnung in der Photographie ganz buntfleckig erschien. Man suchte den Fehler anfangs in den Chemikalien, bis sich erwies, dass feine Rostpunkte in dem
Papiere, die bei der Fabrikation desselben hineinge-
kommen waren, den Fehler verursachten. In solchen
Fällen kann das Uebel nur durch zweckmässige Negativretouche beseitigt werden.

Das Wesen der Photozinkographie wird jetzt
dem Leser ohne weiteres verständlich sein. Da die
Zinkplatte sich dem Stein so ähnlich verhält, so ist
auch die Behandlung ganz dieselbe. Das Negativ wird
entweder direct auf die mit Leimchromat überzogene
Zinktafel copirt, oder aber man fertigt auf Leimchro-

matpapier eine Copie nach dem Negativ, schwärzt das
Papier ein und überträgt es auf die Zinkplatte, indem
man es mit derselben zusammenpresst. Die Zinkplatte
ist dann druckfähig.

Es muss bei dieser Gelegenheit darauf aufmerksam
gemacht werden, dass auch ohne Photographie direct
mechanische Copien von Karten und Schriften u. s. w.
gewonnen werden können, falls die Originale in
fetter Farbe ausgeführt sind. Es geschieht dieses
mit Hülfe des anastatischen Verfahrens. Dieses
beruht darauf, dass man das Original von hinten mit
saurem Gummiwasser befeuchtet und dann von vorn
mit neuer Farbe betupft. Diese haftet nur an den
fetten Strichen der Zeichnung oder des Drucks. Das
so frisch eingeschwärzte Original wird dann auf einen
frischen Stein oder eine frische gereinigte Zinkplatte
gelegt und abgepresst. Die Zeichnung geht dann auf
den Stein oder das Zink über und lässt sich durch
Einwalzen und Abdrucken derselben leicht verviel-
fältigen.

Schwierig ist hierbei die Erhaltung des Originals,
das nur zu leicht unter der Pressung leidet, noch
schwieriger aber die Wiedergabe eines reinen Strichs,
denn oft werden dieselben beim Druck breit gequetscht,
und stehen die Striche sehr eng, so fliessen sie zusammen, wie z. B. Bergstriche in Karten. Daher hat
das Verfahren mehr Anwendung zum Copiren antiqua-
rischer Bücher gefunden, die man in der That in dieser
Weise Seite für Seite reproducirt hat.

Dass man mit dem anastatischen Verfahren nur ori-
ginalgrosse Reproductionen machen kann, versteht sich
von selbst.

Wir haben nun hier noch ein anderes photolitho-
graphisches Verfahren zu erwähnen, welches sich auf
Anwendung von Asphalt gründet. Wir haben denselben schon im ersten Kapitel als eine lichtempfindliche Substanz kennen gelernt und auch dort bereits
ein Verfahren, Heliographie genannt, beschrieben, wel-

ches sich mit Herstellung von druckbaren Kupferplatten und Stahlplatten mittels Photographie beschäftigt. Dieser selbe Asphalt dient auch in der Photolithographie. Man übergiesst einen lithographischen Stein mit einer Lösung von Asphalt in Aether, lässt im Dunkeln trocknen und belichtet unter einem Negativ. Der Asphalt wird an den belichteten Stellen unlöslich und bleibt beim Behandeln des Steins mit Aether oder Benzin zurück. Feuchtet man alsdann den Stein an, so dringt die Feuchtigkeit nur dort ein, wo kein Asphalt den Stein bedeckt. Beim nachfolgenden Ueberwalzen mit fetter Schwärze wird diese alsdann von den feuchten Stellen abgestossen, sie bleibt nur an dem Asphalt, d. h. an den Bildstellen haften, und so erhält man einen abdruckbaren Stein. Diese Methode gibt in den Händen verschiedener Praktiker sehr gute Resultate und wird von manchen dem Chromverfahren vorgezogen, obgleich Asphalt viel weniger lichtempfindlich ist, als Chromat.

Abschnitt IX. Die Pyrophotographie mit Chromsalzen.

Poitevin's Process. — Verhalten kleberiger Substanzen bei Gegenwart von chromsaurem Kali. — Bilder durch Staub entwickelt. — Bilder auf Porzellan. — Oidtmann's Pyrophotographie. — Anwendung in der Glasdecoration, Photographie und Glasmalerei.

Die Photographie hat beinahe mit allen vervielfältigenden und zeichnenden Künsten Bündnisse geschlossen, so sehr sie auch anfangs als eine Feindin und Concurrentin derselben angesehen wurde, kein Wunder daher, dass sie auch in der Porzellanmalerei und Decoration als Helferin eintrat. Wir haben bereits S. 203 ein eigenthümliches Verfahren kennen gelernt, Silberbilder in Gold- und Platinabilder umzuwandeln, solche auf Porzellan zu übertragen und einzubrennen. Jene Methode könnte man als ein nasses Verfahren bezeichnen. Nun kann man dasselbe Ziel auch auf trockenem

Wege erreichen, und zwar mit Hülfe von Chromsalzen. Dieses originelle Verfahren ist ebenfalls von Poitevin erfunden, später von Joubert in London und Obernetter in München erheblich verbessert worden. Es besteht darin, dass man eine Mischung von Gummi, Honig und chromsaurer Kalilösung auf Glas giesst, die Schicht vorsichtig im Dunkeln trocknet und dann unter einem positiven Bilde belichtet. Die Gummischicht ist frisch präparirt kleberig und hält aufgestreute Farbenpulver fest. Wenn man aber die Schicht belichtet, so verliert sie ihre Klebrigkeit. Erfolgt diese Belichtung unter einer Zeichnung mit schwarzen Strichen, so wird die Schicht demnach unter den schwarzen Strichen ihre Klebrigkeit behalten, unter den weissen durchscheinenden Papierstellen aber verlieren.

Stäubt man daher die Schicht nach der Belichtung im Dunkeln mit irgendeinem Farbenpulver ein, so bleibt dieses dort, wo die Striche der Zeichnung die Schicht geschützt haben, hängen, an den andern nicht, und so erhält man ein Bild in Staubfarbe. Ist diese Staubfarbe und ihre Unterlage nun feuerfest, wie Glas und Porzellan, so kann man das erhaltene Bild einbrennen und je nach Wahl der Staubfarbe Bilder in den verschiedensten Nuancen erzeugen. Man kann auch solche Bilder von einer Unterlage auf eine andere übertragen, wenn man auf das Staubbild eine Collodionschicht giesst, diese trocknen lässt und dann das Ganze ins Wasser wirft; hier kann man die Collodionschicht mit dem Bilde leicht abziehen und auf andere Unterlagen, Gläser oder Tassen u. dgl. festkleben und einbrennen. So hat in der That Joubert in London grosse Bilder auf Glas eingebrannt. Obernetter in München und Leth in Wien, ferner Leisner in Waldenburg und Stender in Lamspringe, Greiner in Apolda und Lafon de Camarsac in Paris haben in gleicher Weise eingebrannte Bilder auf Porzellan erzeugt.

Für das Porträtfach findet dieses Verfahren nur eine beschränkte Anwendung. Dagegen hat es Dr.

Oidtmann in Linnich* für die Glasindustrie in vor-
theilhafter Weise verwerthet. Er hat Teppichmuster
nach Lithographien direct auf Glas copirt und eingebrannt und dadurch billige Fensterverzierungen hergestellt, die durch Eintragen von Farbe noch gehoben
werden. Auf der wiener Ausstellung befand sich über
der Thür des deutschen Kaiserpavillons eine Rosette
von 10 Fuss Durchmesser, die nach dem beschriebenen
Verfahren von Dr. Oidtmann hergestellt war. Ausserdem hat derselbe das Verfahren verwendet zur Herstellung von „musivischen" Glasbildern nach Art mittel-
alterlicher Glasgemälde. Diese musivischen Glasbilder
wurden dadurch hergestellt, dass man farbige Glasstücke, den Figuren und ihren Farben entsprechend,
ausschnitt, z. B. für eine menschliche Figur zeichnete
man die Umrisse des Gesichts auf eine fleischfarbene
Glastafel und schnitt dieses aus; dasselbe geschah für
das Gewand auf einer oder mehrern entsprechend gefärbten Glastafeln. Die Lichter und Schatten und
Details, z. B. Nase, Mund und Augen, wurden dann mit
schwarzer Schmelzfarbe auf die betreffenden Glasstücke
gezeichnet und eingebrannt, nachher die einzelnen
Glasstücke durch Verbleiung zusammengesetzt. Das,
was in dieser musivischen Glasmalerei der Zeichner
verrichtet, macht Dr. Oidtmann mittels Photographie. Er copirt die Contouren des Gesichts nach der
grossen Originallithographie oder dem Originalholz-
schnitte auf die betreffenden Glasstücke und stäubt
mit schwarzer Schmelzfarbe ein, so erhält er ein ein-
brennbares Bild, das dann in der angegebenen Weise
weiter behandelt wird. Auf der Wiener Ausstellung
befand sich eine in dieser Weise hergestellte Copie
der Kreuzigung nach Dürer, die aus 150 Glasstücken
zusammengesetzt war. Die grossen Originalbilder fertigt Dr. Oidtmann selbst, indem er kleine Holzschnitte

---

* Siehe „Photographische Mittheilungen", Jahrg. 1869
(Berlin, Oppenheim).

auf photographischem Wege vergrössert. (Vgl. S. 90.)
Dr. Oidtmann hat auch versucht, farbige Pyrophotographien herzustellen, indem er nach dem Princip der Chro-
molithographie (s. S. 240 unter Photolithographie) verfuhr. Er copirte die gleichfarbigen Stücke einer farbigen Zeichnung (indem er die übrigen zudeckte) auf
eine Gummichromatschicht, stäubte diese mit der betreffenden Farbe ein und copirte alsdann die andern
Farben des Originals der Reihe nach in derselben
Weise, so erhielt er ein verschiedenfarbiges Staubbild,
das alsdann eingebrannt wurde.

Abschnitt X. Die Photographie und das Sandblasverfahren.

Das Wesen des Sandblasverfahrens. — Verbindung desselben
mit Pigmentdruck. — Anwendung in der Heliographie statt
des Aetzens.

Tilghmann in Philadelphia machte während seines
Aufenthalts in dem Seebade Longbranche die Beobachtung, dass die Fenster der dem Seewinde ausge-
setzten Gebäude sehr rasch blind wurden. Er erkannte,
dass dieses durch den feinen Sand veranlasst wurde,
welchen der Wind gegen die Fenster trieb. Dieses
brachte ihn auf die Idee, Glas mit Hülfe aufgeblasenen
Sandes künstlich matt zu schleifen, und dieses gelang
ihm vollständig. Er bedeckte eine Glasfläche mit einer
eisernen Schablone, in welcher Figuren und Buchstaben
ausgeschnitten waren. Diese hielt er alsdann in einen
Luftstrom, der von einem Gebläse kommend Sand mit
sich führte. Binnen kurzer Zeit mattirte dieser das
Glas an den freien Stellen, und so erhielt Tilghmann
eine Zeichnung der eingeschnittenen Figuren. Es genügt zu solchen Arbeiten ein Luftgebläse von nur 4
Zoll Wasserdruck und eine Zeit von circa 10 Secunden. Ist der Luftdruck stärker, oder wendet man statt
dessen Dampf an, der den Sand mit sich führt und
einen Druck von 60 bis 120 Pfund auf den Quadrat-

zoll ausübt, so ist die Wirkung eine enorme. Sand
aus einer engen Röhre mit solcher Kraft aufgeblasen,
bohrt in den härtesten Stein, selbst in Glas, tiefe Löcher. (Man wendet in der That das Verfahren zum
Durchlöchern von Stein- und Metallplatten an.) Hat
man eine Schablone von Gusseisen aufgelegt, in der
Figuren ausgeschnitten sind, so kann man binnen kurzer Zeit die Figuren t i e f in den Stein graben. Die
Eisenplatte wird freilich dabei auch angegriffen, jedoch viel langsamer als die Steinplatte. Eine $^3/_{16}$ Zoll
dicke Eisengussplatte wird nur um $^1/_{16}$ Zoll reducirt
während eines 300 mal so tiefen Schnitts in Marmor.
Kautschuk hält den Sandstrom fast ebenso gut aus
als Eisen. Man konnte mit einer Kautschukschablone
200 mal so tief in Marmor schneiden, als die Schablone
dick war, ohne diese merklich anzugreifen.

Bei einem Drucke von 100 Pfund vermag solch ein
Sandstrom in einer Minute $1^1/_2$ Zoll tief in Granit,
4 Zoll in Marmor, 10 Zoll in weichen Sandstein ein-
zudringen.

Der Umstand, dass weiche Körper hierbei als Schutz-
mittel wirken, hat zu sehr hübschen Anwendungen
dieser Methode in der Kunstindustrie geführt. Bedeckt
man Glas z. B. mit einem Spitzenmuster und lässt
einen Sandstrom darauf wirken, so wird das Glas in
den Maschen matt, und so erhält man eine Copie des
Musters auf Glas. Ebenso kann man mit Gummifarbe
auf dem Glase malen und diese Zeichnung hell auf
mattem Grunde durch das Sandblasen herstellen. Dieser Umstand führt nun unmittelbar zur Anwendung
der Photographie. Wenn man einen Pigmentdruck
(s. S. 229), d. h. ein Gelatinchromatbild, auf Glas
erzeugt, indem man einen fertigen Druck der Art
direct auf Glas überträgt (s. oben), so sind die Glasflächen an allen Bildstellen durch eine Gelatinlage
geschützt. Lässt man jetzt einen Sandstrom dagegen
wirken, so schleift dieser das Glas nur an den nackten
Stellen an, und so erhält man ein mattes Glastransparent-

bild. Ist das Gelatinbild ein negatives, so werden die
Schatten matt, und solche matte Tafel ist auch zum Abdruck mittels Schwärze geeignet. Man kann ferner die
heliographischen Metallplatten Talbot's (s. S. 216), statt
dieselben mit Säure zu ätzen, welche oft die feinen Striche
durch Anfressen nach der Seite hin breiter macht,
mit Sand anblasen, der vermöge seiner senkrechten
Richtung nur nach der Tiefe wirkt, und so gelingt
es, Höhlungen von sehr grosser Tiefe herzustellen,
sodass so angeblasene Platten sogar zum Hochdruck,
d. h. in der Buchdruckerpresse brauchbar sind. Tilgh-
man empfiehlt, man soll ein Leimchromatpositiv auf
einem ebenen Harzkuchen herstellen, diesen dann anblasen und tief aushöhlen, so erhält man eine Form,
die sich erst in Gips, dann in Schriftmetall abgiessen
lässt. Der so erhaltene Abguss lässt sich in der Buchdruckerpresse abdrucken.

Vorläufig sind dieses noch interessante Versuche, die
aber mit der Zeit zu praktisch höchst bedeutenden
Resultaten führen dürften.

Abschnitt XI.   Das Photometer für Chromphotographie.

Bei vielen der vorher beschriebenen Chromverfahren,
als z. B. Herstellung von Reliefdrucken, Pigment-
drucken, Lichtdrucken u. s. w., ist es sehr wichtig, die
Belichtungszeit genau zu treffen. Solches ist aber
nicht leicht, denn das Bild erscheint entweder nur
blass, oder gar nicht (wie im Pigmentdruck). Aus dem
Zustand des Bildes hat man daher kein sicheres Kriterium über die Vollendung des Bildes.

Dieser Umstand hat die Anwendung eines Photometers nöthig gemacht, das die Belichtungsdauer leicht
zu bestimmen erlaubt. Solche Photometer sind von
Bing und Swan in England und vom Verfasser dieses
Buches angegeben worden. Das Photometer des Verfassers besteht aus einer halbdurchsichtigen Papier-

scala L, deren Durchsichtigkeit von 2 nach 25 hin (s. Fig. 94) abnimmt.

Diese Scala wird aus Papierlagen, deren Anzahl die aufgedruckte Zahl angibt, gebildet. Unter dieser Scala wird nun ein Streifen Chrompapier, das ist Papier, welches in chromsaures Kali getaucht ist, belichtet. Der Streifen befindet sich in einem Kästchen T eingeschlossen, in der Art, dass wenn der Deckel D mit der Scala niedergeklappt wird, das Chrompapier und die Scala sich eng berühren. Das Licht scheint nun durch die Scala hindurch und bräunt den darunterliegenden Papierstreifen. Diese Färbung tritt natürlich zuerst am dünnen, durchsichtigen Theil der Scala

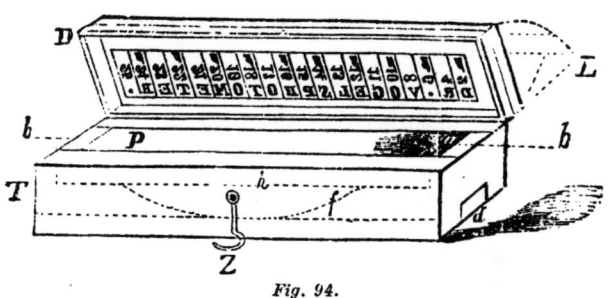

Fig. 94.

ein und schreitet von da nach dem undurchsichtigen Ende hin fort, und zwar um so rascher, je kräftiger das Licht ist. Um zu erkennen, wie weit die Lichtwirkung vorgeschritten ist, sind Zahlen auf die Scala gedruckt, welche das Licht nicht durchlassen, diese bleiben daher hell auf braunem Grunde stehen und man erkennt die Stelle, bis zu der die Lichtwirkung fortgeschritten ist, an der daselbst erschienenen Zahl.

Um dieses Instrument zu benutzen, muss man erst einige Probecopien machen. Angenommen, man wolle einen Pigmentdruck nach einem Negativ fertigen, so belichtet man die Pigmentschicht unter dem Negativ gleichzeitig mit dem Photometer. Nach einiger Zeit sieht man im Lampenlicht nach, wie weit das Photometerpapier gebräunt ist, notirt die betreffende Zahl (den Photometergrad) und deckt das Negativ zur Hälfte zu, die andere Hälfte copirt man weiter, bis zu einem höhern Photometergrade. Dann entwickelt man das Pigmentbild und sieht nach, bei welchem Photometergrade das günstigste Resultat erzielt worden ist. Man hat hierzu selten mehr als einen Versuch nöthig. Wenn durch diesen der „Grad", bis zu welchem das betreffende Negativ copiren muss, festgestellt ist, so kann man jederzeit mit Hülfe des Photometers die Belichtungsdauer regeln. Geübte Arbeiter stellen nur den Copirgrad einiger Negative fest und erkennen bei einem neuen Negativ durch Vergleichung mit den vorhandenen leicht, bis zu welchem Grade es copirt werden muss.

Abschnitt XII. Die chemische Wirkung des Lichts und die Erbswurst.

Bei dem Feldzuge von 1870 war die bekannte Erbswurst eins der wichtigsten Nahrungsmittel für die Armee, sie wurde täglich in vielen Tausenden von Exemplaren gefertigt. Die Fabrikation der Füllung machte wenig Schwierigkeiten, wohl aber die Beschaffung der Wurstdärme in so kolossaler Quantität. Man griff aus Mangel an solchen bald zu einem Surrogat, dem Pergamentpapier. Dieses Papier, welches man durch secundenlanges Eintauchen von Fliesspapier in Schwefelsäure, Waschen und Trocknen darstellt, zeichnet sich durch seine hautartige Widerstandsfähigkeit aus. Es ist undurchdringlich für Wasser und zerreisst sehr schwer. Es wird deshalb jetzt für Herstellung von Kassenscheinen angewendet. Aus solchem Papier suchte man Wursthäute zu fertigen, indem man einen Bogen cylindrisch umbog und zusammenleimte. Kein Leim hielt aber die Einwirkung kochenden Wassers aus, in dem die Erbswürste gebrüht werden müssen, und so gingen die künstlichen Wurstdärme auseinander. Dr. Jacobsen löste das Problem der Herstellung eines in kochendem Wasser dauerden Leims mit Hülfe der chemischen Wirkung des Lichts. Er mischte den für Herstellung der Erbswurstdärme bestimmten Leim mit chromsaurem Kali und setzte die Klebestelle dem Lichte aus. Dieses bewirkte ein Unlöslichwerden des Leims, und jetzt hielten die künstlichen Därme das Kochen im Wasser ganz vortrefflich aus. Die Zahl der in dieser Weise mit Hülfe der chemischen Wirkung des Lichts hergestellten Wurstdärme beträgt viele Hunderttausende.

SECHZEHNTES KAPITEL.

Die Eisen-, Uran- und Kupferphotographie.

Geschichtliches. — Eisenverbindungen. — Verhalten der
Lösung von Eisenchlorid in Aether. — Eisenchlorid und
Papier. — Eisenbilder in Blau. — Eisengoldbilder. — Paus-
process mit Eisensalz, Iodbilder. — Uranverbindungen. —
Uranbilder. — Entwickelung derselben. — Kupferbilder von
Obernetter.

Wir bemerkten schon früher, dass die Zahl der lichtempfindlichen Körper viel grösser sei, als es den An-
schein hat, und in der That dürfte sich bei genauerer
Untersuchung herausstellen, dass alle Körper mehr
oder weniger lichtempfindlich sind. Schon in den
ersten Zeiten der Photographie, im Jahre 1840, beobachtete Herschel die Lichtempfindlichkeit der Eisensalze, Burnett die Lichtempfindlichkeit der Uransalze und Kratochvila fertigte mit gutem Erfolge
Daguerreotype auf Kupferplatten in analoger Weise
wie auf Silberplatten an. Man hat diese Verfahren
lebhaft verfolgt, ohne jedoch bisjetzt ein Resultat von
praktischer Wichtigkeit damit zu erzielen.

Es war schon lange bekannt, dass Eisenchlorid, ein
gelber, aus Eisen und Chlor bestehender Stoff, in Aether gelöst im Lichte sich entfärbt und in das farb-
lose chlorärmere Eisenchlorür übergeht. Dasselbe
findet statt bei Gegenwart von Papier. Tränkt man
reines Papier mit einer Lösung von Eisenchlorid in
sechs Theilen Wasser, trocknet es im Dunkeln und be-

lichtet es unter einem negativen Bilde, so wird das Papier, welches anfangs gelb ist, unter den durchsichtigen Stellen weiss, weil das gelbe Eisenchlorid in weisses Eisenchlorür übergeht. Dieses blasse Eisenchlorürbild lässt sich nun leicht intensiv dunkel färben. Taucht man z. B. das blasse Bild in eine Auflösung von rothem Blutlaugensalz, so erzeugt dieses mit dem vom Licht reducirten Eisenchlorür berliner Blau, während es das Eisenchlorid unverändert lässt; man erhält dadurch ein blaues Bild. Taucht man ein blasses Eisenbild in eine Goldauflösung, so färbt es sich hellblau, indem das Eisenchlorür das Gold metallisch niederschlägt. In dieser Weise kann man durch alle Körper, welche mit Eisenchlorür einen dunkeln Niederschlag liefern, die blassen Eisenbilder dunkel färben.

Ein anderes Verfahren ist die Ueberführung der Eisenbilder in Iodbilder. Man copirt ein Stück Eisenchloridpapier unter einem positiven Bilde (z. B. einer Zeichnung). Die Copie stellt sich als gelbe Zeichnung von unverändertem Eisenchlorid auf weissem Grunde dar. Taucht man jetzt das Papier in eine Lösung von Iodkalium und Stärke, so zersetzt das Eisenchlorid das Iodkalium, das Iod wird frei und bildet mit der Stärke schwarzblaue Iodstärke, die die anfangs blassen Striche intensiv dunkel macht [Herschel].

Es gibt noch verschiedene Verfahren, Eisenbilder intensiv zu färben. Wir begnügen uns mit dem hier angegebenen. Die Bilder in berliner Blau sind nicht haltbar, weil berliner Blau selbst im Lichte bleicht (blaue Sonnenschirme verlieren deshalb erheblich im Licht). Gleiches gilt von den Iodstärkebildern, die Goldbilder sind zu blass und ihre Herstellung zu kostspielig.

Ganz analog wie Eisensalze verhalten sich auch Uransalze. Uran an sich ist ein seltenes Metall, dessen Verbindungen als Farbematerialien eine Rolle spielen; so gibt es ein gelbes Uranoxyd, das sich auf Porzellan mit dunkelgrüner Farbe einbrennt, ferner dem Glase zugemischt, dasselbe schön schillernd grasgrün färbt

(Annaglas). Man kennt ferner entsprechend dem Eisenchlorür und Eisenchlorid ein Uranchlorür und Uranchlorid, die den gedachten Eisenverbindungen sehr ähnlich sind. Das bekannteste Uransalz ist das salpetersaure Uranoxyd, das durch das Licht bei Gegenwart organischer Körper, z. B. Papierfaser, zu salpetersaurem Uranoxydul reducirt wird. Taucht man in eine Lösung von einem Theile dieses Salzes und fünf Theilen Wasser ein Stück Papier, trocknet es und copirt es am Licht unter einem Negativ, so erhält man ein äusserst blasses, kaum sichtbares Bild, welches aus Uranoxydul besteht. Taucht man dieses in Silberauflösung oder Goldauflösung, so wird es plötzlich sichtbar, indem das Uranoxydul sofort das Gold oder Silber metallisch als farbiges Pulver (Silber braun, Gold violett) niederschlägt.

Das Uran ist zu selten und zu theuer, als dass man davon allgemeinere Anwendung in der Photographie machen könnte.

Wie man beobachtet, sind die Eisensalze und Uransalze darin den Chromsalzen analog, dass sie nur bei Gegenwart organischer Körper lichtempfindlich sind. Im reinen Zustande verändern sich Uransalze und Eisensalze nicht im Licht.

Die Lichtempfindlichkeit der Kupfersalze ist bisjetzt nur sehr unvollkommen studirt worden. Kupfer bildet mit Chlor ein grünes, im Wasser lösliches Salz, das Kupferchlorid, das im Licht zu Kupferchlorür reducirt wird. Obernetter benutzte diese Thatsache, indem er Kupferchlorid und Eisenchlorid zusammenmischte und damit Papier tränkte. Dieses wurde unter einem Negativ belichtet, dann in Rhodankalium getaucht und schliesslich mit rothem Blutlaugensalz behandelt. Der etwas complicirte Process liefert dann ein braunes Bild.*

---

* S. Vogel, „Lehrbuch der Photographie" (Berlin, Oppenheim), S. 32.

SIEBZEHNTES KAPITEL.

Die Veränderung des Glases im Licht.

Faraday's Beobachtung über Manganglas. — Veränderung von
Spiegelglas im Licht. — Fast alle Gläser sind lichtempfindlich. — Gaffield's Versuche. — Nachtheile der Veränderung
des Glases im Licht. — Erklärung der Veränderung des
Manganglases. — Wirkung des Lichts auf Topas.

Faraday, der berühmte Physiker, machte die Beobachtung, dass mit Mangan gefärbte Gläser, die sich
durch eine eigenthümliche Fleischfarbe auszeichnen, im
Lichte sehr bald braun werden. Diese Thatsache blieb
lange vereinzelt. Einige Jahrzehnte später beobachtete
man aber andere Erscheinungen ähnlicher Art.

In einer Spiegelniederlage Berlins war eine sehr
schöne Spiegelscheibe im Schaufenster angebracht.
Dieselbe trug die Aufschrift „Spiegelmanufactur" in
Messingbuchstaben. Nach jahrelangem Bestehen wurde
das Geschäft aufgelöst und die Spiegelscheibe wegen
ihrer Schönheit vom Besitzer herausgenommen, die
Messingbuchstaben entfernt und die Platte gereinigt.
Zur Ueberraschung des Besitzers blieben trotz aller
Reinigung die Buchstaben im Glase deutlich sichtbar.
Er liess die Oberfläche abschleifen, aber auch dieses
blieb ohne Erfolg. Man erkannte, dass das Glas durch
und durch gelb gefärbt war, nur an den Stellen, wo
die undurchsichtigen Buchstaben das Licht abgehalten
hatten, war es weiss geblieben. Die Spiegelplatte
wurde später in zwei Hälften geschnitten. Eine Hälfte
mit dem Worte „Spiegel" befindet sich im Besitz der

17*

physikalischen Sammlung der Universität Berlin. In neuerer Zeit hat Gaffield sehr interessante Beobachtungen über die Veränderung des Glases im Licht gemacht, und hat sich dabei herausgestellt, dass fast alle Gläser lichtempfindlich sind, und dass oft eine Belichtung von nur wenigen Tagen genügt, um diese Veränderung zu bewirken.

Gaffield verfuhr bei seinen Experimenten systematisch; er schnitt das zu untersuchende Glas in zwei Hälften, legte die eine Hälfte ins Dunkle, die andere an das Licht, und verglich beide nach einigen Tagen miteinander. In fast allen Fällen bemerkte er eine Verdunkelung der Farbe. Nur ein paar Sorten grünlichen deutschen und belgischen Fensterglases hielten sich unverändert. Die dunkler gefärbten Gläser entfärbten sich wieder, wenn man sie glühte.

Diese Veränderung des Glases im Licht hat nun eine höchst nachtheilige Wirkung bei photographischen Ateliers. Durch die gelbliche Färbung, welche das Glas derselben mit der Zeit annimmt, wird ein Theil des wirksamen chemischen Lichts im Glase absorbirt. Die so erfolgte Lichtverschlechterung macht sich in empfindlicher Weise merklich, weil die Zeit, welche nöthig ist, um ein Porträt aufzunehmen, immer länger und länger genommen werden muss.

Am auffallendsten verändern sich die manganhaltigen Gläser. Man setzt dem Glase häufig Mangansuperoxyd, auch Braunstein genannt, zu, um es zu entfärben. Durch Wirkung des Sauerstoffs des Braunsteins wird das dunkelgrüne Eisenoxydul im Glase in das blässere Eisenoxyd übergeführt und dadurch die Entfärbung bewirkt. Im Lichte findet die umgekehrte Wirkung statt. Das Eisenoxyd wird wieder zu Eisenoxydul reducirt und der Sauerstoff geht an das Mangan und bildet braunes Manganoxyd, dadurch entsteht die dunkle Färbung.

Bei manchen Mineralien hat das Licht die entgegengesetzte Wirkung als bei Glas, es färbt dieselben nicht, sondern entfärbt sie. Dieses geschieht namentlich mit dem sibirischen Topas, der seine goldgelbe Farbe im Licht bald verliert. Ein prachtvoller, 6 Zoll hoher Topaskrystall des mineralogischen Museums zu Berlin hat in dieser Weise in seinem schönen Ansehen erheblich verloren.

ACHTZEHNTES KAPITEL.

Photographie in natürlichen Farben.

Beobachtung von Seebeck und Herschel. — Bequerel's farbige Bilder auf Silberplatten. — Nièpce's Arbeiten. — Wirkung der schwarzen Farbe. — Farbige Bilder auf Papier von Poitevin und Zenker. — Mangel eines Fixirmittels für farbige Photographien.

Die Photographie hat bereits grossartige Erfolge aufzuweisen; ein Problem bleibt ihr aber noch zu lösen übrig, das ist die Herstellung von Photographien in natürlichen Farben. Man erblickt wol oft genug farbige Photographien, bei diesen ist aber die Farbe nachträglich mit dem Pinsel aufgetragen; es ist eine Art Retouche, die in den meisten Fällen nicht zur Hebung des Bildes beiträgt. Hier verstehen wir aber unter Photographie in natürlichen Farben die Wiedergabe der Objecte in ihrer Originalfarbe einzig und allein durch Wirkung des Lichts. Zahlreiche Versuche liegen bereits vor, die auf dieses grosse und schöne Ziel hinführen. Die Erzeugung farbiger Bilder durch chemische Wirkung des Lichts ist sogar bereits gelungen; nur verderben dieselben bald durch Einfluss desselben Agens, welchem sie ihre Entstehung verdanken; es gibt heute noch kein Mittel, farbige Photographien zu fixiren.

Die ersten Versuche, farbige Bilder zu machen, datiren aus einer sehr frühen Zeit. Professor Seebeck

in Jena erkannte bereits im Jahre 1810, dass Chlorsilber sich im Farbenspectrum den Farben nahezu entsprechend färbt. Diese in Goethe's „Farbenlehre",
II, S. 716, mitgetheilte Beobachtung blieb völlig unbeachtet. Erst im Jahre 1841, nach Entdeckung
der Daguerreotypie, machte der berühmte John Herschel Versuche in derselben Richtung. Er nahm mit
Chlorsilber und Höllensteinlösung getränktes Papier,
liess darauf ein lichtstarkes Sonnenspectrum fallen und
erhielt gleich Seebeck ein Spectralbild in Farben, die
freilich nur annähernd mit den wirklichen Farben
übereinstimmten. Bessern Erfolg hatte Bequerel. Er
erkannte, dass die Höllensteinauflösung in Herschel's
Versuchen störend wirkte, und arbeitete mit reinem
Chlorsilber. Er benutzte Silberplatten, die er in Chlor-
wasser tauchte. Die Platten werden dann infolge der
Bildung von Chlorsilber weisslich und liefern nunmehr,
unter dem Spectrum belichtet, ein Bild, dessen Farben
sehr nahe mit den natürlichen übereinstimmen. Bequerel
beobachtete, dass die Dauer der Einwirkung des Chlor-
wassers von grosser Wichtigkeit sei, und zog es später
vor, die Platten durch Einwirkung des galvanischen
Stroms zu „chloriren". Zu dem Zweck hing er sie an
den Kupferpol einer galvanischen Batterie (s. S. 218)
und tauchte sie in Salzsäure. Der galvanische Strom
zersetzt diese Säure in Chlor und Wasserstoff. Das
Chlor tritt an die Silberplatte und bildet Chlorsilber.
Man hat es nach dieser Methode in seiner Gewalt,
eine Chlorsilberschicht bestimmter Stärke zu erzeugen,
je nachdem man den elektrischen Strom kürzere oder
längere Zeit wirken lässt. Es entsteht dadurch das
bräunliche Silberchlorür (s. S. 106), und dieses ist
vorzugsweise für Farben empfindlich. Diese Empfindlichkeit ist jedoch nicht gross, sie reicht hin zur Fixirung des lichtkräftigen Spectrums, aber es erforderte
eine sehr lange dauernde Belichtung, um Bilder der
Camera-obscura damit zu fesseln, und leider, dunkelten

alle diese Bilder bei fortgesetzter Einwirkung des
Lichts. Bequerel fand, dass die Empfindlichkeit durch
Erhitzen der Platten gesteigert wird. Diese Beobachtung wurde von seinem Nachfolger Nièpce de St.-
Victor (dem Neffen von Nicophore Nièpce, s. S. 8)
verwerthet. Dieser hat von 1851—67 zahlreiche Experimente in Herstellung farbiger Photographien gemacht und seine Beobachtungen der Pariser Akademie mitgetheilt.

Er arbeitete wie Bequerel mit Silberplatten, die er
durch Eintauchen in eine Lösung von Kupferchlorid
und Eisenchlorid chlorirte, dann stark erhitzte, und er
erhielt so Platten, die an zehnmal empfindlicher erschienen als Bequerel's und ihm gestatteten, in der
Camera-obscura Kupferwerke, Blumen, Kirchenfenster,
Puppen u. s. w. zu copiren. Er erzählt, dass er nicht
nur Farben erhalten habe, sondern dass Gold und Silber in ihrem Metallglanz auf den Bildern erschienen
seien; das Bild einer Pfauenfeder zeigte sogar die
natürlichen schillernden Farben.

Eine fernere Verbesserung führte Nièpce de St.-
Victor dadurch ein, dass er die Chlorsilberplatte mit
einem eigenthümlichen Lack, aus Dextrin und Chlor-
bleilösung bestehend, überzog. Dieser Ueberzug machte
die Platten noch empfindlicher und haltbarer. Auf
der pariser Ausstellung von 1867 legte Nièpce de
St.-Victor verschiedene farbige Photographien aus,
die sich bei gedämpftem Tageslicht (sie waren in
halbverschlossenen Kästen exponirt) über eine Woche
hielten.

Unter diesen Bildern befanden sich auch ein paar
nicht farbige, sondern schwarze Bilder auf weissem
Grunde, welche von Kupferstichen copirt worden waren.
Diese erregten grosses Aufsehen, und mit Recht, denn
in diesen Bildern hatte scheinbar das Dunkelste die
kräftigste Wirkung geäussert, das Hellste (Weiss) die
schwächste, also eine Wirkung gerade umgekehrt wie

auf photographischem Papier, wo das Dunkle hell, das Helle dunkel sich ausprägt (s. S. 26). Diese Erzeugung von Schwarz durch Schwarz ist nur zu erklären durch die Annahme, dass das Schwarz thatsächlich nicht dunkel ist, sondern dem Auge unsichtbares ultraviolettes Licht ausstrahlt (s. S. 56).

Nach Nièpce, der 1870 starb, haben sich nur Poitevin in Paris, Dr. Zencker* in Berlin und Simpson in London mit der Erzeugung von farbigen Bildern beschäftigt. Die ersten beiden Forscher sind aber zu dem ältern Verfahren zurückgekehrt, wie es Seebeck und Herschel anwendeten, d. h. sie fertigten wiederum Bilder auf Papier. Nur war die Präparation dieses Papiers eine eigenthümliche. Salzpapier wurde auf Silberlösung sensibilisirt, ähnlich dem photographischen Positivpapier (s. S. 47), dann zur Entfernung der Silberlösung gewaschen, nachher in einer Lösung von Zinnchlorür dem Licht ausgesetzt. Hierbei bildet sich aus dem weissen Chlorsilber violettes Silberchlorür. Das Zinnchlorür wirkt nur als Reductionsmittel. Dieses Papier ist für sich allein wenig farbenempfindlich; behandelt man es aber mit einer Lösung von chromsaurem Kali und Kupfervitriol, so nimmt seine Empfindlichkeit bedeutend zu, sodass man transparente farbige Bilder mit Leichtigkeit damit copiren kann. Die Farben sind jedoch niemals so lebhaft als die des Originals, am deutlichsten offenbaren sich noch die röthlichen Töne. Nach dem Copiren wäscht man die Bilder mit Wasser aus, um sie weniger lichtempfindlich zu machen. In diesem Zustande halten sie sich im Halbdunkel ziemlich lange, aber ein Mittel, sie absolut haltbar zu machen, ist noch nicht gefunden. Das Fixirnatron der Photographen (s. S. 25) kann nicht zur Anwendung

---

* Wir verweisen den sich specieller für den Gegenstand Interessirenden auf Dr. Zencker's „Lehrbuch der Photochromie" (Berlin 1868, Selbstverlag).

kommen, denn es zerstört .die Earben sofort. Hoffentlich .gelingt es künftigen Forschern, diesem Mangel ab-
zuhelfen. Auch die ersten Versuche in schwarzer Photographie scheiterten an dem Mangel eines Fixirmittels
(s. S. 5), welches erst 17 Jahre später von Herschel
gefunden wurde.

NEUNZEHNTES KAPITEL.

Die Photographie als Lehrgegenstand an Gewerbeschulen und Kunstschulen.

Bedeutung der Schulphotographie. — Ihr Nutzen für technische Lehranstalten. — Photographie als Lehrobject der Kunstschulen und Universitäten.

Die vorliegenden Kapitel beweisen, welcher vielseitigen Anwendung die Photographie bereits fähig ist. In Kunst, Wissenschaft, Industrie und Leben ist sie eingetreten als eine Art ganz neuer Schriftsprache. Was die Buchdruckerkunst für den Gedanken ist, das ist die Photographie für die Erscheinung. Die Buchdruckerkunst vervielfältigt das Geschriebene, die Photographie das Gezeichnete, ja sie thut noch mehr, sie zeichnet selbst auf chemischem Wege. Freilich gehört zur Ausübung dieser Kunst eine gewisse technische Routine, die nur durch Erfahrung erworben werden kann. Zu erlernen ist sie aber leicht, und die Zeit dürfte nicht mehr fern sein, wo sie als Erweiterung der Zeichenkunst, die ja Unterrichtsgegenstand an allen Gewerbeschulen ist, an diesen Anstalten selbst gelehrt werden wird. Man verwendet jahrelangen Unterricht an die Erlernung der Zeichenkunst, des Klavierspiels und anderer Dinge. Für die Erlernung der Photographie würde ein halbjähriger Cursus hinreichen.

Verfasser dieses Buches ist seit neun Jahren Inhaber eines Lehrstuhls für Photographie an der königlichen Gewerbeakademie zu Berlin, der einzigen technischen Lehranstalt Deutschlands, welche der Photographie bisjetzt ein Plätzchen im Lehrplan gegönnt hat. Es ist keineswegs die Aufgabe dieser Anstalt, Berufsphotographen auszubilden, sie befasst sich mit Photographie nur insoweit, als sie für Industrie und Wissenschaft Bedeutung hat.

Es finden daselbst praktische Uebungen in dem photographischen Negativ- und Positivprocess statt, namentlich in seiner Anwendung zur Reproduction von Zeichnungen, zur Aufnahme von Maschinen und Gebäuden, ferner Unterweisungen im Lichtpausprocess. Andere technische Lehranstalten zögern noch mit der Einführung der Photographie. Die Bedeutung der Sache wird noch unterschätzt, und das Neue ist vielen unbequem. Nicht umhin können wir, hier einen Passus aus der neuerschienenen Schrift: „Die Photographie als Unterrichtsgegenstand auf der Gewerbeschule", von Professor Krippendorf in Arau*, zu citiren. Derselbe sagt:

„Die Gewerbeschule ist schon vermöge ihres Ursprungs darauf hingewiesen, für die spätern Berufsarten des technischen und gewerblichen Lebens vorzubereiten, und zieht naturgemäss die darauf hinzielenden Künste und Wissenschaften, vorab das Zeichnen und die Naturlehre, in den Kreis ihrer Unterrichtsgegenstände. Hat sie nun nach innen zu darauf Bedacht zu nehmen, dass diese Fächer ein organisches Ganze bilden, um an Stelle der alten Sprachen als Grundlage einer allgemeinen Ausbildung zu dienen, so fällt ihr dafür nach aussen die Aufgabe zu, die in ihrem Gebiete auftauchenden Erfindungen und Entdeckungen in das Bereich der Wissenschaften zu führen, um dadurch wieder neue Gesichtspunkte zu gewinnen und fördernd auf die praktischen Berufsarten zurückwirken zu können.

---

* Selbstverlag des Verfassers.

„Zu den Fächern, welche sich in den letzten De-
cennien eines besondern Aufschwungs zu erfreuen
hatten, gehört nun auch die Photographie. Es ist diese
Kunst so recht eigentlich ein Product der Naturwissen-
schaften, und zwar ein Product, welches nicht blos
das Spiel eines glücklichen Zufalls ist, sondern welches den hohen Ruhm in sich trägt, zuerst als Ideal
gedacht und dann durch rastloses Verfolgen dieser
Idee endlich zur Wirklichkeit geworden zu sein. Wir
haben es also von vornherein mit einer ihrer Natur
nach gehaltvollen Kunst zu thun, welche sich auf die
Wissenschaft stützt, deren Ausübung erfreut, deren gelungene Producte von jedermann gern betrachtet werden, welche die Kenntnisse der Schüler erweitert und
die dem jugendlichen Geiste selbst eine idealisirende
Richtung verleiht.

„In den gleichen Bildungsstätten finden wir bisjetzt
wenig Fächer, in welchen eine selbständige Beobachtung für das Endresultat zugleich eine zwingende Nothwendigkeit wäre. Denn Physik und Chemie werden
den Schülern an der Hand des gelungenen, nicht des
mislungenen Versuchs gelehrt, und sie haben daher
im letztern Falle kein Interesse an dem Aufsuchen der
Fehlerquelle. Im Grunde beobachtet der Schüler nur
das nach, was der Lehrer ihm vorgeführt hat, und
beide Theile sind befriedigt, wenn aus dem Experimente das Gesetz gefunden wird. Ein eigentliches
Beobachtenlernen findet also in der Regel nicht
statt, und doch dient gerade diese Uebung sehr wesentlich zur Schärfung des Urtheils. Verpflanzen wir aber
die Photographie in die Schule, so gewinnen wir ein
Fach, welches wie kaum ein anderes dazu angethan
ist, den Schüler zur Beobachtung und zum Urtheil zu
zwingen. Die Erlernung der Photographie stützt sich
recht eigentlich auf das Vermeidenlernen der Fehler-
quellen, und liegt somit in der Nothwendigkeit, die
vorhandenen Mängel zu beseitigen und ihren Ursachen

nachspüren zu müssen, eine weitere Berechtigung der
Kunst zum Eintritt in die Schule.

„Wenden wir uns noch zu der äussern Seite der
Lichtbildnerei, so treffen wir nicht minder auf viele
Gründe, die zu ihrer Empfehlung dienen.

„An den technischen Lehranstalten lernen wir Kunst
und Wissenschaften zunächst um ihres directen Nutzens
willen. Beim Eintritt in das Ingenieurwesen wird
vorzugsweise im Zeichnen Uebung und Kenntniss ge-
fordert. Auch darf man behaupten, dass von zwei
gleich talentvollen und gleich fleissigen Schülern der
bessere Zeichner zuerst seinen Platz finden wird. Es
ist das Zeichnen geradezu der Schwerpunkt für die
meisten technischen Berufsarten, und sollte schon aus
diesem Grunde nichts versäumt werden, um sowol das
technische als das freie Handzeichnen nach allen Richtungen zu heben und weiter auszubilden. Die Photographie ist nun auch eine Zeichenkunst und ihrer
Natur nach darauf angewiesen, die genannten Discipli-
nen zu unterstützen. Handelt es sich darum, irgendeine complicirte Maschine, z. B. einen Webestuhl, in
Zeit von wenig Minuten abzuzeichnen, so erscheint die
Lichtzeichnung wie das einzige Hülfsmittel. Die Arbeit, die sonst Wochen erfordert, wird durch sie auf
Bruchtheile einer Viertelstunde reducirt, und zwar in
so vollendeter Weise, dass alle Maasse daran abgezir-
kelt werden können und die Projection von einem beliebigen Standpunkte aus bei richtig berechneten Linsen auch richtig sein muss.

„Verfolgen wir die Laufbahn bevorzugter und durch
Talent ausgezeichneter Schüler, so sehen wir sie häufig
mit Reisestipendien ausgestattet, um alte und neue
Bauten in fernen Gegenden zu studiren und sie in
möglichst getreuer Zeichnung mit nach Hause zu bringen. Welche Arbeit für den Architekten, der sich unter
fremder Bevölkerung befindet, der in einem ungewohn-
ten Klima, umgeben mit allen möglichen Hindernissen,
vollständige Skizzen in kurzer Zeit entwerfen soll, und

welche Abkürzung andererseits durch die Photographie! Wie gern nähme nicht oft der reisende Maschinen-Ingenieur die Einrichtung ganzer Werkstätten auf, zu deren Besichtigung ihm nur wenige Minuten vergönnt sind! Was gäbe nicht selbst der rein wissenschaftlich gebildete junge Philologe darum, wenn er auf dem classischen Boden Griechenlands oder Italiens die überwältigenden Eindrücke vergangenen Lebens, vergangener Grössen nicht blos vorübergehend empfinden dürfte, sondern in der Lage wäre, sie dauernd für sich und für andere festzuhalten! Wir dürfen es aller Welt verkünden, dass mit den neuesten Fortschritten der Photographie all diese Wünsche zur greifbaren Möglichkeit, zur einfachen Verwirklichung gekommen sind, dass die hierbei nothwendige Uebung schnell gewonnen ist."

Krippendorf lässt einen sehr wichtigen Punkt hier gänzlich unerwähnt, das ist die hohe Bedeutung der Photographie für solche, die sich dem praktischen Druckverfahren, sei es Steindruck, Buchdruck, Kupferdruck, der Herstellung von Werthpapieren, der Porzellanfabrikation, der Färberei widmen wollen, denn in allen diesen Fächern hat man bereits von Photographie praktisch wichtige Anwendungen gemacht. Wir verweisen hier auf die Kapitel über Pyrophotographie, Heliographie und Chromphotographie. In diesen Gebieten sehen wir die Photographie als eine Verbündete der vervielfältigenden Künste.

So Schönes sie in dieser Verbindung geleistet hat, so finden wir doch immer noch eine verhältnissmässig sehr kleine Zahl von Heliographen und Photolithographen. Der Grund liegt einzig und allein darin, dass die Kunstschulen, welche sich mit der Ausbildung von Lithographen und Kupferstechern befassen, die Photographie gänzlich ignoriren. Als Nichtkunst wird sie vornehm von den Leuten bei Seite geschoben, die sich als Künstler fühlen und denen sie zum grössten Vortheil gereichen könnte. In den gedachten Combina-

tionen von Photographie mit Stein- und Metalldruck
können aber nur dann wahrhaft tüchtige Leistungen
erzielt werden, wenn der Ausübende in den beiden
Verfahren gleich tüchtig ist. In der Regel ist dies
nicht der Fall. Verfasser hatte oft Gelegenheit, die
daraus entspringenden Miserfolge von Heliographen,
Lithographen und Photographen zu beobachten, die in
einem der gedachten combinirten Verfahren arbeiten
wollten. Daher ist es nothwendig, dass die Kunstschulen die Sache in die Hand nehmen, und wenn das
geschehen, dann dürfte in nicht zu langer Zeit eine
dem Lithographen bisher gänzlich fremde Disciplin,
der Lichtdruck (s. S. 232), bald in jedem hervorragenden lithographischen Institut heimisch sein.

Die Kenntniss der Photographie hat aber auch für
Maler ihre Bedeutung. Grossartig ist der Aufschwung,
den die Photographie nach Oelgemälden in unsern
Tagen genommen hat. Wir hören zwar strenge Kunst-
kritiker, wie Thansing, heftig dagegen eifern, wie einst
die Idealisten unter den Touristen gegen die Einführung der Eisenbahnen eiferten, weil dadurch dem
Reisen seine Poesie geraubt würde. Diese Leute hatten
von ihrem Standpunkt aus Recht, haben jedoch die
Einführung der Eisenbahnen nicht aufhalten können,
und wenn durch die letztern das Reisen weniger poe-
tisch geworden ist, so haben sie doch den Vortheil,
dem Unbemittelten, der früher gar nicht an Reisen
denken durfte, einen Ausflug zu gestatten und dadurch
Gelegenheit zu geben, seine Länder- und Menschen-
kenntniss zu bereichern und seine Gesundheit zu
stärken. Aehnliches leistet die Photographie dem Unbemittelten im Gebiete der Kunst. Gemälde, deren
Anschaffung nur dem Begüterten möglich ist, gelangten
früher nur auf dem langsamen und kostspieligen Wege
des Stichs zur allgemeinen Kenntniss, und auch diese
blieb auf den kleinen Kreis bemittelter Sammler be-
schränkt. Jetzt bringt die Photographie mit Blitzes-
schnelle die neuesten Kunstschöpfungen in treuen Ab-

bildungen für einen billigen Preis in den Besitz aller. Ihr Abbild ist nicht so künstlerisch wie das des Stechers, aber es genügt, um das Neue rasch zur allgemeinen Kenntniss zu bringen. Der später folgende Stich behält trotzdem seinen Werth.

Die Negative nach Oelbildern erfordern aber die Bearbeitung des Retoucheurs, um die falschen Farbenwirkungen auszugleichen. Diese Retouche kann viel verderben, wenn sie von unverständigen Händen ausgeführt wird. Die geeignetste Hand aber ist die des Künstlers, der das Original gemalt hat. Bereits haben sich tüchtige Künstler in der Bearbeitung der Negative, welche nach ihren Werken gefertigt sind, mit Erfolg versucht, und der Abdruck solcher vom Künstler selbst retouchirten Platte hat natürlich für den Kenner einen viel höhern Werth, als die von fremder Hand bearbeitete. Hier liegt noch ein schönes Arbeitsfeld für den Künstler offen, aber erst dann kann ein solches mit Erfolg bebaut werden, wenn die Kunstjünger bereits auf der Schule mit der Technik der Negativretouche und des damit zusammenhängenden positiven Drucks vertraut gemacht werden.

Zum Schluss noch einige Worte über die Ausbildung von Fachphotographen.

Wir haben bereits früher auseinandergesetzt, dass Porträt- und Landschaftsphotographie, wenn sie wirklich gediegene Leistungen erzielen soll, die Kenntniss der Kunstprincipien erfordert. Bisher ist aber nichts geschehen, die Photographen künstlerisch auszubilden. Eine Hebung der Photographie in künstlerischer Hinsicht kann aber nur erfolgen, wenn die Kunstschulen dem Photographen ein künstlerisches Studium ermöglichen. Es dürfte nachgerade an der Zeit sein, alle Eifersüchteleien gegen die Photographie fallen zu lassen. Dass sie dem gediegenen Künstler keine Concurrentin, sondern eine Helferin ist, hat die Erfahrung bereits bewiesen.

Die Einführung der Photographie an Schulen macht
sich um so leichter, als sie, wie schon oben bemerkt,
nur eine kurze Zeit beansprucht, viel weniger Zeit als
der Zeichenunterricht, dessen Erfolge im Verhältniss
zur aufgewendeten Zeit doch oft nur mässig zu nennen
sind. Ein Semester zu wöchentlich vier Uebungs-
stunden genügt, um junge Leute photographisch so weit
abzurichten, dass sie sich nachher mit Erfolg selbst
weiter helfen können, selbst wenn sie keine chemische
Vorbildung besitzen.

Nicht nur technische und artistische, sondern auch
wissenschaftliche Hochschulen werden diesem Unter-
richte ihre Aufmerksamkeit zuwenden müssen, seit-
dem die Photographie ein wichtiges Beobachtungshülfsmittel geworden ist und namentlich der Naturwissenschaft Dienste von unberechenbarer Wichtigkeit leistet.

Wir haben bereits früher die Bedeutung der Photographie als Unterrichtshülfsmittel betont. Sie liefert,
durch Laterna-magica vergrössert, die schönsten Illustrationen für naturwissenschaftliche und kunsthistori-
sche Vorträge. Sie erlaubt dem Forscher, dem Schüler
die Resultate seiner Arbeiten in durch das Licht gezeichneten treuen Originalbildern vorzulegen (s. S. 89).
Bisher fehlte es freilich noch an geeigneten Apparaten
zu diesem Zwecke. Die in Deutschland käuflichen
„Zauberlaternen" und die ihnen ähnlichen „Wunder-
cameras" genügten weder in der Helligkeit, noch in
der Schärfe ihrer Bilder. Neuerdings ist durch R. Talbot
in Berlin eine amerikanische Laterna-magica-Construc-
tion eingeführt worden, die sich bei den Vorlesungen
des Verfassers auf das beste bewährt hat.

In Verbindung damit kommt der Woodburydruck
(s. S. 228), den didaktischen Anforderungen entgegen,
und die neuesten Vervollkommnungen auf dem Gebiete
der Trockenplattenphotographie haben bereits dahin
geführt, dass Trockenplatten Handelsartikel geworden

sind, ähnlich wie Lichtpauspapier, wodurch dem Amateur die Herstellung von Photographien wesentlich erleichert wird.   So reiht sich eine Verbesserung an die andere, um die Photographie zu dem zu machen, was sie sein soll: eine Universallichtschreibekunst!

Sach- und Namenregister.

Druck von F. A. Brockhaus in Leipzig.

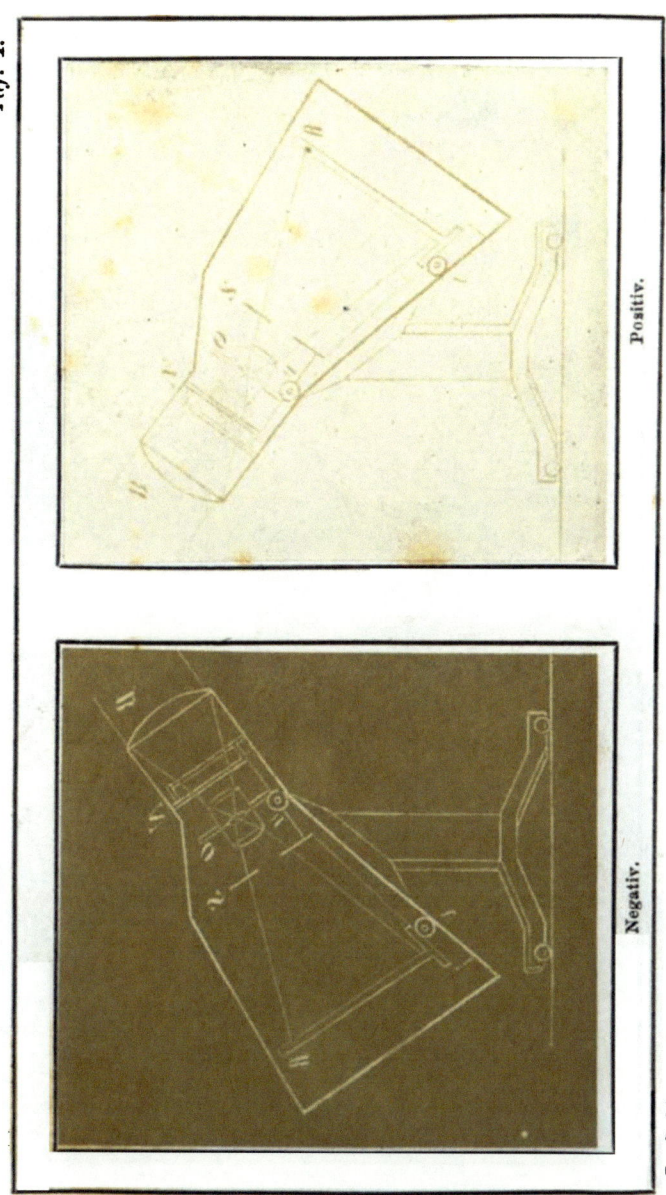

Taf. I.

Original s. S. 90.

Positiv.

Lichtpausen.

Negativ.

Zu S. 26.

Copie des retouchirten Negativs.

Copie des nichtretouchirten Negativs.

Zu S. 221. Heliographie für Buchdruck.

Von G. Scamoni in St.-Petersburg.

Johannisfest.

Heliographie für Kupferdruck.

Reduction
von einem Theile einer Wandkarte
von Ungarn.

Photolithographie der Gebr. Burchard.